高等学校水利类教材

流体力学基础与实践

■ 齐鄂荣 编著

图书在版编目(CIP)数据

流体力学基础与实践/齐鄂荣编著．—武汉:武汉大学出版社,2011.6
高等学校水利类教材
ISBN 978-7-307-08678-4

Ⅰ．流… Ⅱ．齐… Ⅲ．流体力学—高等学校—教材 Ⅳ．O35

中国版本图书馆 CIP 数据核字(2011)第 065603 号

责任编辑:李汉保　　责任校对:刘　欣　　版式设计:支　笛

出版发行:武汉大学出版社　　(430072　武昌　珞珈山)
(电子邮件:cbs22@whu.edu.cn　网址:www.wdp.com.cn)
印刷:荆州市鸿盛印务有限公司
开本:787×1092　1/16　印张:14.5　字数:342 千字
版次:2011 年 6 月第 1 版　　2011 年 6 月第 1 次印刷
ISBN 978-7-307-08678-4/O·451　　定价:24.00 元

版权所有,不得翻印;凡购买我社的图书,如有质量问题,请与当地图书销售部门联系调换。

内容简介

本书系统地介绍了流体的基本特性、处于静止时的流体、运动流体研究的基本方法和基本概念、处于运动时的流体、运动流体的阻力与损失、流体在管道中的流动、流体在明渠中的流动、气体的流动等相关理论知识。

本书是为高等学校各专业公共选修课所编写的教材。为方便各专业学生的阅读，作者力求以一种较新颖的方式介绍流体力学的基本原理和应用。通俗易懂、深入浅出是本书的特点。本书还可以作为其他相关专业流体力学或工程流体力学课程的教材、参考书。同时也可以供高等学校教师，相关工程技术人员参考，对流体力学感兴趣的读者也可以从中获得收益。

前　言

本书是为高等学校各专业所开设的公共选修课"流体力学基础与实践"所编写的教材。这是针对不以流体力学、水力学为主修课的专业、并对流体力学感兴趣或希望扩大知识面的学生所设的一门课程。该课程主要介绍以水和气为代表的流体在作机械运动中的规律和实际应用。目前该课程已开设了多轮，但还没有一本适合本课程用的教材。这是本教材编写的背景和指导思想。

现有的工程流体力学、水力学教材均面对某一个专业或某方向的专业而编写，对于主要想了解流体力学而并不将流体力学作为主修课的学生来讲，是不合适的。《流体力学基础与实践》一书是介绍流体力学基础理论的一部公选课教材，用一本类似于科普型的书籍作教材也是不合适的。由作者从事多年公选课的教学实践来看，该课程的教材应涵盖较完整的流体力学的基础内容，不涉及较深的专业应用内容；应介绍流体力学较完整的认识体系、思考体系和论述体系，可以为其他学科、其他专业的学生予以借鉴和触类旁通，更好地理解和充实自己所学的专业。当然从编写内容来看，也可以作为其他相关专业工程流体力学或流体力学课程的教学参考书。这也是本教材的特色之一。

鉴于本课程需面对各类专业，包括文科、理科、工科和医科的学生，本教材将以一种较新颖的方式进行编写，通俗易懂、深入浅出是本书的特点；不涉及太多的数学推导，同时保持教材论述严谨，详尽交待流体力学基础理论及在实际中的应用，尽量引用生活和实际工程中的例子，这是另一特点；从本教材所涵盖的基础内容来看，涉及了较宽的知识面，完全符合当前宽口径、厚基础的办学思想。

本教材包括下列内容：一、流体的基本特性；二、处于静止时的流体；三、处于运动时的流体（流体的动力特性和规律）；四、流体在管道中的流动；五、流体在渠道、河道中的流动；六、气体的流动。

本书作者从事流体力学、水力学教学工作多年，在编写本书时，作者注意融汇平时的教学经验和体会，力求对一些基本概念和难点进行深入浅出地叙述。在本书的选材上，作者注意结合工程实际、又不沉溺于某一专业，不论是求学的学生或是需充电的在职技术人员，都可以从中获得收益。此外，本书各章之后均编写了适量的思考题和习题，可以加深读者对基础理论的理解。

由于流体力学学科理论性较强，也涉及较多的高等数学、物理及理论力学等基础性学科的知识，建议读者在复习或了解相关基础性学科内容的基础上，注意基础理论和基本技能的学习，尽可能参与各种实验和实践环节的活动，多做各种练习。在学习的过程中，注意体会流体力学的现象和分析问题的思路，注意培养自己解决实际问题的能力。

由于作者水平所限，本书中难免出现缺点和错误，在此恳请读者批评指正。

作　者

2011 年 3 月于武汉大学

目　录

第1章　绪论 ··· 1
　§1.1　身边的流体及流体力学 ·· 1
　§1.2　流体的定义及流体力学的任务 ·· 2
　§1.3　流体力学的发展过程 ·· 3
　§1.4　流体力学的研究方法 ·· 4

第2章　流体的基本特性 ··· 6
　§2.1　连续介质的概念 ·· 6
　§2.2　流体的主要物理性质 ·· 7
　§2.3　作用在流体上的力 ··· 14
　习题与思考题2 ··· 15

第3章　处于静止时的流体 ·· 17
　引子 ·· 17
　§3.1　流体静压强及其特性 ·· 18
　§3.2　流体平衡的微分方程及等压面 ··· 19
　§3.3　重力作用下的液体平衡 ··· 23
　§3.4　压强的计量与压强的测量 ·· 26
　§3.5　几种质量力同时作用下的液体平衡 ··· 31
　§3.6　静止液体对平面的作用力 ·· 34
　§3.7　静止液体对曲面的作用力 ·· 38
　习题与思考题3 ··· 42

第4章　运动流体研究的基本方法和基本概念 ·· 47
　引子 ·· 47
　§4.1　研究流体运动的两种基本方法 ··· 47
　§4.2　流体运动的几个基本概念 ·· 50
　§4.3　流体微团运动的分析 ·· 56
　§4.4　有旋流动与无旋流动、势函数 ··· 61
　习题与思考题4 ··· 63

第5章　处于运动时的流体 ·· 65

引子 ·· 65
§5.1 流体运动的连续性方程 ·· 65
§5.2 理想流体的运动方程 ··· 69
§5.3 实际流体总流的能量方程 ·· 73
§5.4 定常总流的动量方程 ··· 80
习题与思考题 5 ·· 84

第6章 运动流体的阻力与损失 ··· 90
引子 ·· 90
§6.1 流动阻力与水头损失 ··· 90
§6.2 实际流体的两种流动型态 ·· 92
§6.3 运动流体的层流流态 ··· 96
§6.4 运动流体的紊流流态 ··· 99
§6.5 紊流的结构及沿程水头损失系数的实验研究 ··· 105
§6.6 计算沿程水头损失的谢才公式 ·· 115
§6.7 局部水头损失的计算 ··· 117
习题与思考题 6 ·· 123

第7章 流体在管道中的流动 ··· 126
引子 ··· 126
§7.1 简单管道的水力计算 ··· 127
§7.2 复杂管道的水力计算 ··· 142
§7.3 管网的计算原理及方法 ·· 145
习题与思考题 7 ·· 148

第8章 流体在明渠中的流动 ··· 154
引子 ··· 154
§8.1 明渠的几何特性 ··· 155
§8.2 明渠均匀流 ·· 158
§8.3 缓流、急流、临界流 ··· 164
§8.4 水跃 ·· 173
§8.5 明渠非均匀渐变流 ·· 176
习题与思考题 8 ·· 183

第9章 气体的流动 ··· 187
引子 ··· 187
§9.1 音速与马赫数 ··· 188
§9.2 微弱扰动在可压缩流体中的传播 ··· 191
§9.3 气体的一维等熵定常流动 ··· 194

§9.4 正激波 …… 202
§9.5 截面面积变化的管流 …… 208
习题与思考题 9 …… 218

参考文献 …… 220

第1章 绪 论

§1.1 身边的流体及流体力学

流体是液体和气体的总称。

世界上大部分的物质是以流体的状态存在的,地球表面的$\frac{2}{3}$是海水,周围是大气,地球的核心也是液态的。可以说,人类是生活在被流体包围的世界里。人类在征服自然和改造自然的实践过程中逐步产生和发展了流体力学。古代的人们在兴修水利、灌溉农田的实践中开始认识和利用水流的规律,在航行、航海等利用风能的实践中认识了空气的运动规律。虽然当时缺乏系统的流体力学知识,但古人凭借自觉的观察和不断的实践,逐渐认识和掌握了流体运动的一些规律,建造了许多伟大的工程。在这些伟大的生产实践中逐步形成和完善了流体力学学科。

对我们每一个人来说,虽然我们天天生活在气体、液体的环境里,处处与流体打交道。但我们对流体及其运动的许多认识还停留在感性阶段,如果能了解流体力学中的一些理论和成果,可以对我们的生活、工作起到事半功倍的效果。

例如,许多人都知道在房间门口或狭长通道内风速较大,夏天此处较凉快,人们愿意待在此处;冬天此处较冷,人们一般尽量避开。这里反映了流体力学中的一个理论——连续性方程:流动面积小的地方流体流速大;流动面积大的地方流体流速小。

再如,河道中两船航行时,其距离不能太近,否则两船将相互吸引而碰撞(即船吸)。在火车站台上,火车进站时,候车的旅客不能离火车太近,要在安全距离外,否则有危险。这里反映了流体力学的另一个理论——伯努利积分(或拉格朗日—柯西积分):在同一个位置高度下,流体流速大的地方压强小;流体流速小的地方压强大。

还有,在风雨中行走的时候,人们会发现打着伞走路和不打伞走路所费的力气不一样。前者感觉所受阻力较大要多费力气,后者感觉所受阻力较小所费力气较小。人在空气中行走,与飞机、汽车在空气中运动一样,在流体力学中都称为外流流动。对于属于外流流动的运动物体,将承受摩擦阻力和压差阻力。其中压差阻力是来自于运动物体的前后在气流影响下所形成的压强差,这个压强差的大小(即压差阻力)是与运动物体的迎风面面积成正比的。打着伞走路的人,迎风面面积大,则所受压差阻力大。飞机、汽车尽可能做成流线型的,其目的就是尽量减少压差阻力。

仔细观察一下,我们可以发现生活中和工程中有许多可以用上述理论解释的现象。也有许多运用上述理论的设备。

当然,上述现象可以说是人们的感觉或直觉与流体力学的理论相符的情景。在生活中还有一些现象与直觉是不相符的。下面举几例：

1. 超音速流的加速。人们一般都认为流体在面积逐渐变小的通道中流动时，其流动将逐渐加速。如消防龙头和灌溉用的喷头就是面积逐渐变小的通道。这种情况一般发生在水流流动中速或低速、亚音速的气体流动中。对于气体作超音速流动中，只有在面积逐渐变大的通道中，流动才获得加速，这与人们的直观是不相符的。

2. 汽车的阻力。人们的直觉都认为汽车高速前进时遇到的阻力主要来自前部对空气的撞击，而与后部无关。相关研究表明，汽车的阻力主要来自后部的尾流，或者说不合适的尾流将加大汽车的阻力。汽车尾部形状的改进，可以大大降低其阻力。

3. 高尔夫球的表面。仔细观察高尔夫球表面，可以发现球的表面是粗糙的，人为做成了许多凹坑。按照人们的直觉，表面光滑的球飞行阻力小，可以飞得更远。早期的高尔夫球就是这样的，后来人们发现旧的、有很多划痕的高尔夫球飞得更远，人们非常迷惑不解。直到20世纪产生的流体力学边界层理论解开了这个谜。为使高尔夫球飞得更远，人们不断改进高尔夫球的表面，由螺旋线、网纹、方格纹到现在的凹坑。现在高尔夫球可以一杆打过200m远，其飞行阻力约为光滑表面球的$\frac{1}{5}$。

对于一些流动，人们不能凭直觉认识的原因在于：(1)空气是看不见摸不着的，水也是无色透明的，因此人们无法用感官器官直接观察到真实的流动状况；(2)人类的生活起居环境所限，人们已适应和具备如低速一类环境的场合和经验，对于超音速这一类的高速和超高速的流动不了解，当然这种流动变化太快，肉眼也无法辨认。另外，对流体力学的知识了解不够，也是重要原因之一。由于我们生活在空气和水的环境中，适当了解一些流体力学的知识，不仅可以对身边的一些自然现象和流动现象深入了解，提高生活品位；还可以对自己从事的各类专业起到触类旁通的作用，提高专业水准。

§1.2 流体的定义及流体力学的任务

自然界中的物质通常以三种状态存在：固体、液体和气体。这三种物质分子之间的结构是不相同的。反映在宏观上，固体能保持其固定的形状和体积；液体有固定的体积，无固定的形状；气体则无固定的形状和体积。由于液体和气体具有无固定形状、能流动的共同特点，通常称为流体。流体与固体的主要区别在变形方面。在外力的作用下，固体虽然会发生微小变形，但只要不超出弹性限度，在去掉外力后，固体的变形可以消失。而流体在静止状态时，只能承受压力，不能承受切力。哪怕所承受的切力再微小，只要时间足够长，原先处于静止的流体将发生变形并流动。流体一般也不能承受拉力。这种特性就是流体的易流动性。从严格意义上说，只有具有易流动性特性的物质可以定义为流体。因此，除了液体和气体为流体外，等离子体、熔化的金属也属于流体。

流体和固体所具有上述不同的特性，是因为其内部的分子结构和分子之间的作用力不同而造成的。一般来说流体的分子间距比固体的分子间距大得多，流体分子之间的作用力相对固体要小得多，流体的分子运动比固体较为剧烈，因此流体就具有易流动性，也不能保持其一定的形状。液体与气体的差别是气体比液体更易压缩。

流体力学是研究流体机械运动及其在工程实际中应用的一门学科。流体力学是力学的一个分支,其研究对象是包括液体和气体在内的流体。流体力学的任务是使用实验和理论分析的方法研究流体处于平衡状态时的规律和流体在做机械运动时的规律,并将这些规律用于工程实际。和物理学的研究不同的是,流体力学主要是研究流体的宏观机械运动,流体的一些微观特性仅仅以相关参数的形式所体现。流体力学主要建立在数学、物理学、理论力学和热力学等学科的基础上,运用物理学和理论力学中的质量守恒、动量守恒和能量守恒等基本规律来研究流体流动,以及从能量的转换、热量和异质的扩散等方面探讨流体流动的内部结构和形态。

随着人类科技水平的进步,流体力学也在快速发展。借助于各种科学手段,隐藏在复杂流动图像背后的流体力学规律被人们逐步认识和掌握,并将其运用于解决生产、科研和生活中各种与流体流动有关的问题。

§1.3 流体力学的发展过程

流体力学的起源可以追溯到阿基米德对浮力的研究,以及文艺复兴时期达·芬奇有关波动、溅水、涡内速度分布、物体尾流中涡的形成、用流线形物体减少阻力等方面的研究。流体力学的初步形成大约在17世纪。1653年帕斯卡发现了静止液体的压强可以均匀地传遍整个流场的帕斯卡原理,还提出了流体静力学的基本公式。1678年牛顿用实验方法研究了运动平板所受的流动阻力,提出了流体的剪应力与速度梯度成正比的计算公式。1738年,伯努利对管流进行了大量的观察和测量,提出了著名的伯努利定理。这个定理是能量守恒定律的体现,确定了流体运动速度、流体压强和流体所处的高度之间的相互关系。在1775年欧拉提出了忽略粘性即理想流体的运动方程,拉普拉斯、拉格朗日等的工作将理想流体的研究推向高峰,他们的研究奠定了理想流体研究的理论基础。其后,海姆霍兹和汤姆逊提出的流体中的旋涡理论使理想流体的经典流体力学得到进一步完善。由于经典流体力学具有不能解决流动阻力的缺陷,人们在不断地探索粘性(实际)流体流动的规律。1827年纳维在理想流体欧拉运动方程中加上粘性项,后经过柯西、波松(1829)和维纳特(1843)等学者的研究,最后在1845年由斯托克斯完成粘性流体的运动微分方程,即后人所称的纳维—斯托克斯方程。同时有许多学者在实验方面进行研究。1883年雷诺进行了著名的雷诺实验,该实验揭示了流体流动存在两种不同阻力损失特点的流动状态。随着生产技术的不断进步,还有泊肃叶、达西、佛汝德等学者从流体的摩擦阻力方面进行了广泛的研究,他们的工作充实和完善了粘性流体力学。1904年普朗特提出的边界层理论从另一个角度展开了粘性流体力学的研究,这项理论的建立并结合实验流体力学的发展使流体流动时的阻力问题得到合理的解决,正因如此,普朗特本人被尊为现代流体力学的先驱。1910年儒可夫斯基用保角变换的方法获得了一种理想的翼型,以此为基础的机翼(叶栅)理论对飞机的性能上了一个新台阶,使得人类的航空事业得到飞速的发展,也对以叶栅为基础的涡轮机械、水力机械起了决定性作用。超音速飞机的出现、高超音速导弹的诞生、人造卫星和宇宙飞船的太空飞行,标志着主要以研究可压缩流体的气体动力学的成熟和完善,并成为流体力学大家族中的一个重要分支。总的来说,从19世纪末到20世纪,随着工程技术的进步,特别是航空技术的进步,使流体力学发展到一个新阶段,逐渐成为一门成熟的科学,也形成了一些新的分支。如宇宙航行的进展和新能源(核能和磁流体发电)的开发就形成了稀薄气体动力学、微重力流体力学和电磁流体力学等。

纵观流体力学的发展历史,可以看到流体力学是由于生产的需要而产生的,且随着生产的发展而发展。因此这门学科,在生产过程中和工程实际中有着广泛的应用。如水利工程中的农田水利、水力发电、水工建筑及施工、机电排灌等方面都与水的运动有关,都需要应用流体力学解决与水的运动规律有关的生产技术问题;电力工业中,不论是水电站、热电站,还是核电站和地热电站,其生产运行的工作介质都是水、气和油等流体,所有的动力设备的设计和运行都必须符合流体流动规律;航空航天工业中,飞机、火箭和导弹等各种飞行器的运行环境都在大气中,这些飞行器的设计和运行都必须符合空气动力学的基本原理;机械工业中,大量遇到的润滑、冷却、液压传动、气体传动以及液压和气体控制等问题都需要应用流体力学的原理加以解决;土木工程中的给水排水、采暖通风等行业,各种设施和设备都与水、气体等流体流动有关,在设计和施工中需充分利用流体力学的基本原理;化学工业中大部分化学工艺流程都伴随有化合物的化学反应、传质和传热的流动问题;石油工业中的油、气和水的渗流、自喷、抽吸和输送问题;海洋中的波浪、环流、潮汐和大气中的气旋、环流、季风等问题;以及在医学诊断和医药生产中所涉及的药物输送、血液流动等问题都是流体力学的问题,都需要根据流体力学的基本原理进行研究和解决。总的来说,流体力学是许多行业和部门必须应用和研究的一门重要学科,或者说当前很难找到一种行业,其发展与流体力学无关。也可以说,只要有流体的地方,就有流体力学的用武之地。

本书不可能具体讲述在上述行业中流体在各种具体的设施和设备中的流动规律,作为一本基础性和入门性教材,只能讲述基本的和共同性的流体流动规律。通过本课程的学习,力争使读者掌握流体力学的基本概念、基本原理、基本计算方法和基本实验技能,为各类后续课程的学习打下坚实的基础,也为今后从事各种以流体为工作介质、工作对象的生产和研究工作奠定必要的理论基础。

§1.4 流体力学的研究方法

与其他学科一样,研究流体力学的方法一般是实验研究、理论分析和数值模拟三种。

首先,流体力学的研究离不开科学实验。流体力学理论的发展,在相当程度上取决于实验观测的水平。流体力学的实验研究主要在以下三个方面:(1)原型观测,对工程实际中的流体流动直接进行观测;(2)系统实验,在实验室内对人工造成的某种特定条件下的流动现象进行系统观测研究;(3)模型实验,在实验室内,以相似理论为指导,模拟实际工程的条件,在模型上预演和重演相应的流动现象,并进行研究。这三个方面各有其特点,在实验研究中起着不同的作用,在一定的范围内,可以相互配合、补充和验证。

其次,在对流体流动的观察和实验的基础上,根据机械运动的普遍原理,结合流体运动的特点,运用数理分析方法建立流体运动的系统理论,并用于指导生产实践,同时在生产实践过程中加以检验、完善和发展。由于流体流动的复杂性,单纯依靠由数理分析得到分析解很难解决工程实际问题,因此需要采用数理分析和实验研究相结合的方法。从以往的研究和发展来看,流体力学中用理论解决实际问题有以下几种情况:(1)先推导理论公式再用经验系数加以修正;(2)根据实验现象和理论推理提出半经验半理论公式;(3)先进行定性分析,然后直接给出经验公式。

另外，还有相当多的流动问题，若仅仅依靠理论分析和各类实验还是不能满足生产实践的要求。对这一类的问题，目前可以通过数值模拟来解决。随着计算机技术及其应用的进步与发展，这一方面已形成流体力学的一个重要分支——计算流体力学和计算水力学。这种研究方法是运用流体力学的系统理论结合各种实验所获得的成果，针对各个具体流动问题建立数学模型，然后通过计算机编程计算，在计算机虚拟空间内再现所模拟的流动现象，从而解决所模拟的工程实际问题。数值模拟计算的步骤是，对需模拟计算的工程实际问题，运用描述流体流动的基本方程和具体的初始条件和边界条件建立数值模型，组成这些数值模型的方程一般是线性偏微分方程或非线性偏微分方程，使用有限差分法、有限元法、有限解析法以及谱方法等离散这些组成数值模型的线性偏微分方程或非线性偏微分方程，利用计算机的计算技术编程计算和进行虚拟空间的模拟显示，重复或再现实际已发生或即将发生的复杂流动现象，从而得到问题的解。虽然数值模拟计算结果是近似的，但一般能达到实际工程中所要求的精度。

相对于计算机虚拟空间的数值模拟计算来说，实际的系统实验和模型实验一般称之为物理模拟实验或物理模型实验。一般来说数值模拟较物理模拟在人力和物力上节省，而且还具有不同于物理模拟受相似律的限制的优点。但数值模型必须建立在物理概念正确和力学概念明确的基础上，而且一定要受实验和原型观测的检验。因此，对于一些重要的流体力学问题的研究，还要采用理论分析、数值模拟和实验研究相结合的途径。本书主要介绍理论分析和实验研究两方面的内容，没有涉及数值模拟方面的内容，有兴趣的读者可以参阅相关计算流体力学或计算水力学方面的书籍。

第 2 章 流体的基本特性

流体力学是从宏观角度描述流体的运动过程、研究流体在运动过程中的力学特性的一门学科。该学科属于连续介质力学的一个分支。流体的运动与流体的基本特性有很大的关系,在讨论流体运动的力学特性之前,本章将简要叙述流体的一些主要特性。

§2.1 连续介质的概念

从流体的分子结构来看,流体是由大量作随机运动的分子所组成,这些离散的分子之间是存在着空隙的,分子之间相互碰撞,交换着动量和能量。从微观角度来看,流体内部的质量分布存在着不连续和不均匀分布的情况,反映流体状况的物理量也会因为分子的随机运动在空间和时间上呈现不连续的情况。然而,对日常所见的水等流体的宏观流动,用仪器和肉眼观察所见流体的流动是均匀的和连续的,反映流体运动特征的物理量是连续的,并且这些所观察的物理量是确定的和确实存在的。也就是说,流体所反映的微观结构和运动在时间和空间上都充满着不均匀性、离散性和随机性,而宏观结构和运动又明显呈现出均匀性、连续性和确定性。这两种如此不同的特性,又和谐地统一在流体这个物质中,形成了流体运动的两个重要方面。

流体力学是一门研究流体宏观运动特性和规律的学科。从宏观角度来看,对于所讨论的一些实际工程问题,如各种设备、管道等的特征尺寸,往往远大于流体的分子间距和分子自由程;这些实际工程的时间尺度,远大于分子运动的时间尺度。反映这些宏观运动状态的物理量实际上是大量分子的运动所贡献的,是大量分子的统计平均值。因此,瑞士学者欧拉在 1753 年提出了以连续介质的概念为基础的研究方法,该方法在流体力学的发展上起了巨大作用。连续介质的概念认为流体是由流体质点连续地、没有空隙地充满了流体所在的整个空间的连续介质。在此,作为被研究的流体中最基本要素的流体质点,是指微观上充分大,宏观上充分小的分子团,也称为流体微团。也就是说,对于流体质点这个在宏观上非常小的体积内,微观中含有大量的分子,这些分子的运动具有统计平均的特性,使得这个质点所表现的物理量在宏观上是确定的。例如边长 10^{-3}cm 的立方体,其容积为 10^{-9}cm^3,在宏观上是非常小的一个点,而在这个体积内,在标准状态下,却包含有 2.69×10^{10} 个气体分子。在 10^{-6} 秒这个对宏观来说非常短的时间尺度内,在 10^{-9}cm^3 体积内的气体分子互相碰撞的次数将达 10^{14} 次,这个时间尺度对微观来说是足够长的。可见用连续介质的概念作为流体力学的基本假设是合理的。

由于连续介质的概念认为流体质点是连续且不间断地紧密排列的,那么表征流体特性的各物理量在时间和空间上是连续变化的。也就是说,这些物理量是空间坐标和时间的单值连续函数。因此,可以利用以连续函数为基础的高等数学来解决流体力学的问题。

需要指出的是，流体连续介质的概念对大部分工程实际问题都是正确的，但对某些问题却是不适用的。如果所研究的问题的特征尺度接近或小于分子的自由程，连续介质的概念将不再适用。如高空飞行的火箭、导弹，由于空气稀薄，分子的间距很大，可以和物体的特征尺度相比拟，虽然能找到可以获得稳定平均值的分子团，显然这个分子团是不能当做质点的。又如激波内的气体运动，激波的尺寸与分子的自由程同阶，激波内的流体只能看做分子而不能当做连续介质来处理了。

§2.2 流体的主要物理性质

流体的运动形态和运动规律，除了与边界等外部影响因素有关外，还取决于流体本身的物理性质和特征。在全面系统地研究流体的平衡和运动之前，应先讨论流体的一些主要物理性质。

2.2.1 流体的质量和重量

质量是物质的一个基本属性，质量与物体的惯性和重量紧密相连。质量是物体惯性大小的量度，质量越大，惯性则越大。

流体与其他物质一样，具有质量。对于流体所具有的质量，可以用密度 ρ 来表征。密度 ρ 的定义是单位体积的流体所具有的质量。

对于均质流体，即任意点处的密度均相同的流体，这时密度表达式为

$$\rho = \frac{m}{V} \tag{2-1}$$

式中：m——流体的质量；
V——流体的体积。

对于非均质流体，即各点处的密度不相同的流体，这时密度表达式为

$$\rho = \lim_{\Delta V \to 0} \frac{\Delta m}{\Delta V} = \frac{\mathrm{d}m}{\mathrm{d}V} \tag{2-2}$$

在国际单位制（SI）中，质量的单位是 kg，体积的单位是 m³，密度的单位是 kg/m³。

地球上的物体，不论是处于运动状态的还是处于静止状态的，都要受到地心引力的作用。物体的重量就是地心引力的结果，因此也称为重力，用 G 表示。设流体的质量为 m，重力加速度为 g，则重量 G 为

$$G = mg \tag{2-3}$$

流体所具有的重量，可以用重度 γ 来表征。重度 γ 的定义是单位体积的流体所具有的重量。重度也称为容重、重率。重度与重量、体积的关系式为

$$\gamma = \frac{G}{V} \tag{2-4}$$

比较式（2-1）与式（2-4），重度与密度有下列关系

$$\gamma = \rho g \quad \text{或} \quad \rho = \frac{\gamma}{g} \tag{2-5}$$

在国际单位制（SI）中，重量的单位是 N，重力加速度的单位是 m/s²，重度的单位是 N/m³。

表 2-1 给出了一些常用气体在标准大气压和 20℃下的物理性质，表 2-2 给出了一些常用液体在标准大气压下的物理性质，表 2-3 给出了水在不同温度下的物理性质。由表 2-3 可见，水的密度随温度的变化是非常小的。在计算时，一般情况下可以取温度为 4℃时的密度值，即

$$\rho = 1000 \text{ kg/m}^3。$$

表 2-1　　　　　　　　　在标准大气压和 20℃下常用气体的物理性质

气　体	密度 ρ /(kg/m³)	动力粘度 $\mu \times 10^5$ /(Pa·S)	气体常数 R /[J/(kg·K)]
空　气	1.205	1.80	287
二氧化碳气	1.84	1.48	188
一氧化碳气	1.16	1.82	297
氦　气	0.166	1.97	2077
氢　气	0.0839	0.90	4120
氮　气	1.16	1.76	297
氧　气	1.33	2.00	260
甲　烷	0.668	1.34	520
饱和蒸汽	0.747	1.01	462

表 2-2　　　　　　　　　　在标准大气压下常用液体的物理性质

液体种类	温度 t /(℃)	密度 ρ /(kg/m³)	动力粘度 $\mu \times 10^4$ /(Pa·s)
纯　水	20	998	10.1
海　水	20	1026	10.6
20% 盐水	20	1149	
乙醇（酒精）	20	789	11.6
苯	20	895	6.5
四氯化碳	20	1588	9.7
氟利昂-12	20	1335	
甘　油	20	1258	14900
汽　油	20	678	2.9
煤　油	20	808	19.2
原　油	20	850~928	72
润滑油	20	918	
水　银	20	13555	15.6

表 2-3　　　　　　　　　　　　　不同温度下水的物理性质

水温 t /(℃)	密度 ρ /(kg/m³)	重度 γ /(kN/m³)	动力粘度 μ /(10^{-3}Pa·s)	运动粘度 ν /(10^{-6}m²/s)	体积弹性模量 K /(10^9Pa)	表面张力系数 σ /(N/m)
0	999.9	9.805	1.781	1.785	2.02	0.075 6
5	1000.0	9.807	1.518	1.519	2.06	0.074 9
10	999.7	9.804	1.307	1.306	2.10	0.074 2
15	999.1	9.798	1.139	1.139	2.15	0.073 5
20	998.2	9.789	1.002	1.003	2.18	0.072 8
25	997.0	9.777	0.890	0.893	2.22	0.072 0
30	995.7	9.764	0.798	0.800	2.25	0.071 2
40	992.2	9.730	0.653	0.658	2.28	0.069 6
50	988.0	9.689	0.547	0.553	2.29	0.067 9
60	983.2	9.642	0.466	0.474	2.28	0.066 2
70	977.8	9.589	0.404	0.413	2.25	0.064 4
80	971.8	9.530	0.354	0.364	2.20	0.062 6
90	965.3	9.466	0.315	0.326	2.14	0.060 8
100	958.4	9.399	0.282	0.294	2.07	0.058 7

2.2.2 流体密度的变化特性

1. 流体的压缩性和膨胀性

流体的密度与压强和温度有关,或者说压强或温度的变化都会引起密度的变化,即

$$d\rho = \frac{\partial \rho}{\partial p}dp + \frac{\partial \rho}{\partial T}dT \tag{2-6}$$

密度的相对变化率为

$$\frac{d\rho}{\rho} = \frac{1}{\rho}\frac{\partial \rho}{\partial p}dp + \frac{1}{\rho}\frac{\partial \rho}{\partial T}dT = \beta_p dp - \beta_t dT \tag{2-7}$$

式(2-7)中第一个系数 β_p 称为等温压缩系数,β_p 表示在温度不变的情况下,由压强的单位增加值所引起的密度相对增加量。并且

$$\beta_p = \frac{\dfrac{d\rho}{\rho}}{dp} = -\frac{\dfrac{dV}{V}}{dp} = \frac{1}{K} \tag{2-8}$$

从式(2-8)可见,β_p 还可以称为流体的体积压缩系数,也就是在温度不变的条件下,压强每增加一个单位,流体体积的相对减少量。实际工程中还常使用体积弹性系数 K 表示流体的压缩性,K 也称为体积弹性模量,与体积压缩系数 β_p 为倒数的关系。

式(2-7)中第二个系数 β_t 称为热膨胀系数,β_t 表示在压强不变的情况下,由温度的单位增加值所引起的密度相对减少量。并且

$$\beta_t = -\frac{\dfrac{d\rho}{\rho}}{dt} = \frac{\dfrac{dV}{V}}{dt} \tag{2-9}$$

从式(2-9)可见,β_t 还可以称为流体的体积膨胀系数,也就是在压强不变的条件下,温度每增加一个单位,流体体积的相对增加量。

体积压缩系数 β_p 的单位为 1/Pa 或 m^2/N,体积膨胀系数 β_t 的单位为 1/℃。

表 2-4 给出了 0℃时水的体积压缩系数 β_p 值。从表 2-4 可见,水的体积压缩系数是很小的。如常温下的水当所受的压强在 $0 \sim 98.07 \times 10^5$ Pa(0~100 个工程大气压)内变化时,其 β_p 的值大约为 5×10^{-10} m^2/N。这个数值相当于压强改变一个大气压时,液体体积相对压缩量约为 $\frac{1}{20\,000}$,可见体积变化量甚微。

表 2-4　　　　　　　　　　　0℃时水的体积压缩系数 β_p

压强 $\times 10^5$(Pa)	4.9	9.81	19.61	39.23	78.45	98.07
$\beta_p \times 10^9$(1/Pa)	0.539	0.537	0.531	0.532	0.515	0.500

表 2-5 给出了水的体积膨胀系数 β_t 值。从表 2-5 可见,水的体积膨胀系数也是很小的。如水在 0.98×10^5 Pa(1 个工程大气压)时,在常温下(10~20℃),温度每增高 1℃,水的体积相对增加量仅为 $\frac{1.5}{10\,000}$;温度较高时,也只为 $\frac{7}{10\,000}$。

表 2-5　　　　　　　　　　　水的体积膨胀系数 β_t

压强 $\times 10^5$ (Pa)	温度/(℃)				
	1~10	10~20	40~50	60~70	90~100
0.98	14×10^{-6}	150×10^{-6}	422×10^{-6}	556×10^{-6}	719×10^{-6}
98	43×10^{-6}	165×10^{-6}	422×10^{-6}	548×10^{-6}	704×10^{-6}
196	72×10^{-6}	183×10^{-6}	426×10^{-6}	539×10^{-6}	
490	149×10^{-6}	236×10^{-6}	429×10^{-6}	523×10^{-6}	661×10^{-6}
882	229×10^{-6}	289×10^{-6}	437×10^{-6}	514×10^{-6}	621×10^{-6}

2. 气体的压缩性

上述流体压缩性的叙述,一般是针对液体的。这是因为气体的压缩性要比液体的压缩性大得多,或者说气体的密度随着温度和压力的变化将发生显著变化。

气体的密度、温度和压力之间的关系可以由物理学、热力学中的完全气体状态方程来确定(物理学中称为理想气体状态方程),即

$$\frac{p}{\rho} = RT \text{ 或 } pV = RT \tag{2-10}$$

式中:p ——气体的绝对压强,Pa;

ρ ——气体的密度,kg/m^3;

V ——气体的体积,m^3;

T ——气体的热力学温度,K;

R——气体常数,J/(kg·K)。

常用气体的气体常数可见表2-1。热力学温度,也称为开尔文温度,有关系式 $T = T_0 + t$,t 的单位为℃,$T_0 = 273K$。

从完全气体状态方程式(2-10)可知,当温度不变时,完全气体的体积与压强成反比。这时如果压强扩大一倍,则体积缩小为原来的一半。当压强不变时,完全气体的体积与温度成正比。可见,气体的压缩性是很大的。

3. 不可压缩流体的假设

由前面的叙述可知,压强和温度的变化都会引起流体密度的变化。一般来说,任何流体,无论是液体还是气体,都是可压缩的。

从液体的压缩特性来看,当施加于液体上的压强和温度发生变化时,液体的密度仅有微小变化,即液体的压缩性很小。因此,在许多场合,忽略压缩性的影响,认为液体的密度是不变的常数,这种液体称为不可压缩流体。例如,对于在常温和常压下的水,若以一个标准大气压下4℃时的密度 $\rho = 1\,000 kg/m^3$ 进行工程计算,其成果是满足相关精度要求的。但必须注意的是,在压强变化过程非常迅速的场合中,如水击过程,就需考虑水的压缩性问题,或者说不能使用不可压缩流体的概念。

从气体的压缩特性来看,气体的压缩特性是很大的,气体的密度随压强、温度等环境因素的不同有很大的变化。因此在一般的情况下,必须考虑气体的压缩性问题,这时可以将气体称为可压缩流体。但必须注意的是,在实际工程中,如果气体在整个流动过程中,压强和温度变化很小,使密度变化也很小,这时可以作为不可压缩流体处理;又如气体对物体流动的相对速度比音速小得多时,其密度的变化也很小,这时也可以作为不可压缩流体来处理。

2.2.3 流体的粘滞性

1. 流体粘滞性的定义

观察流体的流动,可以看到不同的流体具有不同的流动特性。如,一瓶水和一瓶油,分别从瓶子里倒出来,水流得快一些,油流得慢一些。再如,对一盆水和一盆油分别进行搅动,使其旋转起来。可以发现搅动水所用的力气,比搅动油所用的力气要小;当停止搅动时,水和油都会慢慢停下来,但水旋转的时间比油旋转的时间要长一些。

对于流动着的流体,若流体质点之间因相对运动的存在,而产生内摩擦力以抵抗其相对运动的性质,称为流体的粘滞性,所产生的内摩擦力也称为粘滞力,或粘性力。从前面所述的例子可见,油的内部阻碍流体流动的作用力比水大,也就是油的粘滞性大,水的粘滞性小。

为了进一步说明流体的粘滞性,现以如图2-1(a)所示的流体沿固体平面的流动为例。当流体沿固体平面作直线流动时,紧贴固壁的流体质点粘附在固壁上,其流速为零;在与固壁垂直的 y 方向,流体质点受固壁的影响逐渐减弱,流速逐渐增加;当流体质点距离固壁较远时,流体质点受固壁的影响最弱,其流速最大。图2-1(a)即为这种流动的流速分布图。由于各层的流速不同,则各流层之间便产生了相对运动,也就产生了抵抗这个相对运动的切向作用力,即内摩擦或粘力。这个内摩擦力总是成对出现在两相邻流层接触面上,并且大小相等、方向相反。如图2-1(a)中 $a-a$ 分界面上,速度较大的流层作用在速度较小的流层上的内摩擦力 F_a,其方向与流体流动的方向相同,有使速度较小流层的流体加速的作用;速度较小的流层作用在速度较大的流层上的内摩擦力 F'_a,其方向与流体流动的方向相反,有使速度较大流层的流体减速的作用。

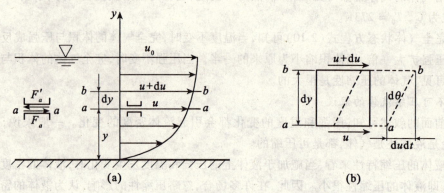

图 2-1 粘滞性流体变形及内摩擦力示意图

2. 牛顿内摩擦定律

牛顿根据大量的实验研究,提出了牛顿内摩擦定律,即认为当流动的流体内部各层之间发生相对运动时,两相邻流层之间所产生的内摩擦力 F 的大小与流体的粘滞性、反映相对运动的流速梯度 $\dfrac{du}{dy}$ 以及接触面面积 A 成正比;而与接触面上的压力无关。其数学表达式为

$$F = \mu A \frac{du}{dy} \tag{2-11}$$

或

$$\tau = \frac{F}{A} = \mu \frac{du}{dy} \tag{2-12}$$

式中:μ——表征流体粘滞性大小的比例系数;

τ——内摩擦切应力或粘滞切应力。

牛顿内摩擦定律表达式式(2-11)、式(2-12)是计算流体粘滞力常用的计算公式。其中反映相对运动的流速梯度 $\dfrac{du}{dy}$,实际表示了流体微团的剪切变形速度。如图 2-1(b)所示,从流动的流体中,取一方形微团(如图中的实线所示),设 a—a 层的流速为 u,跨过 dy 微小距离后的 b—b 层流速为 $u + du$。经过 dt 时间以后,该微团到达图示虚线所处的位置,并且由于流层速度差的原因,方形微团发生了剪切变形,b—b 层流体多移动的距离为 $dudt$。这时剪切变形量为 $d\theta$,由于时间 dt 微小,则 $d\theta$ 也微小。所以由图 2-1(b)可得

$$d\theta \approx \tan d\theta = \frac{dudt}{dy} \quad \text{或} \quad \frac{du}{dy} = \frac{d\theta}{dt} \tag{2-13}$$

可见速度梯度就是剪切变形速度,或者说是剪切应变变化率。牛顿内摩擦定律也可以理解为内摩擦力或切应力与剪切变形速度成正比。

式(2-11)、式(2-12)中比例系数 μ 为流体粘滞性的量度,称为粘性系数或粘度。μ 在国际单位制中的单位是 $Pa \cdot s$ 或 $N \cdot s/m^2$,单位中由于含有动力学量纲,一般称为动力粘性系数或动力粘度。

流体的粘滞性的大小还可以用粘性系数 v 来表示,v 与 μ 的关系是

$$v = \frac{\mu}{\rho} \tag{2-14}$$

即粘性系数 v 是动力粘性系数 μ 与流体密度 ρ 的比值。v 在国际单位制中的单位是 m^2/s,单位中由于只含有运动学量纲,一般称为运动粘性系数或运动粘度。

表 2-3 和表 2-6 分别给出了水和空气的动力粘性系数 μ 值和运动粘性系数 v 值。

表 2-6　　　　　　　　　　标准大气压下空气的物理性质

温度 T /℃	密度 ρ /(kg/m³)	重度 γ /(N/m³)	动力粘度 $\mu \times 10^5$ /(Pa·s)	运动粘度 $v \times 10^5$ /(m²/s)
-40	1.515	14.86	1.49	0.98
-20	1.395	13.68	1.61	1.15
0	1.293	12.68	1.71	1.32
10	1.248	12.24	1.76	1.41
20	1.205	11.82	1.81	1.50
30	1.156	11.43	1.86	1.60
40	1.128	11.06	1.90	1.68
60	1.060	10.40	2.00	1.87
80	1.000	9.81	2.09	2.09
100	0.946	9.28	2.18	2.31
200	0.747	7.33	2.58	3.45

粘性系数 μ 或 v 值越大,流体的粘滞性作用越强。粘性系数的大小因流体的种类不同而各异,并且随压强和温度的变化而变化。在通常的压力下,压强对流体的粘滞性影响很小,可以忽略不计。在高压下,流体的粘滞性随压强的升高而变大。温度对流体粘滞性的影响很大,而且影响的特性是不一样的。液体的粘性系数随温度的升高而减小,气体的粘性系数则随温度的升高而增大。表 2-3 和表 2-6 列出了水和空气的粘性系数随温度的变化情况,其原因在于,液体的粘滞性主要来自于分子之间的吸引力(内聚力),当温度升高时,分子的间距增大,吸引力减小,由同样的剪切变形速率所产生的切应力减小,因而粘性系数变小;气体的粘滞性主要来自于分子不规则的热运动所产生的动量交换,当温度升高时,气体分子的热运动加剧,动量交换更为频繁,使切应力也随之增加,因而粘性系数增加。

3. 牛顿流体和非牛顿流体

牛顿内摩擦定律是有其适用范围的。如图 2-2 所示的切应力 τ 与剪切变形率 $\dfrac{du}{dy}$ 的关系图中,牛顿内摩擦定律仅适用于图 2-2 中 A 线所示的一般流体,如水、油、空气等。这一类流体在温度不变的情况下,流体的粘性系数 μ 不变,在 $\tau \sim \dfrac{du}{dy}$ 坐标系中为一条由坐标原点出发、斜率不变的直线,符合这一规律的流体,一般称为牛顿流体。自然界中还有一类不满足牛顿内摩擦定律的流体,均称为非牛顿流体。如泥浆、血浆、牙膏等流体,当流体中的切应力达到某值(即屈服应力 τ_0)时,才开始流动,但切应力与剪切变形率仍为线性关系,如图

2-2中 B 线所示,这种流体称为理想宾汉流体。再如尼龙、橡胶、纸浆、水泥浆等,这类流体的粘性系数随剪切变形率的增加而减小,如图2-2中 C 线所示,这类流体称为伪塑性流体。还有生面团、浓淀粉糊等一类流体,这类流体的粘性系数随剪切变形率的增加而增加,如图2-2中 D 线所示,这类流体称为膨胀性流体。对于上述非牛顿流体将在非牛顿流体力学中讨论和研究,本书只讨论牛顿流体。

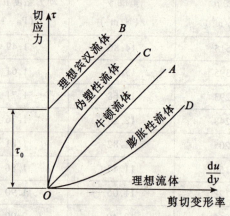

图 2-2 牛顿流体和非牛顿流体特性图

4. 理想流体的概念

自然界中存在的流体都具有粘滞性,一般都称为粘性流体或实际流体。流体的粘滞性是流体的固有物理属性,流体的粘滞性对流体流动的影响极为复杂,给流体运动的数学描述和处理带来极大的困难。为了简化问题,便于分析,引进没有粘滞性,即 $\mu=0$ 的理想流体的概念。这样在分析流体运动时,可以不考虑流体粘滞性的影响,将流体的运动看做无粘滞性的理想流体的运动,得到理想流体流动的规律,然后再考虑粘滞性的影响加以修正。另外,对于某些粘滞性比较小的流体,在某些流动区域内流动时,可以忽略粘滞性的影响,近似地作为理想流体来考虑。因此,自然界虽然不存在理想流体,但理想流体作为一种简化模型,在流体力学中有着一定的地位,起着重要的作用。

§2.3 作用在流体上的力

作用在流体上的力,按其物理性质可以分为惯性力、重力、弹性力、粘滞力以及表面张力等。按其作用方式,又可以分为质量力和表面力两种。

2.3.1 质量力

质量力是作用于流体的每一个质点上,并与被作用的流体的质量成比例的力。在均质流体中,因质量与体积成正比,则质量力必然与流体体积成正比,所以又称为体积力。由于质量力无需接触就可以同时作用于流体的每一个质点,故也称为超距力。流体力学中常遇到的质量力有惯性力和重力。

根据质量力的特征,可以用单位质量流体所受的质量力即单位质量力来表征。设流体

的质量为 m，流体所受到质量力为 F，则单位质量力 f 为

$$f = \frac{F}{m}, \quad f_x = \frac{F_x}{m}, \quad f_y = \frac{F_y}{m}, \quad f_z = \frac{F_z}{m} \tag{2-15}$$

式中：F_x、F_y、F_z——质量力 F 的分量；

f_x、f_y、f_z——单位质量力 f 的分量，单位质量力 f 的单位是 m/s^2，与加速度的单位相同。

2.3.2 表面力

表面力是作用于流体的表面上，并与被作用的表面面积成比例的力。这种力是由其周围的流体或固体所施加的，并通过与接触面直接接触发生作用，故又称为接触力。表面力按其作用方向可以分解为，沿作用面法线方向的分力，称为压力 P；沿作用面切线方向的分力，称为切力 T。由于一般认为流体不能承受拉力，故沿法线方向的分力只有沿内法线方向的压力。静止流体中不存在切力。

根据表面力是连续分布的特点，可以用单位面积所受的表面力即应力来表示。与压力 P 和切力 T 相对应，有压应力 p 和切应力 τ。在被作用的表面上某点的压应力 p 和切应力 τ 可以分别由以下两式定义

$$p = \lim_{\Delta A \to 0} \frac{\Delta P}{\Delta A} \tag{2-16}$$

$$\tau = \lim_{\Delta A \to 0} \frac{\Delta T}{\Delta A} \tag{2-17}$$

式中 ΔP、ΔT 分别为作用在微小面积 ΔA 上的压力和切力。图 2-3 给出了作用于微小面积上的压力。压应力一般称为压强。压强和切应力的单位为 N/m^2，即 Pa。

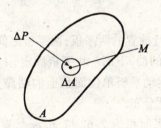

图 2-3　作用于微小面积上的压力

习题与思考题 2

一、思考题

1-1　什么是流体的易流动性？静止的流体能否抵抗剪切变形？

1-2　试简述流体的连续介质的概念。给出流体及流体质点的微观特征和宏观特征。

1-3　什么是流体的粘性？流体在什么情况下具有抵抗剪切变形的能力？

1-4　液体的压缩性与什么因素有关？空气和液体具有一样的压缩性特征吗？

1-5 试述牛顿内摩擦定律。空气和液体的粘性系数的特性一样吗？

1-6 牛顿流体与非牛顿流体有什么区别？

1-7 什么是不可压缩流体和理想流体？

1-8 什么是流体的质量力和表面力？它们与什么因素有关？各用什么来表示？

二、习题

1-1 试计算重量为 $G=9.8\text{N}$ 的水银体积和质量。

1-2 当压强从一个大气压（98kPa）增加到 5 个大气压时，体积为 4m^3 的某种液体将减少 1L，试求该种液体的体积压缩系数和体积弹性系数。当压强变化时液体的温度不变。

1-3 要使水的体积缩小 1%，需加多大的压强？

1-4 已知温度为 20℃ 时水的动力粘性系数 $\mu = 1.002 \times 10^{-3} \text{N}\cdot\text{s}/\text{m}^2$，试问运动粘性系数 ν 为多少？又知温度为 20℃ 时空气的动力粘性系数 $\mu = 1.8 \times 10^{-5} \text{N}\cdot\text{s}/\text{m}^2$，试问运动粘性系数 ν 为多少？

1-5 如题 1-5 图所示，两平行平板缝隙 δ 内充满粘性系数为 μ 的流体，缝隙正中有一单面面积为 A 的薄板以速度 u 平行移动。证明必须施加在薄平板上的力为

$$T = \mu \frac{u}{x}\left(\frac{\delta}{\delta-x}\right) A。$$

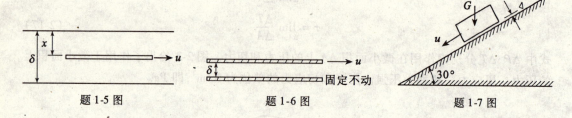

题 1-5 图　　题 1-6 图　　题 1-7 图

1-6 如题 1-6 图所示为平行放置的两平板，两平板之间的距离 $\delta = 1\text{mm}$，两平板之间充满着粘性系数 $\mu = 1.15\text{N}\cdot\text{s}/\text{m}^2$ 的油，下面一块平板固定，上面一块平板作水平运动，已知运动速度 $u = 1\text{m/s}$。试求作用在运动平板单位面积上的粘滞力。由于距离 δ 很小，计算时可以假定两平板之间的速度呈线性分布。

1-7 如题 1-7 图所示为一底面积为 $7.62 \times 7.62\text{cm}^2$、重量 $G = 180\text{N}$ 的物体，沿斜面下滑。物体与斜面之间隔有 $\Delta = 0.127\text{mm}$ 的油层，物体以速度 $u = 0.61\text{m/s}$ 匀速下滑。试求油的粘性系数 μ。

1-8 活塞在汽缸内作往复运动。已知活塞的直径 $d = 0.14\text{m}$，长度 $l = 0.16\text{m}$，活塞与汽缸内壁之间的间隙 $\delta = 0.4\text{mm}$，间隙内充满着 $\mu = 0.1\text{Pa}\cdot\text{s}$ 的润滑油。当活塞运动速度 $u = 1.5\text{m/s}$ 时，试求活塞上所受到的摩擦阻力。

第3章 处于静止时的流体

引 子

关于水平面。我们都知道牛顿看见苹果从树上掉在地下,他想为什么不是往天上掉,由此发现了万有引力定律的故事。然而,大家想过吗?平静的湖面、池塘水面,还有容器中的水面为什么一定是水平的,而不是倾斜的或其他形状?(参见本章§3.2)

我们在坐车旅行时,会发现车上放置的饮料瓶或其他容器内的液体在前后晃动。如果考虑一种特殊情况,如汽车逐渐匀加速,那么放置在车内容器中的液体,其液体的表面将会是倾斜的,但液体的表面是向前倾斜还是向后倾斜呢?(参见本章§3.5)

如图3-1所示的三个容器,假定容器底部的面积相等。可能会有人觉得液体对容器底部的作用力不一样大,右边的最小;中间的最大。这是因为右边容器的体积最小,中间容器的体积最大。然而,这里要告诉大家,三个容器底部所受到液体施加的作用力一样大小,你信吗?(参见本章§3.3)

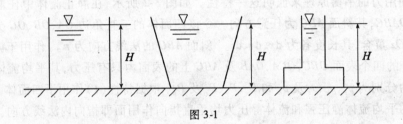

图 3-1

可以在许多地方看到下列场景。为了发电、防洪、灌溉等的需要,在一些河流上修建有大坝、水闸等将水流拦截并将水位抬高的水利设施,这些设施拦截的水流在没有泄放时为静止的流体;为了供水的需要,需要修建蓄水池或在楼房顶层安装水箱,蓄水池、水箱内的水为静止的流体;还有石油、天然气等部门,为储油、储气的需要建有大量的储油罐和储气罐,罐内的油或气为静止的流体。在对上述设施进行设计和建造时,需运用流体静力学。

流体静力学是研究流体处于静止(或平衡)状态下的力学规律,以及这些规律在实际工程中的应用。流体静力学是流体力学的一个基础部分。本章将研究处于静止状态下流体内部流体静压强的分布规律,进而讨论各种情况下由流体静压强所产生的流体静压力问题。

关于流体的静止状态或者平衡状态,有以下两种含义:一是指流体的绝对静止状态,即流体与地球之间没有相对运动,例如湖泊和蓄水池中静止不动的水;二是指流体的相对静止状态,即流体相对于地球之间虽有运动,但流体质点之间没有相对运动,例如处于等角速度旋转容器中的流体,这种情况也称为流体的相对平衡状态。

处于静止状态下的流体,由于流体内部不存在相对运动,则不呈现粘滞性作用,因此这种状态下的力学规律,对理想流体和实际流体都是适用的。

§3.1 流体静压强及其特性

处于静止状态下的流体内部,流体质点之间或流层之间以及流体与边界之间不存在切力和拉力,只存在法向的压力。这种法向的压力称为流体静压力(也称为流体总压力、静水总压力)。流体静压力的单位为牛顿(N)或千牛顿(kN),流体静压强的单位为牛顿/米²(N/m²)或帕(Pa),也可以为千牛顿/米²(kN/m²)或千帕(kPa)。

流体静压强有两个重要特性:

(1)流体静压强的作用方向垂直并指向作用面。

可以用反证法证明。如果图 2-3 所示的流体为静止流体,其中 M 流体静压力 ΔP 如果不垂直于作用面 ΔA,则可以将 ΔP 分解为沿 ΔA 法线方向和切线方向两个分力。由第 1 章可知,在处于静止状态下的流体内部,如果存在切力,则流体势必会发生相对运动,流体不可能保持静止状态。所以流体静压力 ΔP 的方向必然与作用面 ΔA 的法线方向重合,即垂直于作用面。又由于静止流体几乎不能承受拉力,则流体静压力 ΔP 的方向只能是内法线方向,即指向作用面。因此,流体静压强的方向必然是垂直并指向作用面。

(2)静止流体内任意一点的流体静压强的大小与其作用面的方位无关,也就是说,流体内任意一点的流体静压强在各方向上相等。

可以利用力的平衡原理来证明这一特性。如图 3-2 所示,在静止流体中任取一微小直角四面体 $OABC$,其斜面 ABC 为任意方向。令该四面体的三直角边 OA、OB、OC 分别与坐标轴 Ox、Oy、Oz 重合,其长度各为 dx、dy、dz。斜面 ABC 的法线方向为 n。作用于微小直角四面体 $OABC$ 的四个表面 OBC、OCA、OAB 及 ABC 上的表面力只有压力,其平均流体静压强和流体静压力分别为 p_x、p_y、p_z 及 p_n 和 P_x、P_y、P_z 及 P_n,根据特性(1)作用于四面体 $OABC$ 的四个表面上的平均流体静压强和流体静压力均垂直指向作用面即指向内法线方向。又设作用在四面体 $OABC$ 上的单位质量力在各轴向的分量分别为 f_x、f_y、f_z,斜面 ABC 的面积为 dA,流体的密度为 ρ。

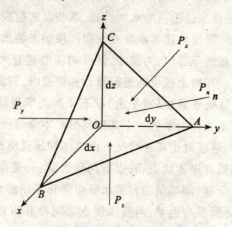

图 3-2 静止流体中任取的一微小四面体

根据力的平衡原理,微小直角四面体 OABC 所承受的全部外力在各坐标轴上的投影之和等于零。即

$$\begin{cases} P_x - P_n\cos(n,x) + \dfrac{\rho}{6}f_x \mathrm{d}x\mathrm{d}y\mathrm{d}z = 0 \\ P_y - P_n\cos(n,y) + \dfrac{\rho}{6}f_y \mathrm{d}x\mathrm{d}y\mathrm{d}z = 0 \\ P_z - P_n\cos(n,z) + \dfrac{\rho}{6}f_z \mathrm{d}x\mathrm{d}y\mathrm{d}z = 0 \end{cases} \tag{3-1}$$

或

$$\begin{cases} \dfrac{1}{2}p_x \mathrm{d}y\mathrm{d}z - p_n \mathrm{d}A\cos(n,x) + \dfrac{\rho}{6}f_x \mathrm{d}x\mathrm{d}y\mathrm{d}z = 0 \\ \dfrac{1}{2}p_y \mathrm{d}z\mathrm{d}x - p_n \mathrm{d}A\cos(n,y) + \dfrac{\rho}{6}f_y \mathrm{d}x\mathrm{d}y\mathrm{d}z = 0 \\ \dfrac{1}{2}p_z \mathrm{d}x\mathrm{d}y - p_n \mathrm{d}A\cos(n,z) + \dfrac{\rho}{6}f_z \mathrm{d}x\mathrm{d}y\mathrm{d}z = 0 \end{cases} \tag{3-2}$$

其中 $\cos(n,x)$、$\cos(n,y)$ 和 $\cos(n,z)$ 分别为法线方向 $\boldsymbol{n}$ 与三个坐标轴方向的方向余弦,并且

$$\begin{cases} \mathrm{d}A\cos(n,x) = \dfrac{1}{2}\mathrm{d}y\mathrm{d}z \\ \mathrm{d}A\cos(n,y) = \dfrac{1}{2}\mathrm{d}z\mathrm{d}x \\ \mathrm{d}A\cos(n,z) = \dfrac{1}{2}\mathrm{d}x\mathrm{d}y \end{cases} \tag{3-3}$$

代入式(3-2),各式同除以公因子得

$$\begin{cases} p_x - p_n + \dfrac{\rho}{3}f_x \mathrm{d}x = 0 \\ p_y - p_n + \dfrac{\rho}{3}f_y \mathrm{d}y = 0 \\ p_z - p_n + \dfrac{\rho}{3}f_z \mathrm{d}z = 0 \end{cases} \tag{3-4}$$

当微小四面体 OABC 缩小并趋向于 O 点时,p_x、p_y、p_z 及 p_n 变为作用于同一点 O 而方向不同的流体静压强。这时,上面平衡方程中第三项与第一项和第二项相比较,为高一阶的无穷小量,可以忽略不计。这样有

$$p_x = p_y = p_z = p_n = p \tag{3-5}$$

由于斜面 ABC 为任意给定的,其法线方向 $\boldsymbol{n}$ 为任意的。则上式表明,作用于任意一点的流体静压强的大小在各方向上相等,与作用面的方向无关,但不同点的压强大小一般不相等。由于流体可以看做连续介质,所以流体静压强将是空间坐标的连续函数,即

$$p = f(x,y,z) \tag{3-6}$$

§3.2 流体平衡的微分方程及等压面

处于静止(或平衡)状态下的流体,所受的各种外力是处于平衡状态的。本节将根据力

的平衡规律,建立流体平衡的微分方程,讨论各种外力相互之间的关系。

3.2.1 流体平衡的微分方程

在静止的密度为 ρ 的流体中任取一微小平行六面体 ABCDEFGH 作为隔离体。如图 3-3 所示。六面体各边分别与直角坐标轴平行,其边长分别为 dx、dy、dz。该六面体在质量力和表面力作用下,处于平衡状态。

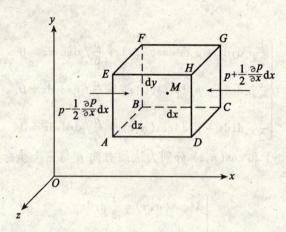

图 3-3 静止流体中平衡状态的微小平行六面体

作用于六面体上的单位质量力在三个坐标轴上的分量分别为 f_x、f_y、f_z,六面体的质量为 $\rho dxdydz$,则 x、y、z 方向的质量力分别为

$$f_x\rho dxdydz, \quad f_y\rho dxdydz, \quad f_z\rho dxdydz$$

作用于六面体上的表面力是周围流体施加于各个表面上的流体静压力。设六面体中心点 $M(x,y,z)$ 的流体静压强为 p。由于流体静压强为空间坐标的连续函数,则可以通过展开泰勒级数,并略去二阶以上的微量来得到 M 点附近流体静压强。其中,法线方向为 x 方向的两个平面 ABFE 和 CDHG 中心点处的流体静压强分别为

$$\left(p - \frac{1}{2}\frac{\partial p}{\partial x}dx\right), \quad \left(p + \frac{1}{2}\frac{\partial p}{\partial x}dx\right)$$

由于平面 ABFE 和平面 CDHG 是微小平面,可以认为整个平面的流体静压强都等于中心点处的流体静压强。于是这两个平面上的流体静压力为

$$\left(p - \frac{1}{2}\frac{\partial p}{\partial x}dx\right)dydz, \quad \left(p + \frac{1}{2}\frac{\partial p}{\partial x}dx\right)dydz$$

当六面体处于平衡状态时,作用于该六面体上所有外力应满足力的平衡方程,也就是在 Ox、Oy、Oz 三个坐标轴方向上的分量之和分别等于零。对于 Ox 轴向有

$$\left(p - \frac{1}{2}\frac{\partial p}{\partial x}dx\right)dydz - \left(p + \frac{1}{2}\frac{\partial p}{\partial x}dx\right)dydz + f_x\rho dxdydz = 0 \tag{3-7}$$

以 $\rho dxdydz$ 除各项,经简化后得(即,式(3-8)中第一式)

$$\begin{cases} f_x - \dfrac{1}{\rho}\dfrac{\partial p}{\partial x} = 0 \\ f_y - \dfrac{1}{\rho}\dfrac{\partial p}{\partial y} = 0 \\ f_z - \dfrac{1}{\rho}\dfrac{\partial p}{\partial z} = 0 \end{cases} \tag{3-8}$$

同理,对 Oy、Oz 两轴向分析也可以给出类似结果(上式中第二、三式)。由此,可以得出流体平衡的微分方程(3-8)。该方程由瑞士学者欧拉于 1755 年提出,也称为欧拉平衡微分方程。该方程的物理意义是,在静止(平衡)流体中,流体静压强沿某轴向的变化率等于沿该轴向的单位质量力。或者说,在平衡流体中,某轴向只要有质量力的作用,该轴向的流体静压强就会发生变化。

3.2.2 流体平衡微分方程的积分

为求得处于平衡状态的流体中任一点的流体静压强的表达式,必须对流体平衡微分方程(3-8)进行积分。现将式(3-8)中各式分别乘以 dx、dy、dz,然后相加并整理后得

$$\frac{\partial p}{\partial x}dx + \frac{\partial p}{\partial y}dy + \frac{\partial p}{\partial z}dz = \rho(f_x dx + f_y dy + f_z dz) \tag{3-9}$$

上式的左边为流体静压强 p 的全微分,则有

$$dp = \rho(f_x dx + f_y dy + f_z dz) \tag{3-10}$$

式(3-10)为流体平衡微分方程的另一表达形式。

对于不可压缩流体,密度 ρ 等于常数,可以将上式写成

$$d\left(\frac{p}{\rho}\right) = f_x dx + f_y dy + f_z dz \tag{3-11}$$

上式左边为函数 $\dfrac{p}{\rho}$ 的全微分,上式右边也必为某一函数 $W(x,y,z)$ 的全微分。由数学分析可知,上式右边为某一函数的全微分 $W(x,y,z)$ 的充分必要条件是

$$\frac{\partial f_x}{\partial y} = \frac{\partial f_y}{\partial x}, \quad \frac{\partial f_y}{\partial z} = \frac{\partial f_z}{\partial y}, \quad \frac{\partial f_z}{\partial x} = \frac{\partial f_x}{\partial z} \tag{3-12}$$

需要注意的是,上式可以由流体平衡的微分方程(3-8)推导得到。或者说只要是处于平衡状态的流体(即满足流体平衡微分方程的流体),就存在空间函数 $W(x,y,z)$。由式(3-11)可得

$$d\left(\frac{p}{\rho}\right) = f_x dx + f_y dy + f_z dz = dW = \frac{\partial W}{\partial x}dx + \frac{\partial W}{\partial y}dy + \frac{\partial W}{\partial z}dz \tag{3-13}$$

其中

$$f_x = \frac{\partial W}{\partial x}, \quad f_y = \frac{\partial W}{\partial y}, \quad f_z = \frac{\partial W}{\partial z} \tag{3-14}$$

此处给出的空间坐标函数 $W(x,y,z)$ 在数学、力学中称为势函数,由于与单位质量力 f 有关,也称为力势函数。存在势函数并同时满足式(3-14)的质量力称为有势力。从上述推导中可见,作用在不可压缩流体上的质量力必须是有势力,不可压缩流体才能保持平衡状态。或者说,要使不可压缩流体保持平衡,只有在有势质量力的作用下才有可能。

改写式(3-13)

$$dp = \rho dW \tag{3-15}$$

并积分,可得

$$p = \rho W + C \tag{3-16}$$

如果已知流体表面或内部任意点处的函数 W_0、流体静压强 p_0,代入上式可得 $C = p_0 - \rho W_0$,故

$$p = p_0 + \rho(W - W_0) \tag{3-17}$$

式(3-17)就是流体平衡微分方程积分后流体静压强的普遍关系式。式(3-17)表示了在某种有势质量力的作用下,流体静压强的分布规律。从势函数 W 的引入可知,$(W - W_0)$ 为空间坐标的函数,与 p_0 无关。由式(3-17)可知,其他各点的压强 p 均含有流体边界或流体内部某点的已知流体静压强 p_0。这就是说,处于平衡状态的流体中,无论是流体边界还是流体内部任意一点的流体静压强及其变化量,可以等值地传递到流体内的所有各点。这就是著名的巴斯加原理。

流体平衡微分方程式(3-8)和式(3-10)是解决流体静力学许多问题的基本方程。首先,对流体平衡微分方程进行积分,可以导出流体静压强分布规律的普遍关系式。

3.2.3 等压面

由§3.1已知,在平衡流体中,流体静压强是空间坐标的连续函数。一般来说,不同的点有不同的流体静压强值,但可以找到这样一些点,它们具有相同的流体静压强值,我们将这些点连成的面称为等压面。即流体静压强相等的点组成的面就是等压面。

我们可以利用流体平衡微分方程来讨论等压面。在等压面上,$p =$ 常数,则 $dp = 0$,代入流体平衡微分方程(3-10)可得等压面微分方程

$$f_x dx + f_y dy + f_z dz = 0 \tag{3-18}$$

求解上述方程可以得到反映等压面形状的表达式。

等压面有两个重要性质:

(1)在平衡流体中等压面就是等势面。

显然在等压面上,流体静压强 $p =$ 常数,即 $dp = 0$,代入式(3-15)有 $\rho dW = 0$,对于不可压缩流体,$\rho =$ 常数,则 $dW = 0$,积分得 $W =$ 常数。从而证得在平衡流体中等压面就是等势面。

(2)在平衡流体中等压面与质量力正交。

在平衡流体中任取一等压面 A。在质量力 $\boldsymbol{F}$ 的作用下,有一质量为 dm 的流体质点 M 在该等压面 A 上移动,如图3-4所示。若质点移动距离为 $d\boldsymbol{s}$,并且

$$d\boldsymbol{s} = dx\boldsymbol{i} + dy\boldsymbol{j} + dz\boldsymbol{k}$$

其中 dx、dy、dz 为 $d\boldsymbol{s}$ 在直角坐标轴上的分量。已知单位质量力为 f_x、f_y、f_z,则质量力 $\boldsymbol{F}$ 为

$$\boldsymbol{F} = (f_x\boldsymbol{i} + f_y\boldsymbol{j} + f_z\boldsymbol{k})dm$$

由理论力学可知,质量力 $\boldsymbol{F}$ 沿 $d\boldsymbol{s}$ 移动所做的功 W 可以写成矢量 $\boldsymbol{F}$ 与 $d\boldsymbol{s}$ 的数量积,即

$$W = \boldsymbol{F} \cdot d\boldsymbol{s} = (f_x dx + f_y dy + f_z dz)dm \tag{3-19}$$

因质点在等压面上移动,由等压面微分方程(3-18),得

$$W = \boldsymbol{F} \cdot d\boldsymbol{s} = 0 \tag{3-20}$$

根据功和数量积的定义,当功或数量积等于零时,矢量 $\boldsymbol{F}$ 和 $d\boldsymbol{s}$ 正交。由于 $d\boldsymbol{s}$ 为等压面上任

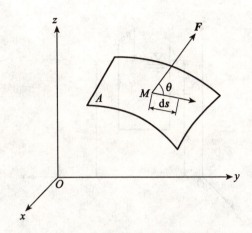

图 3-4　质点 M 受质量力的作用在等压面上移动

意的微小线段,则质量力 F 与等压面正交。

通常,静止液体的自由表面上各点的压强均为大气压,所以自由表面就是等压面。处于平衡状态下的两种流体(如液体与气体)的交界面也是等压面。根据等压面的第二个性质,对于静止状态的流体,如果作用于流体上的质量力仅仅只是垂直向下的重力,就局部范围而言,等压面一定是水平面,如容器液面、湖面;就大范围而言,作用于流体上的质量力指向地心的引力,则等压面为垂直于地球半径的曲面,如海面、大洋面。

§3.3　重力作用下的液体平衡

在实际工程中,最常见的处于平衡状态下的流体,是仅受重力一种质量力作用相对于地球处于静止状态的液体,即日常所见的绝对静止液体。本节将讨论这种情况下的液体平衡问题。为讨论方便起见,我们将静止液体中的流体静压强称为静水压强。

在质量力只有重力作用的静止液体中,按照如图 3-5 所示的坐标系,这时作用在静止液体上的单位质量力在各坐标轴上的分量为

$$f_x = f_y = 0, \quad f_z = -g \tag{3-21}$$

代入流体平衡方程(3-10),可得

$$dp = \rho(f_x dx + f_y dy + f_z dz) = -\rho g dz = -\gamma dz \tag{3-22}$$

式中 p 为静水压强,对上式两边积分得

$$p = -\rho g z + C \tag{3-23}$$

或

$$z + \frac{p}{\rho g} = C \tag{3-24}$$

其中 C 为积分常数。若在自由表面上任取一点,有 $z = z_0$, $p = p_0$,则 $C = p_0 + \rho g z_0$,得

$$p = p_0 + \rho g(z_0 - z) \tag{3-25}$$

或

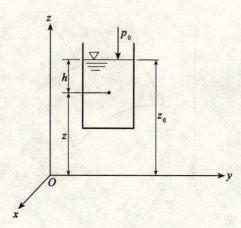

图 3-5 重力作用下的静止液体

$$z + \frac{p}{\rho g} = z_0 + \frac{p_0}{\rho g} \tag{3-26}$$

式(3-25)和式(3-26)为静水压强的基本方程。

引入水深坐标 $h = (z_0 - z)$，如图 3-5 所示，式(3-25)可以写成

$$p = p_0 + \rho g h \tag{3-27}$$

式(3-27)为静水压强基本方程的另一种形式,是流体静力学的基本公式。

分析式(3-25)和式(3-27)可知：

(1)静止液体中任意一点的静水压强是由两部分组成的。一部分为自由表面的静水压强 p_0,该压强遵循巴斯加原理等值的传递到液体内所有各点;另一部分是 $\rho g h$,这一部分就是液体内任意一点到液体自由表面的单位面积上的液柱重量。

(2)静止液体中的静水压强只是坐标 z 或水深 h 的函数,该压强随水深呈线性规律变化。

(3)对于仅受重力作用,同种并相互连通的静止液体,水平面就是等压面;等压面就是水平面。如图 3-6 所示。

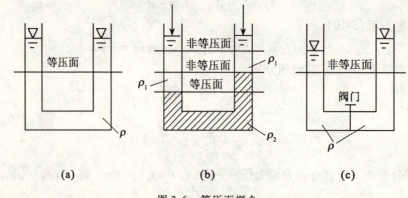

图 3-6 等压面概念

式(3-24)中 z 为静止液体内任意一点在基准坐标面以上的几何高度,称为位置水头。由于重心高度为 z、重量为 mg 的液体质点所具有的位置势能为 mgz,则 z 又代表了单位重量液体所具有的位置势能,简称为位能。

式(3-24)中 $\dfrac{p}{\rho g}$ 是反映液体内某点静水压强大小的压强高度,称为压强水头。如图 3-7 所示,若液体内某点的静水压强为 p,如果在此处设置一开口的可测量压强的玻璃管即测压管时,液体在静水压强的作用下,沿测压管上升至高度为 $\dfrac{p}{\rho g}$ 处才静止下来,这时液体的压强全部转换成高度为 $\dfrac{p}{\rho g}$ 的位置势能。因此,$\dfrac{p}{\rho g}$ 可以称为单位重量液体所具有的压强势能,简称为压能。位能 z 与压能 $\dfrac{p}{\rho g}$ 都属于势能。

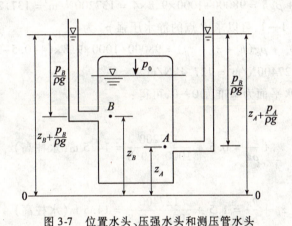

图 3-7 位置水头、压强水头和测压管水头

位置水头 z 与压强水头 $\dfrac{p}{\rho g}$ 的和 $\left(z+\dfrac{p}{\rho g}\right)$ 称为测压管水头。式(3-24)及图 3-7 表明,静止液体内任意一点的测压管水头等于常数。由图 3-7 可见,A、B 两点位置水头的改变,压强水头 $\dfrac{p}{\rho g}$ 也相应改变,但两者的总和即测压管水头相等,两者可以相互转化。其和称为单位重量液体所具有的总势能,简称为总势能。式(3-24)也说明,静止液体内各点的总势能相等。

例 3-1 一封闭容器如图 3-8 所示,已知容器内水深 H 为 3m,A 点至容器底部距离 z_A 为 0.5m,B 点至容器底部距离 z_B 为 1.5m。开口测压管液面至 A 点的距离 h 为 4m,测压管液面作用着大气压 $p_a = 98000\text{N/m}^2$。试求:

(1) A 点、B 点的静水压强 p_A、p_B。

(2) 以容器底为基准面,计算 A 点和 B 点的测压管水头 $z + \dfrac{p}{\rho g}$。

(3) 作用在容器内水面的静水压强 p_0。

解 (1) 根据静水压强基本方程(3-27),A 点的静水压强 p_A 为

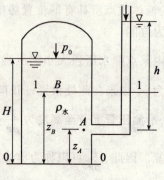

图 3-8 例 3-1 题图

$$p_A = p_a + \rho g h = 98000 + 1000 \times 9.8 \times 4 = 137200 \text{N/m}^2 = 137.2 \text{kN/m}^2$$

过 B 点作等压面 1—1,可以求 B 点的静水压强 p_B 为

$$p_B = p_a + \rho g(h + z_A - z_B) = 98000 + 1000 \times 9.8 \times (4 + 0.5 - 1.5)$$
$$= 127400 \text{N/m}^2 = 127.4 \text{kN/m}^2 \text{。}$$

(2) 设容器底部水平面为基准面 0—0,可得:

A 点测压管水头

$$z_A + \frac{p_A}{\rho g} = 0.5 + \frac{137200}{1000 \times 9.8} = 14.5 \text{ m}(水柱高)$$

B 点测压管水头

$$z_B + \frac{p_B}{\rho g} = 1.5 + \frac{127400}{1000 \times 9.8} = 14.5 \text{ m}(水柱高)$$

由此可知静止液体内任意一点的测压管水头等于常数。

(3) 方法(一)

根据静水压强基本方程(3-27),已知 B 点静水压强 $p_B = 127400 \text{N/m}^2$,则

$$p_0 = p_B - \rho g(h + z_A - H) = 127400 - 1000 \times 9.8 \times (4 + 0.5 - 3) = 112700 \text{N/m}^2 \text{。}$$

方法(二)

根据静止液体内任意一点的测压管水头等于常数的结论,已设 0—0 为基准面,则有

$$H + \frac{p_0}{\rho g} = z_B + \frac{p_B}{\rho g} = 14.5 \text{ m}$$

$$p_0 = (14.5 - H)\rho g = (14.5 - 3) \times 1000 \times 9.8 = 112700 \text{N/m}^2 \text{。}$$

§3.4 压强的计量与压强的测量

3.4.1 压强的计量

1. 绝对压强与相对压强

根据不同的起算基准,对压强的计量,可以分为绝对压强和相对压强两种。所谓起算基

准是指静水压强为零的起量点。

(1) 绝对压强:若以不存在任何气体的绝对真空为零作为起量点而计量的压强,称为绝对压强。一般以 p' 表示。

(2) 相对压强:若以当地大气压强为零作为起量点而计量的压强,称为相对压强。一般以 p 表示。

绝对压强与相对压强是按两种不同的起算基准计量的压强,两者之间相差一个大气压强值 p_a,如图 3-9 所示。其关系是

$$p' = p + p_a \tag{3-28}$$

或

$$p = p' - p_a \tag{3-29}$$

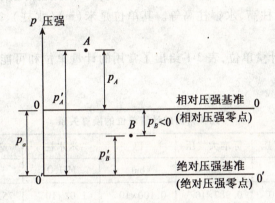

图 3-9 绝对压强和相对压强的关系

一般情况下自由液面的压强为大气压强。式(3-27)中的 $p_0 = p_a$,那么液体中的相对压强为

$$p = \rho g h \tag{3-30}$$

式(3-30)说明,使用相对压强计算液体内某点压强的计算公式较为简便。另外,根据巴斯加原理,作用于自由液面的大气压强,也同时作用于液体内部任何一点,因此使用相对压强来计算液体内部的压强,不必重复计算大气压强。从生产角度来说,生产实践中的测压仪表,都是在大气中置零,这样测出的压强为相对压强。所以相对压强也称为表压强或计示压强。

2. 真空和真空压强

由式(3-28)和式(3-29)可知,绝对压强总是正值,而相对压强可能是正值,也可能是负值。当液体中某点的绝对压强小于大气压强,其相应的相对压强为负值时,则称该点出现了负压,或称该点出现了真空。鉴于此时的相对压强为负值,为方便表述,可以采用相对压强的绝对值为真空压强 p_v 来表示,由式(3-29)有

$$p_v = |p| = p_a - p' \tag{3-31}$$

从上式可见,真空压强 p_v 可以用大气压强与绝对压强的差值来表示,也称为真空度。当绝对压强 $p' = 0$ 时,真空压强有理论上的最大值,$p_v = p_a$,这是一种不存在任何气体的绝对真空状态,任何实际液体是无法达到这种状态的。

3. 流体压强的表示方法

在工程实践中,流体压强常用的表示方法(单位)有三种:

(1) 用应力单位来表示。其单位是牛顿/米²(N/m²),或用帕(Pa)表示;较大的压强可以用千牛顿/米²(kN/m²),或用千帕(kPa)表示。这是法定计量单位。

(2) 用大气压强的倍数来表示。也就是以大气压强作为表示压强大小的量度。在实际工程中常用标准大气压 atm 和工程大气压 at 来度量。国际单位制规定:标准大气压是在纬度45°的海平面上、温度为0℃时所测得的大气压强,一个标准大气压 p_{atm} = 101 325Pa。为方便工程计算,也常使用工程大气压,一个工程大气压 p_{at} = 98 000Pa。

(3) 用液柱高来表示。由式(3-30)可得

$$h = \frac{p}{\rho g} \tag{3-32}$$

式(3-32)说明一定的流体压强相当于一定的液柱高度。因此也可以用某种液体液柱的高度来表示流体压强,如水柱高、水银柱高等。其单位是米(m)(水柱)、毫米(mm)(水银柱),等等。

还有其他的压强计量单位,表3-1 给出了常用的计量单位和可能见到的计量单位的换算关系。

表3-1 几种常用的计量单位的换算关系

帕 Pa	工程大气压 at	标准大气压 atm	巴 bar	米水柱 MH₂O	毫米汞柱 mmHg	磅/英寸² B/in²
1	0.102×10⁻⁴	0.987×10⁻⁴	0.100×10⁻⁴	1.02×10⁻⁴	75.03×10⁻⁴	1.45×10⁻⁴
9.8×10⁴	1	0.968	0.981	10	735.6	14.22
10.13×10⁴	1.033	1	1.018	10.33	760	14.69
10.00×10⁴	1.02	0.987	1	10.2	750.2	14.50
0.086×10⁴	0.07	0.068	0.0686	0.703	51.71	1

例3-2 一封闭水箱如图3-10所示,试分别计算 p_0 的绝对压强、相对压强及真空压强,并用各种单位表示。(h = 2.5m)

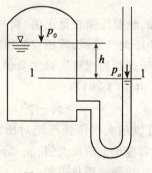

图3-10 例3-2题图

解 作过测压管液面的水平面及等压面 1—1。

相对压强

$$p_0 = -\rho g h = -1000 \times 9.8 \times 2.5 = -24500 \text{N/m}^2 = -\frac{24500}{98000} = -0.25 \text{ at}$$

$$= -\frac{24500}{1000 \times 9.8} = -2.5 \text{m}(水柱)$$

绝对压强

$$p_0' = p_a - \rho g h = 98000 - 1000 \times 9.8 \times 2.5 = 73500 \text{N/m}^2 = \frac{73500}{98000} = 0.75 \text{ at}$$

$$= \frac{73500}{1000 \times 9.8} = 7.5 \text{m}(水柱)$$

因为相对压强为负,存在真空压强。即

$$p_{0v} = 24500 \text{N/m}^2 = 0.25 \text{at} = 2.5 \text{m}(水柱)。$$

3.4.2 压强的测量

在实际工程中,常常需要量测和计算流体流动过程中某点的压强或两点的压强差。用来测量压强的仪器大致可以分为液柱式测压计、金属测压计(一种利用金属受压变形的大小来测量压强的仪表)及非电量电测仪表(一种利用传感器将非电量压强转变为电量并由电学仪表反映出压强大小的仪表,其数据还可以用于计算机存储和处理)等。后两种测压仪表是在液柱式测压计的基础上发展起来的。在此我们仅介绍作为基础的液柱式测压计。

1. 测压计

测压计分为单管式、U 形管式以及多管式测压计。

单管式测压计是由一上端开口通大气,下端与被测流体相连通的玻璃管而组成的,如图 3-11 所示,这种测量压强的玻璃管常称为测压管。被测容器内的流体在压强的作用下,沿测压管上升。量出测压管液面至被测点的高度 h,根据压强计算公式(3-30),该测点的压强为 $p = \rho g h$。也可以说所测得的压强为 h(m 或 mm)液柱高。图 3-11 所示的情况,一般是反映被测点的压强为正压的情况。而且压强值不能很大。对于负压情况和压强较大的情况,则需将单管式测压计进行改进。

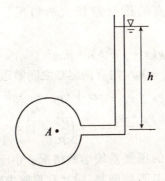

图 3-11 单管式测压计

U形测压计也就是U形管式测压计是采用弯成U形的玻璃管,一端开口通大气,另一端与被测点相连,如图3-12、图3-13所示。这种测压计的特点是U形管内放置不同于被测液体密度的工作液体,如图中的液体ρ_m。因此U形测压计具有可测量较大压强和负压的优点。

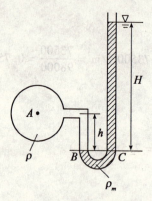 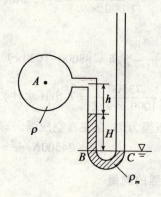

图3-12 U形管式测压计　　　　　图3-13 U形管式测压计

图3-12为正压情况,即被测点压强大于大气压强,并且压强值较大。U形管内的工作液体为一种密度较大的液体。由静水压强的基本方程(3-27)有

$$p_B = p_A + \rho g h, \qquad p_C = \rho_m g H \tag{3-33}$$

取水平面$B—C$为等压面,有$p_B = p_C$,则有

$$p_A + \rho g h = \rho_m g H \tag{3-34}$$

从而得A点的压强为

$$p_A = \rho_m g H - \rho g h \tag{3-35}$$

图3-13为负压情况,即被测点压强小于大气压强。U形管内的工作液体为与被测液体密度不同的液体。分析思路与正压情况类似。

2. 压差计

在实际工程中,有时需要测量两点的压强差。这时可以采用压差计(也称为比压计)来进行测量。如图3-14、图3-15所示。同样压差计中的U形管内的工作液体与被测液体不同。

图3-14给出的是A、B两点的压强差较大的情况。这时由静水压强的基本方程(3-27),有

$$p_N = p_A + \rho g(z + y - h) + \rho_m g h, \qquad p_M = p_B + \rho g y \tag{3-36}$$

取水平面$N—M$为等压面,有$p_N = p_M$,则有两容器之间的压强差为

$$p_B - p_A = \rho g z + (\rho_m - \rho) g h \tag{3-37}$$

或

$$\frac{p_B - p_A}{\rho g} = z + \left(\frac{\rho_m}{\rho} - 1\right) h \tag{3-38}$$

图3-15给出的是A、B两点的压强差较小的情况。由于这时U形管的液面差较小,为提高压差计的读数精度,可以将U形管倒装,同时U形管内装有密度为ρ'的轻质工作液体。分析思路与压强差较大的情况类似。

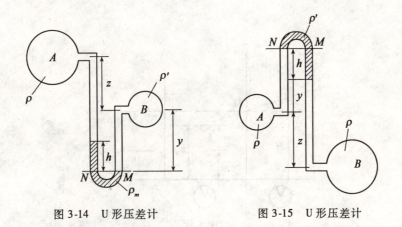

图 3-14 U 形压差计   图 3-15 U 形压差计

§3.5 几种质量力同时作用下的液体平衡

本章 §3.3 中讨论的是只有一种质量力——重力作用下的液体平衡问题,本节将要讨论在多种质量力的作用下液体的平衡问题。这时液体的平衡属于相对平衡的范畴。即液体相对于地球有运动,而液体质点之间没有相对运动。生活中这类相对平衡的例子还是很多的。最常见的有,液体与容器一道作直线等加速运动,液体随圆柱形容器绕定轴作等角速度旋转运动,等等。对这类问题,液体所受的质量力除重力外内部还受有惯性力的作用。根据理论力学中的达朗贝尔原理可以将内部的惯性力视为作用在液体上的一种外力,而液体将在所有外力的作用下保持平衡。这样可以使用 §3.2 中给出的流体平衡微分方程(3-10)来分析处于相对平衡下液体内部的压强分布规律和等压面的形式。

3.5.1 液体与容器一道作直线等加速运动的情况

如图 3-16 所示,一装有部分液体的运料车,以等加速度 a 沿水平方向运动。现将坐标系设在作等加速度运动的容器——运料车上,分析这种情况下液体的自由表面和液体内部压强分布。

根据达朗贝尔原理,液体上作用的单位质量力为

$$X = -a, \quad Y = 0, \quad Z = -g$$

代入流体平衡微分方程(3-10)得

$$dp = \rho(-adx - gdz) \tag{3-39}$$

在自由液面上有 $dp = 0$,则

$$adx + gdz = 0$$

积分得

$$ax + gz = C$$

在自由液面上,M 点处,$x = 0$,$z = H$,代入上式,得 $C = gH$,故自由液面的方程为

$$ax + gz_s = gH \tag{3-40}$$

式中,x 和 z_s 为自由液面上任一点的坐标。

为求液体内部压强分布,对式(3-39)积分,得

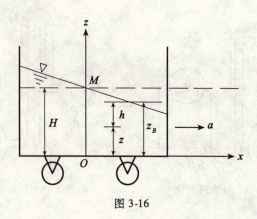

图 3-16

$$p = -\rho(ax + gz) + C'$$

在自由液面上，$p = p_0$，对于 M 点 $x = 0, z = H$，则有 $C' = p_0 + \rho g H$，从而

$$p = p_0 + \rho g(H - z) - \rho a x$$

考虑式(3-40)，得

$$p = p_0 + \rho g(H - z) - \rho g(H - z_s) = p_0 + \rho g(z_s - z)$$

如图 3-16 可见，$h = z_s - z$，为自由液面下某点的水深。这样可得

$$p = p_0 + \rho g h_o$$

可见在受重力和水平惯性力作用的相对平衡情况下，液体压强的分布规律与静止液体的分布规律也完全相似。所不同的是，此处 h 以及 p 不仅是 z 的函数，也是 x 的函数。

3.5.2 液体随圆柱形容器绕定轴作等角速度旋转运动的情况

设想在一个半径为 R 的圆柱形容器内装有密度为 ρ 的液体，若容器以等角速度 ω 绕中心铅垂轴 Oz 轴旋转，这时容器内液体随容器作等角速度旋转运动。建立如图 3-17 所示的坐标系。原点 O 置于容器底部中心。现观察液体中任一质点 N，该点坐标为 x、y、z，该点离 Oz 轴的径向距离为 r。质点 N 上所受的质量力为铅垂向下的重力（$-mg$）和水平径向的离心力（$m\omega^2 r$）。其单位质量力在各坐标轴上的分力为

$$\begin{cases} f_x = \omega^2 r\cos\alpha = \omega^2 x \\ f_y = \omega^2 r\sin\alpha = \omega^2 y \\ f_z = -g \end{cases} \tag{3-41}$$

将单位质量力式(3-41)代入流体平衡微分方程(3-10)得

$$dp = \rho(\omega^2 x dx + \omega^2 y dy - g dz) \tag{3-42}$$

下面分别讨论等压面和静水压强的分布规律。

1. 等压面

在等压面上，有 $dp = 0$。代入式(3-42)，得

$$\omega^2 x dx + \omega^2 y dy - g dz = 0$$

对上式积分并化简得

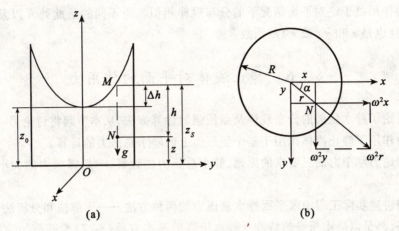

图 3-17 液体随容器作等角速度旋转

$$\frac{\omega^2 r^2}{2g} - z = C \tag{3-43}$$

式(3-43)说明,在液体随圆柱形容器绕定轴作等角速度旋转运动的情况下,包括自由液面在内的各等压面是旋转抛物面。当 C 取不同的数值时,就代表着不同的等压面。

如在自由液面上,当 $x = y = 0$,即 $r = 0$ 时,有 $z = z_0$,代入式(3-43)得 $C = z_0$,则可得自由液面的方程式

$$\frac{\omega^2 r^2}{2g} = (z_s - z_0) = \Delta h \tag{3-44}$$

式中:z_s——自由液面上半径为 r 处的任一点 M 的高度,并且 $\Delta h = z_s - z_0$。

2. 静水压强分布规律

对式(3-42)积分,得

$$p = \rho\left(\frac{\omega^2 x^2}{2} + \frac{\omega^2 y^2}{2} - gz\right) + C \tag{3-45}$$

由于 $r^2 = x^2 + y^2$,故上式又可以写成

$$p = \rho\left(\frac{1}{2}\omega^2 r^2 - gz\right) + C \tag{3-46}$$

式中 C 为积分常数。当 $r = 0$ 时,$z = z_0$,此处自由面上 $p = p_0$,有 $C = p_0 + \rho g z_0$,代入式(3-46),可得

$$p = p_0 + \rho g(z_0 - z) + \rho g \frac{\omega^2 r^2}{2g} \tag{3-47}$$

考虑式(3-44),有

$$p = p_0 + \rho g(z_0 - z + \Delta h) \tag{3-48}$$

若令 $h = z_0 - z + \Delta h$,为液体内任一质点 N 在抛物面形自由液面下的水深(如图3-17所示),则式(3-48)可以写成

$$p = p_0 + \rho g h \tag{3-49}$$

式(3-49)为液体受重力和离心惯性力作用处于相对平衡情况下,液体内部静水压强分布的

表达式。与式(3-27)相比较可见，处于这一种相对平衡情况下的静水压强的分布规律与仅仅只受重力作用处于绝对平衡情况下的分布规律相似。所不同的是此处 h 以及 p 不仅是 z 的函数，而且也是 x 和 y（或 r）的函数。

§3.6 静止液体对平面的作用力

前面讨论了静水压强的分布规律及点压强的计算方法，从本节起将讨论另一重要问题，即仅受重力作用下静止液体作用于整个受压面上的静水总压力的计算。

根据理论力学中力的三要素的原则，静水总压力的计算，一般需求力的大小、作用方向及作用点。

本节将讲述实际工程中求平面静水总压力的两种方法——图解法和分析法。分析两种方法的思路，都是以静水压强的特性及静水压强的基本方程(3-27)为基础的。从受力特点来看，作用在平面上的静水总压力的计算问题属于平行力系求合力的问题。因此，可以使用以求代数和为基础的图解法或分析法来计算平面的静水总压力 P。

3.6.1 图解法

对于有一组对边平行于水面的矩形平面上的静水总压力计算问题，用图解法来求解是最方便的。这是因为作用在矩形平面上的静水压强可以用下式来表示，即
$$p = \rho g h$$
上式说明液体内任一点的静水压强 p 是随水深 h 成直线变化的，因此可以用静压强分布图来表示矩形平面上静水压强 p 的大小和方向。

绘制静压强分布图的规则是：

(1) 按一定的比例，用线段的长度代表静水压强的大小；

(2) 用箭头表示静水压强的方向。

如图 3-18 和图 3-19 所示的垂直放置的矩形平面，可以用 $p = \rho g h$ 计算出 A 点和 B 点的静水压强值，并按一定的比例用垂直于矩形平面的线段来表示。又根据液体内任一点的静水压强 p 是随水深 h 成直线变化的特点，用直线连接 AC 和 DC。同时在 ABC 和 $ABCD$ 区域内均匀绘制若干条直线，并绘制出表示静水压强方向的箭头。图 3-18 中的 ABC 区域和图 3-19 中的 $ABCD$ 区域即为静压强分布图。

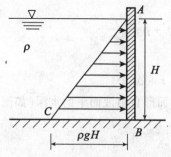

图 3-18 矩形平面压强分布图

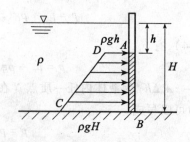

图 3-19 矩形平面压强分布图

现叙述利用静压强分布图计算静水总压力的方法。

如图 3-20 所示,已知矩形闸门 AB 的宽度为 b,并已绘制出静压强分布图 ABC。

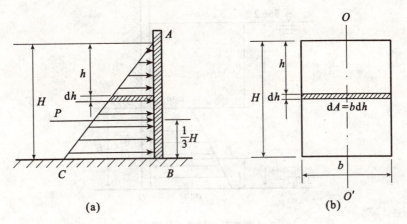

图 3-20　矩形平面静水总压力的计算

现针对图 3-20(b),若在 AB 闸门上的任意水深 h 处,取一微小面积 dA,其大小为 $dA = bdh$。微小面积 dA 上的静水压强为 $p = \rho g h$,那么,微小面积 dA 上的静水总压力 $dP = \rho g h dA = b\rho g h dh$。这时,作用在闸门 AB 上的静水总压力 P 为

$$P = \int_A dP = \int_0^H b\rho g h dh = b\rho g \int_0^H h dh = \frac{1}{2}\rho g b H^2 \tag{3-50}$$

又由图 3-20(a)知,静压强分布图 ABC 的面积为

$$S = \frac{1}{2}\rho g H H = \frac{1}{2}\rho g H^2 \tag{3-51}$$

若在式(3-50)中,考虑式(3-51),有

$$P = bS \tag{3-52}$$

式(3-52)表明:矩形平面上的静水总压力等于该平面上的静压强分布图的面积 S 与矩形平面的宽度 b 的乘积。也可以说等于该平面上的静压强分布图的体积。这个结论也可以用于图 3-19 所示的静压强分布图为梯形的情况,这时 S 为梯形面积。

关于静水总压力的作用点的计算,可以由理论力学知,平行力系的合力的作用线通过该力系的中心。也就是说静水总压力的作用点通过静压强分布图的形心。对于图 3-20(a)所示的静压强分布图为三角形的情况,静水总压力 P 的作用点位于矩形平面的纵向对称轴 O—O' 上,距静压强分布图 ABC 的底部 BC 以上 $\frac{1}{3}H$ 处。对于图 3-19 所示梯形静压强分布图,可以利用合力矩的方法求出这种情况下静水总压力 P 的作用点。具体可见例 3-3。

例 3-3　如图 3-21 所示为某水电站进水闸的示意图。闸门底缘底板高程为 310.7m,闸门高 3.2m,宽 $B = 2.8m$。试求当闸前水位为 356.2m 时闸门承受的静水总压力。

解　为求静水总压力的大小,先绘制出作用在闸门上的静水压力分布图。如图 3-21 所示。从图 3-21 可见,作用在该闸门上的压强分布图为梯形,这时闸门顶部的水深

$$h_1 = 356.2 - 310.7 - 3.2 = 42.3m$$

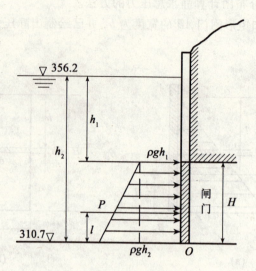

图 3-21 例 3-3 题图

闸门底部的水深 $h_2 = 356.2 - 310.7 = 45.5 \text{m}$

梯形高 $H = 3.2 \text{m}$

根据梯形面积公式,可得静水总压力 P 的大小

$$P = \frac{1}{2}\rho g(h_1 + h_2)HB = \frac{1}{2}(42.3+45.5) \times 1000 \times 9.8 \times 3.2 \times 2.8 = 3854.77 \text{kN}。$$

为求总压力的作用点,可以将梯形的压强分布图分成一个三角形和一个矩形的分布图,分别计算这两部分的总压力 P_1 和 P_2,以及各自的作用点 l_1 和 l_2。

对于三角形分布图,有

$$P_1 = \frac{1}{2}\rho g H^2 B = \frac{1}{2} \times 9800 \times 3.2^2 \times 2.8 = 140.493 \text{kN}$$

$$l_1 = \frac{1}{3}H = \frac{1}{3} \times 3.2 = 1.07 \text{m} \quad (距底部)$$

对于矩形分布图,有

$$P_2 = \rho g h_1 HB = 1000 \times 9.8 \times 42.3 \times 3.2 \times 2.8 = 3714.278 \text{kN}$$

$$l_2 = \frac{1}{2}H = \frac{1}{2} \times 3.2 = 1.6 \text{m} \quad (距底部)$$

根据合力矩定理,这两个分力对 O 点之矩等于其合力对 O 点之矩。即

$$Pl = P_1 l_1 + P_2 l_2$$

式中 l 为合力 P 距底部的距离。

$$l = \frac{P_1 l_1 + P_2 l_2}{P} = \frac{140.493 \times 1.07 + 3714.278 \times 1.6}{3854.77} = 1.581 \text{m}$$

由此求得总压力的大小为 3854.77kN,作用点距底部 1.581m,方向为垂直指向作用面。

3.6.2 分析法

现在讨论任意平面上所受的静水总压力的计算问题。由于受作用平面的任意性,不能

用图解法求解,只能用分析法计算这种情况下的静水总压力问题。

设有任意平面 EF,该平面与水平面的夹角为 α,为方便分析,将平面 EF 旋转 90°,如图 3-22 所示。并将平面 EF 的延长面与水面的交线 ON 和过平面 EF 垂直于 ON 的直线 OM 作为一组参考坐标系。

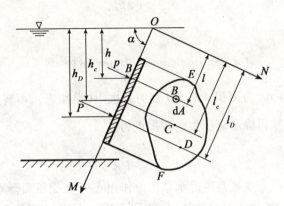

图 3-22 任意平面静水总压力的计算

1. 静水总压力大小的计算

在图 3-22 所示平面 EF 上任选一点 B,围绕 B 点取任意微小面积 dA。设 B 点在水面下的淹没深度为 h,沿坐标轴 OM 距坐标轴 ON 的距离为 l,有 $h = l\sin\alpha$。由式(3-30)知,B 点处的静水压强为 $p = \rho g h = \rho g l \sin\alpha$。因任意微小面积 dA 很小,可以认为微小面积上的压强与 B 点压强一样,则作用在微小面积 dA 上的静水总压力为

$$dP = p dA = (\rho g l \sin\alpha) dA \tag{3-53}$$

作用在整个平面 EF 上的静水总压力为

$$P = \int_A \rho g l \sin\alpha dA = \rho g \sin\alpha \int_A l dA \tag{3-54}$$

由材料力学知,$\int_A l dA$ 为面积 A 对 ON 轴的一次矩(静面矩),得

$$\int_A l dA = l_c A$$

式中 l_c 表示平面 EF 形心点 C 至 ON 轴的距离。将上式代入式(3-54),得

$$P = \rho g \sin\alpha l_c A$$

或

$$P = \rho g h_c A \tag{3-55}$$

式中 $h_c = \sin\alpha l_c$ 为平面 EF 形心点 C 在水面下的深度。由于 $\rho g h_c$ 为形心点处的静水压强 p_c。那么式(3-55)又可以写成

$$P = p_c A \tag{3-56}$$

式(3-55)、式(3-56)是用于计算作用于任意平面上的静水总压力的一般公式。由这两式可以得出一个重要结论:作用于任意平面上的静水总压力 P,等于该平面的面积 A 和作用在其形心处的静水压强的乘积。需要指出的是,上述结论中所指的面积 A 和形心点 C 是指淹没于液体中的面积及其形心点。

2. 静水总压力作用点的计算

如图 3-22 所示,设平面 EF 上的静水总压力 P 的作用点对 ON 轴的距离为 l_D,各微小面积 dA 上的静水总压力 dP 对 ON 轴的距离为 l。由合力矩定理:合力对一轴的矩等于各分力对同轴的矩的代数和。得

$$Pl_D = \int_A dPl \tag{3-57}$$

对式(3-57)中左边有

$$\int_A dPl = \int_A \rho g l \sin\alpha dA l = \rho g \sin\alpha \int_A l^2 dA$$

由材料力学知,$\int_A l^2 dA$ 为面积 A 对 ON 轴的二次矩(惯性矩),再利用惯性矩的平行移轴定理,可以由式(3-57)推得静水总压力的作用点为

$$l_D = l_C + \frac{J_C}{l_C A} \tag{3-58}$$

由式(3-58)可知,$l_D > l_C$,也就是说静水总压力作用点 D 在受压面形心点 C 之下。关于静水总压力作用点 D 对 OM 轴距离的计算,如果受压平面 EF 左右对称有对称轴,则 D 点必落在对称轴上,D 点对 OM 轴距离为零;如果受压平面 EF 无对称轴,D 点对 OM 轴距离不为零,则可以用前述的力矩定理及类似的方法计算静水总压力作用点 D 点沿 ON 轴方向上的位置。

3. 静水总压力的方向

由静水压强的特性知,静水总压力 P 的方向是垂直指向作用面。

需要指出的是,根据巴斯加原理,液体中处处都受到大气压的作用,受压平面的另一面也同时受到大气压的作用,因此一般使用相对压强来计算静水总压力。

§3.7 静止液体对曲面的作用力

在工程实践中,常遇到受压面为曲面的情况,如拱形坝面、弧形闸门、输水管以及圆柱形或球形储油罐,等等。一般来说可以分为二向曲面(柱面类)和三向曲面(球面类)。本节只分析受压面为二向曲面的静水总压力的计算问题,三向曲面的问题可以用类似于二向曲面的方法进行分析计算。

图 3-23 给出了一种受压面为曲面的静水压强的分布情况。从图 3-23 可见各点的静水压强都垂直指向作用面,但由于作用面为曲面,则各点的静水压强的方向互不平行。那么对围绕每一点所作的微小平面上的静水总压力的方向也不平行。可见受压面为曲面的静水总压力的计算问题属于非平行力系问题。因而,不能直接使用受压面为平面的静水总压力的计算方法。但可以将作用在每一微小平面上的静水总压力 dP 分解为沿各坐标轴向的分力:dP_x、dP_z,其中所有 dP_x 均垂直指向垂直于以 Ox 轴为法向方向的平面,dP_z 均垂直指向垂直于以 Oz 轴为法向方向的平面。这样可以将非平行力系问题转化为各轴向平行力系问题。然后,分别用求代数和的方法计算各轴向的静水总压力 P_x、P_z。P_x、P_z 分别称为曲面上静水总压力的水平分力和垂直分力。最后再将 P_x、P_z 合成为曲面上的静水总压力 P。

如图 3-24 所示的一弧形闸门 EF,面积为 A。建立如图 3-24 所示的坐标系。若在水深

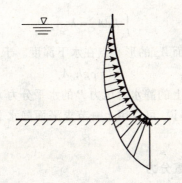

图 3-23 二向曲面静水压强分布图

为 h 处取一面积为 dA 的微小平面,其上作用着微小静水总压力 dP = pdA = $\rho g h$dA,力 dP 的方向是垂直指向作用面 dA,并与 Ox 轴的夹角为 α。由图 3-24 可见,dP 可以分解为水平分力 dP_x 和垂直分力 dP_z,即

$$dP_x = dP\cos\alpha = \rho g h dA\cos\alpha = \rho g h dA_x \tag{3-59}$$

$$dP_z = dP\sin\alpha = \rho g h dA\sin\alpha = \rho g h dA_z \tag{3-60}$$

式中:dA_x——微小平面 dA 在垂直面(yOz 面)上的投影面面积;

dA_z——微小平面 dA 在水平面(自由液面或其延长面)上的投影面面积。

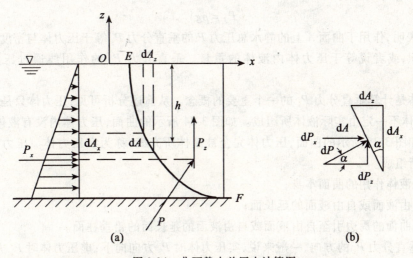

图 3-24 曲面静水总压力计算图

3.7.1 静水总压力的水平分力

作用于整个曲面上的静水总压力 P 的水平分力可以看做为无数个 dP_x 的合力,则

$$P_x = \int_A dP_x = \rho g \int_{A_x} h dA_x \tag{3-61}$$

同上一节,$\int_{A_x} h dA_x$ 为曲面 A 的垂直投影面 A_x 对水平轴 Oy 轴的一次矩(静面矩)。则有

$$\int_{A_x} h \mathrm{d}A_x = h_C A_x \tag{3-62}$$

式中 h_C 为曲面 A 的垂直投影面 A_x 的形心点在水下深度。于是，水平分力 P_x 为

$$P_x = \rho g h_C A_x \tag{3-63}$$

式(3-63)表明，作用于曲面 A 上的静水总压力 P 的水平分力 P_x 等于作用于该曲面在垂直投影面上的静水总压力。也就是说，可以用上一节求平面静水总压力的方法来计算水平分力 P_x。

3.7.2 静水总压力的垂直分力

作用于整个曲面上的静水总压力 P 的垂直分力 P_z 可以看做为无数个 $\mathrm{d}P_z$ 的合力，则

$$P_z = \int_A \mathrm{d}P_z = \rho g \int_{A_z} h \mathrm{d}A_z \tag{3-64}$$

由图 3-24 可见，$h \mathrm{d}A_z$ 为微小平面 $\mathrm{d}A$ 与其在自由表面延长面上的投影面 $\mathrm{d}A_z$ 之间的柱状体体积，而式(3-64)中的 $\int_{A_z} h \mathrm{d}A_z$ 为整个曲面 A 与其在自由表面延长面上的投影面 $\mathrm{d}A_z$ 之间的体积。由于该体积与曲面上的静水总压力的垂直分力 P_z 有关，则称为压力体。以 V 表示，则有

$$V = \int_{A_z} h \mathrm{d}A_z \tag{3-65}$$

因而式(3-64)可以写成

$$P_z = \rho g V \tag{3-66}$$

式(3-66)表明，作用于曲面 A 上的静水总压力 P 的垂直分力 P_z 等于压力体与密度和重力加速度的乘积，或者说等于压力体内液体的重量。垂直分力 P_z 的作用线通过压力体的形心点。

压力体是计算垂直分力 P_z 的一个重要的概念。从前述分析可见，压力体只是一个数值当量，压力体不一定由实际液体所组成。如图 3-24 所示的曲面，压力体内没有液体，称为虚压力体。如图 3-25 所示的曲面，压力体完全被液体所充满，称为实压力体。压力体一般由下列各面所组成。

(1) 受液体作用的曲面本身；
(2) 自由液面或自由液面的延长面；
(3) 由曲面的周边引至自由液面或自由液面的延长面的铅垂柱面。

关于垂直分力 P_z 的方向，一般来说，实压力体时 P_z 方向向下；虚压力体时 P_z 方向向上。在不易判别时，可以用实际经验来判别。对于凹凸相间的复杂曲面，可以将曲面分成若干段，分别绘制压力体图，并根据各部分垂直分力的方向，合成得到总压力体，从而得到总的垂直分力。

垂直分力 P_z 的作用线，应通过压力体的体积形心。

3.7.3 静水总压力

根据力的合成定理，作用在曲面上的静水总压力 P 的大小为

$$P = \sqrt{P_x^2 + P_z^2} \tag{3-67}$$

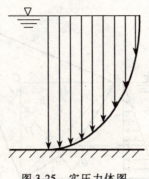

图 3-25 实压力体图

静水总压力 P 的作用线与水平面的夹角为

$$\theta = \arctan \frac{P_z}{P_x} \tag{3-68}$$

静水总压力 P 的作用线必定通过 P_x 和 P_z 的交点，注意这个交点不一定位于曲面上。

关于作用于三向曲面上的静水总压力的计算问题。一般来说与二向曲面类似，所不同的是还应计算向 Oy 轴投影的水平分力 P_y，计算方法如同 Ox 轴向的水平分力 P_x。

例 3-4 某水电站弧形挡水闸如图 3-26 所示。弧形闸曲面为圆柱形，闸门宽 B 为 4m，半径 $R = 10$m，夹角 $\alpha = 45°$，液面高 $H = 4.7$m。试求作用于闸门上的静水总压力。

解 计算水平分力。根据水平压强分布图可得

$$P_x = \frac{1}{2}\rho g H^2 B = \frac{1}{2} \times 1000 \times 9.8 \times 4.7^2 \times 4 = 432.964 \text{kN}$$

计算垂直分力。由题意分析可见

$$\overline{AC} = \overline{CB} = H = 4.7 \text{ m}$$

其中：

三角形 ABC 面积 $\quad A_1 = \frac{1}{2}\overline{AC}\,\overline{CB} = \frac{1}{2}H^2 = \frac{1}{2} \times 4.7^2 = 11.045 \text{ m}^2$

扇形 OAB 面积 $\quad A_2 = \frac{45}{360}\pi\, 10^2 = 39.270 \text{ m}^2$

三角形 OAB 面积 $\quad A_3 = R^2 \sin\frac{\alpha}{2}\cos\frac{\alpha}{2} = 10^2 \sin 22.5°\cos 22.5° = 35.355 \text{m}^2$

弓形面积 $\quad A_4 = A_2 - A_3 = 3.915 \text{m}^2$

由此可以求得压力体体积

$$V = (A_1 + A_4)B = (11.045 + 3.915) \times 4 = 59.84 \text{m}^2$$

则垂直分力为

$$P_z = \rho g V = 1000 \times 9.8 \times 59.84 = 586.432 \text{kN}$$

闸门上的静水总压力为

$$P = \sqrt{P_x^2 + P_z^2} = \sqrt{432.964^2 + 586.432^2} = 728.945 \text{kN}$$

总压力 P 的作用线与水平面的夹角为

$$\theta = \arctan\left(\frac{586.432}{432.964}\right) = \arctan(1.354) = 53.56°。$$

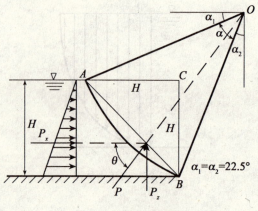

图 3-26 例 3-4 题图

习题与思考题 3

一、思考题

3-1 流体静压强有哪些特性?

3-2 流体平衡微分方程是怎样建立的?其物理意义是什么?

3-3 不可压缩流体受什么样的质量力作用,才能保持平衡状态?

3-4 什么是等压面?等压面与质量力有什么关系?

3-5 静止液体中任意一点的静水压强 p 由哪两部分组成?每一部分的意义是什么?

3-6 如图所示,以 0—0 为基准面,试标出 A、B 两点的位置水头、压强水头和测压管水头。

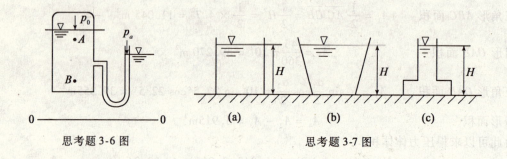

思考题 3-6 图　　　　思考题 3-7 图

3-7 如图所示水平桌面上放置着三个形状不同但底面面积相同的容器,容器内盛有水深均为 H 的液体,试问:①底面所受的静水压强 p 是否相同?②容器底面上所受的静水总压力是否相同?③容器内的液体重量是否相同?

3-8 对于受重力作用下的液体平衡、受水平惯性力和重力作用下的液体平衡以及受离心惯性力和重力作用下的液体平衡等三种情况下,液体内部压强分布规律均满足 $p = p_0 + \rho g h$,为什么?

3-9 计算平面上的静水总压力的图解法和分析法,各在什么情况下适用?

3-10 曲面上的静水总压力计算,为什么要通过投影的方法,分别计算水平分力和垂直分力?

3-11 试从数学上论述压力体的含义是什么?压力体有哪几个面所组成?

二、习题

3-1 如图一开口测压管与一封闭盛水容器相通,经测得测压管中的液面高出容器液面 $h=3\text{m}$,试求容器液面上的静水压强 p_0($p_a=98\ 000\text{N/m}^2$)。

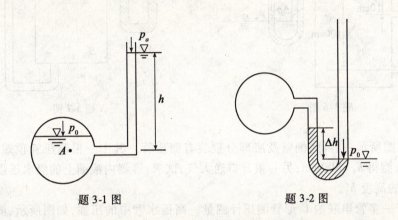

题 3-1 图   题 3-2 图

3-2 用一开口 U 形管测压计测量一容器内气体的压强,如图所示。U 形管内的工作液体为水银,其密度 $\rho=13\ 600\text{N/m}^3$,液面差 $\Delta h=900\text{mm}$,试求容器内气体的压强($p_a=98\ 000\text{N/m}^2$)。

3-3 一圆锥形开口容器,下接一弯管。当圆锥形容器未装水时,弯管上水和水银的情况如图所示。当圆锥形容器装满水时,试问弯管上水和水银的情况有什么变化?

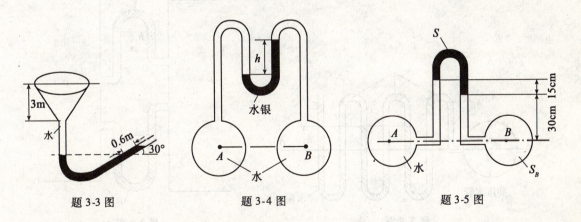

题 3-3 图   题 3-4 图   题 3-5 图

3-4 如图所示,U 形管压差计水银面高度差 $h=15\text{cm}$。试求充满水的 A、B 两容器内的压强差。

3-5 为测量压强在 A、B 两管接一倒 U 形压差计,如图所示。其中 A 管内为水,B 管内为比重 $S_B=0.9$ 的油,倒 U 形管顶部为比重 $S=0.8$ 的油。试问当 A 管内压强 $p_A=98\text{kN/m}^2$ 时,B 管内压强为多少?

3-6 如图所示为一密封水箱,当 U 形管测压计的液面差 $\Delta h=15\text{cm}$ 时,试分别用绝对压强、相对压强、真空压强表示测压表 A、B 的读数。

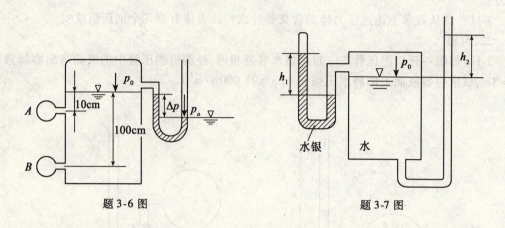

题 3-6 图   题 3-7 图

3-7 如图所示一容器，侧壁及底部分别装有测压管。其中一根测压管顶端未开口，管内完全真空，测得 $h_1=800\text{mm}$；另一根开口通大气，试求：容器内液面上的静水压强 p_0 及开口测压管液面的高度 h_2。

3-8 有一多管串联的 U 形管测压计测量一高压水管中的压强，如图所示，测压计内有水和水银两种工作液体。当高压水管中心点 M 压强等于大气压时，各水银与水、水银与大气的交界面均位于 0—0 水平面。现测得各水银面与 0—0 水平面的距离为 h，试求 M 点的静水压强 p。

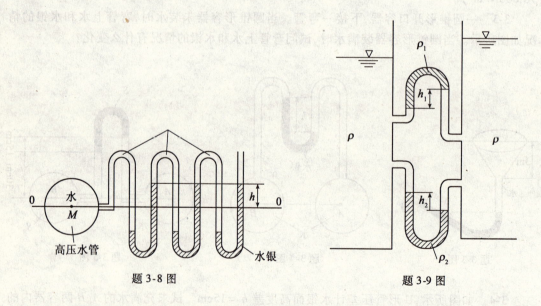

题 3-8 图   题 3-9 图

3-9 两容器盛有同一种液体，如图所示，现用两根 U 形管测压计来测量这种液体的密度 ρ。上部测压计内装有密度为 ρ_1 的工作液体，其内液面差为 h_1；下部测压计内装有密度为 ρ_2 的工作液体，其内液面差为 h_2。试给出用 ρ_1、ρ_2、h_1、h_2 表示的容器内液体密度 ρ。

3-10 如图所示，直线行驶的汽车上放置一内装液体的 U 形管，长 $l=500\text{mm}$。试确定当汽车以加速度 $a=0.5\text{m/s}^2$ 行驶时两支管中的液面高度差。

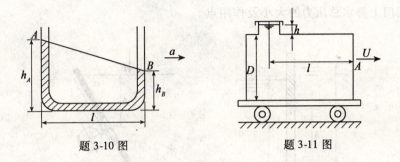

题 3-10 图　　　　　题 3-11 图

3-11　如图所示，油罐车内装着密度 $\rho = 1\,000\,\text{kg/m}^3$ 的液体，以水平直线速度 $V = 36\,\text{km/h}$ 行驶，油罐车的尺寸为，$D = 2\,\text{m}$，$h = 0.3\,\text{m}$，$l = 4\,\text{m}$。车在某一时刻开始减速运动，行驶 100m 距离后完全停下。若为均匀制动，试求作用在侧面 A 上的力多大？

3-12　一圆柱形容器内径 $D = 0.1\,\text{m}$，高为 $H_0 = 0.3\,\text{m}$。容器静止时容器内水的深度为 $H = 0.225\,\text{m}$。如果将容器绕中心作等速度旋转，试求：(1) 不使水溢出容器的最大旋转角速度；(2) 不使底部中心露出的最大旋转角速度。

3-13　试绘制出下列图中 AB 受压面上的静水压强分布图。

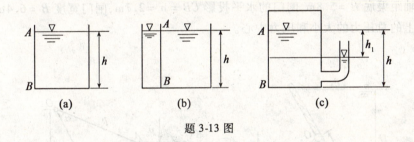

题 3-13 图

3-14　试绘制出下列图中各曲面上的水平方向静水压强分布图和压力体图。

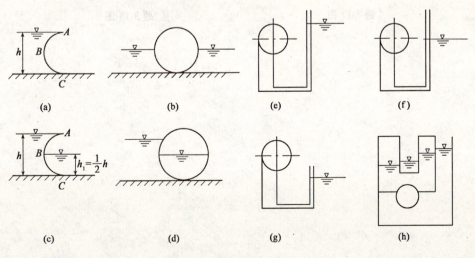

题 3-14 图

3-15 一矩形底孔闸门,高 $h=4\text{m}$,宽 $b=3\text{m}$,上游水深 $h_1=8\text{m}$,$h_2=6\text{m}$,如图所示。试求作用于闸门上静水总压力的大小及作用点。

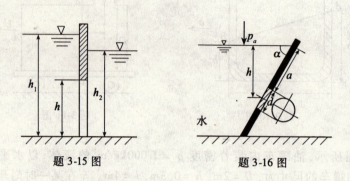

题 3-15 图　　　　题 3-16 图

3-16 如图所示,试求斜壁上圆形闸门上的总压力及压力中心。已知闸门直径 $d=0.5\text{m}$,$a=1\text{m}$,$\alpha=60°$。

3-17 如图所示为绕铰链 O 转动的倾斜角 $\alpha=60°$ 的自动开启式水闸,当水闸一侧的水位 $H=2\text{m}$,另一侧的水位 $h=0.4\text{m}$ 时,闸门自动开启,试求铰链至水闸下端的距离 x。

3-18 如图所示一扇形闸门,半径 $R=7.5\text{m}$,挡着深度 $h=4.8\text{m}$ 的水,其圆心角 $\alpha=43°$,旋转轴距渠底 $H=5.8\text{m}$,闸门的水平投影 $CB=a=2.7\text{m}$,闸门宽度 $B=6.4\text{m}$。试求作用在闸门上的总压力的大小和压力中心。

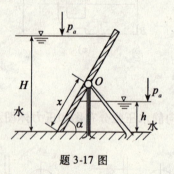 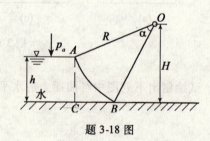

题 3-17 图　　　　题 3-18 图

第4章 运动流体研究的基本方法和基本概念

引 子

物理学中的质点力学是将物体看做为质点,讨论其运动性能。有一个质点的运动,也有两个质点、三个质点相互影响下的运动,还有多个质点的质点系运动的研究。根据第2章中的连续介质假定,流体是由无数质点所组成的,并且具有易流动性。在此,仅用物理学中的质点系理论是不够的。因此如何描述和研究流体的流动问题,就需要给出流体力学特有的基本方法。讨论有关的基本概念。

本章将给出研究流体运动的基本方法和基本概念。流体运动是一种连续介质的运动,完全不同于固体的运动。本章将介绍研究流体流动的一些基本方法,讨论流体运动的一些基本概念。

§4.1 研究流体运动的两种基本方法

流体可以看做是由无限多个质点组成的连续介质,而流体流动就是这些众多的流体质点随时间和空间的运动过程。因此,在研究流体运动时就存在一个如何描述其运动规律的问题。有两类描述流体运动的方法,即拉格朗日法和欧拉法。

4.1.1 拉格朗日法

拉格朗日法是以流体质点为研究对象,通过观察每一个流体质点的运动规律,以得到整个流体运动的规律。这种方法类似于理论力学中研究质点系运动的方法,也称为质点系法。

一般以质点在初始时刻所处位置的空间坐标 a,b,c 作为流体质点的标识。不同的流体质点有不同的 a,b,c 值。这样,对于一流体质点在 t 时刻所处某位置的空间坐标为

$$\begin{cases} x = x(a,b,c,t) \\ y = y(a,b,c,t) \\ z = z(a,b,c,t) \end{cases} \tag{4-1}$$

式中 a,b,c 和 t 统称为拉格朗日变数,或拉格朗日变量。式(4-1)给出了流体质点的运动规律。当固定 a,b,c 时,式(4-1)则表示某指定质点的运动轨迹;当固定 t 时,式(4-1)则表示 t 时刻各流体质点所处的位置。

根据拉格朗日变数的定义,任一流体质点在任意时刻的速度 u、加速度 a,可以从式(4-1)分别对时间取一阶偏导数、二阶偏导数得到

$$\begin{cases} u_x = \dfrac{\partial x}{\partial t} = \dfrac{\partial x(a,b,c,t)}{\partial t} \\ u_y = \dfrac{\partial y}{\partial t} = \dfrac{\partial y(a,b,c,t)}{\partial t} \\ u_z = \dfrac{\partial z}{\partial t} = \dfrac{\partial z(a,b,c,t)}{\partial t} \end{cases} \tag{4-2}$$

$$\begin{cases} a_x = \dfrac{\partial u_x}{\partial t} = \dfrac{\partial^2 x(a,b,c,t)}{\partial t^2} \\ a_y = \dfrac{\partial u_y}{\partial t} = \dfrac{\partial^2 y(a,b,c,t)}{\partial t^2} \\ a_z = \dfrac{\partial u_z}{\partial t} = \dfrac{\partial^2 z(a,b,c,t)}{\partial t^2} \end{cases} \tag{4-3}$$

式中 u_x、u_y、u_z 和 a_x、a_y、a_z 分别为速度 u 和加速度 a 在 x、y、z 坐标方向的分量。

拉格朗日法以流体质点为中心,描述流体的运动,其物理概念明确。但由于每一个流体质点的运动轨迹是复杂的,要全面跟踪众多的流体质点来描述整个流体的运动状态,在数学上是困难的。因而在流体力学的数学表述中,除个别运动状态(如波浪运动)外,一般不采用拉格朗日法,而是采用下面所述的欧拉法来描述流体的运动。但拉格朗日法作为描述流体运动的方法,将体现在流体力学方程的叙述和推导中。

4.1.2 欧拉法

欧拉法是以观察不同的流体质点经过各固定的空间点时的运动情况,来了解流体在整个空间的运动规律。流体的运动是在一定的空间中进行的,这个被流体质点所占据的空间称为流场。欧拉法关注的是流场中流体质点的运动状况和有关运动要素的分布状况,所以也称为空间点法。

用欧拉法观测分析流场,首先观测的是在某具体空间点 x,y,z 处流体的流速、压强等运动要素,以及这些运动要素随时间、空间的连续变化。这时,流速、压强等运动要素可以表述为

$$\begin{cases} u_x = u_x(x,y,z,t) \\ u_y = u_y(x,y,z,t) \\ u_z = u_z(x,y,z,t) \end{cases} \tag{4-4}$$

$$p = p(x,y,z,t), \quad \rho = \rho(x,y,z,t), \quad T = T(x,y,z,t) \tag{4-5}$$

式中 x,y,z 和 t 统称为欧拉变数,或欧拉变量。在上式中,若令 x,y,z 不变,t 变化,则为某一固定空间点处流体质点所表现的流速等运动要素随时间的变化;若令 t 不变,x,y,z 变化,则为同一时刻,流体质点所表现的流速等运动要素在不同空间点处的分布情况,也称为流速场、压强场等。

对于流场中某空间点的流体质点加速度 a,按照定义加速度 a 应是流体质点沿其运动轨迹在 Δt 时间内流速产生的增量 Δu,即 $a = \lim\limits_{\Delta t \to 0} \dfrac{\Delta u}{\Delta t} = \dfrac{\mathrm{d}u}{\mathrm{d}t}$。然而按欧拉法,对于某空间点 A,在时刻 t_0 时恰好有一流体质点运动到该空间点,又在 Δt 时段内离开该空间点 A 沿其轨迹运

动着,同时另有其他流体质点沿运动轨迹运动到空间点 A。上述分析有两点启示,Δt 时段内空间点 A 处的流速随时间 t 在变化;经过 A 点运动着的质点本身所处的坐标是随着时间 t 在变化的。也就是说,流速 $u = u(x,y,z,t)$ 在随时间 t 变化时,坐标 x,y,z 并不是常数,是时间 t 的函数,即流速 $u = u(x,y,z,t)$ 是一个复合函数。那么在求加速度 a 时,应按复合函数的求导法则进行,即

$$a = \frac{du}{dt} = \frac{\partial u}{\partial t} + \frac{\partial u}{\partial x}\frac{dx}{dt} + \frac{\partial u}{\partial y}\frac{dy}{dt} + \frac{\partial u}{\partial z}\frac{dz}{dt}$$

式中 dx, dy, dz 为流体质点在 Δt 时段内沿其运动轨迹的微小位移在 x、y、z 坐标轴上的投影,有

$$\frac{dx}{dt} = u_x, \quad \frac{dy}{dt} = u_y, \quad \frac{dz}{dt} = u_z \tag{4-6}$$

故由欧拉法表述的加速度表达式为

$$a = \frac{du}{dt} = \frac{\partial u}{\partial t} + u_x \frac{\partial u}{\partial x} + u_y \frac{\partial u}{\partial y} + u_z \frac{\partial u}{\partial z} \tag{4-7}$$

沿 x、y、z 坐标轴的分量为

$$\begin{cases} a_x = \dfrac{du_x}{dt} = \dfrac{\partial u_x}{\partial t} + u_x \dfrac{\partial u_x}{\partial x} + u_y \dfrac{\partial u_x}{\partial y} + u_z \dfrac{\partial u_x}{\partial z} \\ a_y = \dfrac{du_y}{dt} = \dfrac{\partial u_y}{\partial t} + u_x \dfrac{\partial u_y}{\partial x} + u_y \dfrac{\partial u_y}{\partial y} + u_z \dfrac{\partial u_y}{\partial z} \\ a_z = \dfrac{du_z}{dt} = \dfrac{\partial u_z}{\partial t} + u_x \dfrac{\partial u_z}{\partial x} + u_y \dfrac{\partial u_z}{\partial y} + u_z \dfrac{\partial u_z}{\partial z} \end{cases} \tag{4-8}$$

由式(4-7)、式(4-8)可见,欧拉法表述的加速度是由两部分组成的,一部分为反映同一空间点上流体质点速度随时间变化率的当地加速度(或称时变加速度),即右边的第一项 $\dfrac{\partial u}{\partial t}$ 及其对应投影项;另一部分为同一时刻由于相邻空间点上流速差所引起的迁移加速度(或称位变加速度),即右边的后三项 $u_x \dfrac{\partial u}{\partial x} + u_y \dfrac{\partial u}{\partial y} + u_z \dfrac{\partial u}{\partial z}$ 及其对应投影项。

同理对于如压强、温度、密度等物理量,用欧拉法表述的对时间的变化率为

$$\frac{dp}{dt} = \frac{\partial p}{\partial t} + u_x \frac{\partial p}{\partial x} + u_y \frac{\partial p}{\partial y} + u_z \frac{\partial p}{\partial z} \tag{4-9}$$

$$\frac{dT}{dt} = \frac{\partial T}{\partial t} + u_x \frac{\partial T}{\partial x} + u_y \frac{\partial T}{\partial y} + u_z \frac{\partial T}{\partial z} \tag{4-10}$$

$$\frac{d\rho}{dt} = \frac{\partial \rho}{\partial t} + u_x \frac{\partial \rho}{\partial x} + u_y \frac{\partial \rho}{\partial y} + u_z \frac{\partial \rho}{\partial z} \tag{4-11}$$

综合式(4-7)~式(4-11),可见均为流速 u、压强 p 等运动要素对时间 t 的全导数,其中

$$\frac{d}{dt} = \frac{\partial}{\partial t} + u_x \frac{\partial}{\partial x} + u_y \frac{\partial}{\partial y} + u_z \frac{\partial}{\partial z} \tag{4-12}$$

或 $$\frac{d}{dt} = \frac{\partial}{\partial t} + \boldsymbol{u} \cdot \nabla \quad \left(\nabla = \boldsymbol{i}\frac{\partial}{\partial x} + \boldsymbol{j}\frac{\partial}{\partial y} + \boldsymbol{k}\frac{\partial}{\partial z}\right)$$

类似于数学中的算子。在流体力学中,一般将某运动要素受算子 $\dfrac{d}{dt}$ 作用的导数式称为这一

运动要素的随体导数。如式(4-11)就是密度的随体导数。

§4.2 流体运动的几个基本概念

人们对流体力学的研究同人类对客观世界的认识规律一样,由简到繁,由易到难,是随着生产力的发展而向前发展的。纵观流体力学的发展历史和目前流体力学的研究现状,可以看到研究具体流体力学问题的过程,就是在分析各种复杂因素的基础上,在保证精度的范围内忽略次要因素,抓住主要因素,使问题简化求解的过程。根据不同的问题,有着不同的分类,也对应着不同的研究方法。一般来说,本书将要讨论的问题,可以分为如下几种类型:

(1)根据流体的性质,按照粘滞性可以分为理想流体流动和粘性流体流动,按照压缩性可以分为可压缩流体流动和不可压缩流体流动等。

(2)根据运动状态,可以分为定常流动和非定常流动;均匀流流动和非均匀流流动;层流流动和紊流流动;有旋流动和无旋流动;亚音速流动和超音速流动等。

(3)根据坐标数量,可以分为一维流动、二维流动和三维流动,还有元流流动和总流流动等。

上述流体流动类型,有些已在第1章中进行了讨论,有些将在以后的章节叙述,本节将叙述一些流动类型和一些相关的基本概念。

4.2.1 定常流动和非定常流动

用欧拉法描述流体运动时,对于流场中通过每一空间点的各流体质点的运动要素,在不同的时间都保持不变,也就是与时间无关,这样的流动称为定常流或恒定流。定常流的数学表达式为

$$\frac{\partial \varphi}{\partial t} = 0 \qquad (4-13)$$

式中 φ 表示任一运动要素,如 u、p、T、ρ 等。在这种情况下,运动要素 φ 仅仅是空间位置坐标的函数,与时间 t 无关。从随体导数式(4-7)~式(4-12)来说,与本地加速度有关的项为零,与迁移加速度有关的项不为零。

4.2.2 一维流动、二维流动和三维流动

根据欧拉法,描述流体流动的流速、压强等运动要素都是空间坐标 x,y,z 的函数。如果描述某种流动的运动要素只是一个坐标的函数,则称为一维流动。以此类推,如果运动要素是两个坐标的函数,则称为二维流动;如果运动要素是三个坐标的函数,则称为三维流动。一般来说,所有的流体流动过程,都是三维流动。然而在实际工程中,全部按三维流动分析求解,则费工费力,有时也可能有非常大的困难。因此为了求解方便,并在保证一定的精度情况下,可以将实际的三维流动简化为一维流动、二维流动来求近似解。

例如,分析管道、明渠内的流体流动,若将每个有效截面上的运动要素取为平均值,则该平均值只是自然坐标 s(即沿轴程距离或沿流程距离)的函数,这时流动可以作为一维流动来分析,如图4-1所示。这种方法称为一维流动分析法。后面将介绍的元流和总流都属于一维流动分析法。

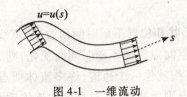

图 4-1　一维流动

4.2.3　迹线与流线

迹线就是流体质点在空间运动时留下的轨迹所连成的曲线。迹线是与拉格朗日法相联系的，可以通过拉格朗日法给出迹线方程。注意到，迹线是针对具体流体质点的，从分析推导欧拉法加速度时，给出的流体质点在 Δt 时段内沿其运动轨迹的微小位移与速度的关系式(4-6)，就是可表示迹线的迹线微分方程式。即

$$\begin{cases} \dfrac{dx}{dt} = u_x(x,y,z,t) \\ \dfrac{dy}{dt} = u_y(x,y,z,t) \\ \dfrac{dz}{dt} = u_z(x,y,z,t) \end{cases} \tag{4-14}$$

或

$$\frac{dx}{u_x(x,y,z,t)} = \frac{dy}{u_y(x,y,z,t)} = \frac{dz}{u_z(x,y,z,t)} = dt \tag{4-15}$$

应注意，坐标 x,y,z 是时间 t 的函数，对式(4-14)或式(4-15)积分时，是以时间 t 为自变量，以坐标 x,y,z 为参量进行的。积分后在所得表达式中消去时间 t 后即得迹线方程。

流线是指在某一瞬时空间的一条曲线，在该曲线上任一点的流速方向和该点的曲线切线方向重合。或者说流线是同一时刻由不同流体质点所组成的空间曲线，这个曲线给出了该时刻不同流体质点的运动方向。流线是与欧拉法相联系的。

现讨论流线方程。在流场中任一流线上某点沿流线取一微小线段 ds，显然 ds 的方向就是流线的切线方向，又设该点的流速为 u。根据流线的定义，有流速 u 的方向与微小线段 ds 的方向重合，即

$$ds \times u = 0 \tag{4-16}$$

写成直角坐标表达式为

$$\begin{vmatrix} i & j & k \\ dx & dy & dz \\ u_x & u_y & u_z \end{vmatrix} = 0 \tag{4-17}$$

式中，i,j,k 分别为坐标 x,y,z 轴向的单位矢量。展开后可得流线微分方程

$$\frac{dx}{u_x(x,y,z,t)} = \frac{dy}{u_y(x,y,z,t)} = \frac{dz}{u_z(x,y,z,t)} \tag{4-18}$$

流线微分方程(4-18)由两个独立方程式组成，式中流速 u 为坐标 (x,y,z) 和时间 t 的函数。由于流线是针对同一瞬时的，则以坐标 (x,y,z) 为自变量进行积分可以求得流线方程，

时间 t 则看做为参量。

流线有下列基本特性。

(1) 在定常流中,流线的形状和位置不随时间而改变,流线与流体质点的迹线相重合。

这是因为在定常流中,各空间点流速不随时间而变化,则流线的形状和所处的位置也不随时间而变化。也就意味着流线就像一个通道,许多流体质点沿着这个通道不停的向前运动。这时,针对具体的流体质点则为迹线;针对众多的流体质点则为流线。

对非定常流,由于流速随时间变化,那么流线的形状和所处的位置也随时间变化。

(2) 对同一时刻,流线不可能相交,也不可能分叉或转折,流线是光滑的曲线。

用反证法,如果某时刻,有两条流线在某点相交,这时在该相交点处,沿两条流线有两个切线方向,而该点只有一个流速方向,按照流线定义,这是矛盾的和不可能的。故在同一瞬时,流线不可能相交。同理也可证得,流线不可能分叉或转折,是光滑的曲线。

例 4-1　已知定常流场中的流速分布为 $u_x = ay$,$u_y = -ax$,$u_z = 0$,其中常数 $a \neq 0$,试求该流场的流线。

解　由于 $u_z = 0$,并且 u_x 和 u_y 与坐标 z 无关,则法线与 Oz 轴平行的所有平面上的流速分布是相同的。因此可以任取一个法线与 Oz 轴平行的平面作为 xOy 平面,并在该平面上进行流场分析。现将已知的流速分布代入流线微分方程(4-18),即

$$\frac{dx}{ay} = \frac{dy}{-ax}$$

积分该流线微分方程,得流线方程

$$x^2 + y^2 = C$$

可见在 xOy 平面上,流线为一簇圆心位于坐标原点的同心圆,圆的半径由积分常数 C 给出。由于流动同时为定常流,该同心圆也是迹线,即流体质点绕原点作圆周运动。

4.2.4　流管、元流、总流

1. 流管

在流场中任取一条不是流线的封闭曲线,在同一瞬时,过该封闭曲线上的每一点作流线,由这些流线所构成的管状封闭曲面称为流管,如图 4-2 所示。若所取的封闭曲线为微小的封闭曲线,这时所构成的流管为微元流管。根据流线的定义,尽管由流线构成的流管壁面在流场中是虚构的,但在流动中好像是真正的管壁,流体质点只能在流管内部或沿流管壁面流动,不能穿越管壁流进流管或流出流管。

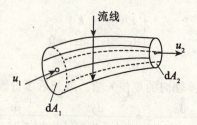

图 4-2　流管、流束示意图

2. 元流

充满流管内的流动流体称为元流或微小流束。当元流直径趋于零时,元流则达到其极限——流线。在一般的情况下,元流和流线的概念是相通的。定常流时元流的形状和位置是不随时间而变化的。由于元流的横截面面积很小,可以认为横截面上各点的流速、压强均相等。

3. 总流

总流就是实际流体在具有一定尺寸的有限规模边界内的流动。总流也可以看做是无数元流的总和。如自然界的管道流动和河渠流动都可以看做为总流流动问题。

将流动问题看做元流和总流,就是按照一维流动分析法的思路解决实际流动问题。

4.2.5 有效截面、流量、断面平均流速

1. 有效截面

与元流或总流中的流线相垂直的横截面称为有效截面,或者说有效截面上各点的流速方向与该截面的法线方向相同。注意,有效截面不一定为平面。如图 4-3 所示,当流场内所有的流线相互平行时,有效截面则为平面,否则有效截面为曲面。元流或总流的横截面也称为断面,有效截面也称为过水断面。

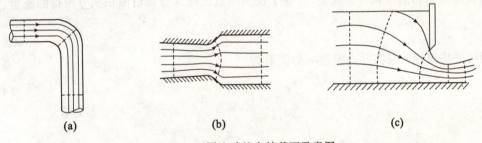

图 4-3 不同流动的有效截面示意图

2. 流量

单位时间内通过有效截面的流体体积称为体积流量 Q,一般简称为流量,其单位为 m^3/s。对于元流,由于有效截面面积 dA 非常小,可以近似认为该截面上各点的流速在同一时刻是相同的,因此元流流量 dQ 为

$$dQ = u dA \tag{4-19}$$

式中:dA——元流有效截面面积;

u——元流有效截面上各点的流速。

对于总流流量则可以通过将经过总流有效截面的所有元流流量相加求得,即

$$Q = \int_A u dA \tag{4-20}$$

式中:A——总流有效截面面积;

u——总流有效截面上各点的流速。

对于通过流场中某横截面或某表面的流体的流量,这时横截面或表面的法线 n 方向与

流速 u 方向不相同,这时流量为

$$Q = \int_A u \cdot dA = \int_A u\cos(u,n)dA = \int_A u_n dA \qquad (4-21)$$

式中：$\cos(u,n)$——流速矢量与该有效截面法向方向的方向余弦；

u_n——流速矢量向该有效截面法向方向的投影分量。

若单位时间内通过有效截面的流体数量为质量或重量,则称为质量流量 Q_M（单位：kg/s）和重量流量 Q_G（单位：N/s）。其计算公式为：

质量流量
$$Q_M = \int_A \rho dQ = \int_A \rho u dA \qquad (4-22)$$

重量流量
$$Q_G = g\int_A \rho dQ = g\int_A \rho u dA \qquad (4-23)$$

实际应用中,在不产生错误理解的情况下,仍可以用 Q 表示质量流量 Q_M 和重量流量 Q_G。

3. 平均流速

由于流体的粘性和流动边界的影响,总流有效截面上各点的流速是不相同的,整个截面的流速分布是不均匀的,为方便计算,引入平均流速的概念。即认为总流有效截面上各点的流速大小都是相同的,并且都等于平均流速 v,如图 4-4 所示。按照这个概念,平均流速 v 与有效截面面积相乘所获得的流量,应等于按实际点流速 u 分布沿面积积分所得的流量,即

$$Q = vA = \int_A u dA$$

整理得平均流速 v 与实际点流速 u 的关系为

$$v = \frac{1}{A}\int_A u dA = \frac{Q}{A} \qquad (4-24)$$

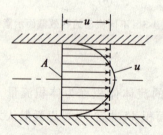

图 4-4 截面流速分布与平均流速示意图

4.2.6 均匀流与非均匀流

1. 均匀流

流体流动的流线均为相互平行的直线,这种流动称为均匀流。例如流体在直径不变的长直管道内的定常流动就是均匀流(进口段和出口段不算)。基于均匀流的定义,均匀流有下列特性：

(1)均匀流的有效截面为平面,并且有效截面的形状和尺寸沿流程不变；

(2)均匀流中同一流线上各点的流速相等,各有效截面上的流速分布相同、平均流速相同;

(3)均匀流有效截面上的流体动压强分布规律与流体静力学中的流体静压强分布规律相同,也就是在均匀流有效截面上同样存在各点的测压管水头等于一常数的特性,即

$$z + \frac{p}{\rho g} = C \tag{4-25}$$

根据这个特性,均匀流有效截面上的流体动压强分布可以按流体静压强的规律计算。

2. 非均匀流

流体流动的流线如果不是相互平行的直线,例如流线平行但不是直线、或流线是直线但不平行,这样的流动称为非均匀流。如图 4-5 所示,流体在收缩管和扩散管中的流动,或流体在一管道系统中的流动,都为非均匀流。非均匀流有效截面上流体动压强分布不满足流体静压强规律,如图 4-6 所示。

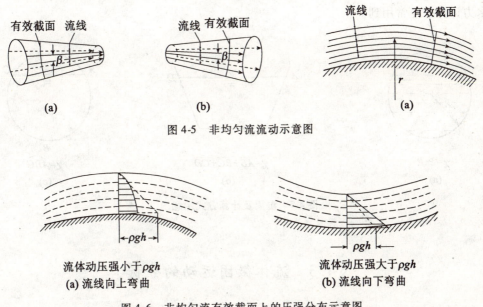

图 4-5 非均匀流流动示意图

图 4-6 非均匀流有效截面上的压强分布示意图

根据非均匀流中流线平行和弯曲的急剧程度,又可以分为渐变流和急变流。

如果某流动的流线曲率很小可以近似为直线,或流线之间的夹角很小,这种流动称为渐变流,也称为缓变流,如图 4-5 中(a)、(b)、(c)等。渐变流的极限情况为均匀流,或者说渐变流就是近似均匀流。由于渐变流流线的曲率和夹角都很小,则在其有效截面上流体动压强分布可以近似满足流体静压强的分布规律,即式(2-25)近似成立。

如果某流动的流线曲率很大完全不为直线,或流线之间的夹角很大,这种流动称为急变流。急变流因为其流线弯曲程度很大,沿垂直于流线的方向存在离心惯性力,使得有效截面上的流体动压强分布复杂,完全不满足流体静压强的分布规律,如图 4-6 所示。

4.2.7 湿周、水力半径

总流的有效截面上,流体与固体边界接触部分的周长称为湿周,以 χ 表示,如图 4-7 所示。总流的有效截面面积 A 与湿周 χ 之比称为水力半径,以 R 表示,即

$$R = \frac{A}{\chi} \tag{4-26}$$

由式(4-26)可知,水力半径是具有长度量纲的量,但必须注意水力半径与一般的圆截面的半径是完全不同的概念,不能混淆。例如以半径为 r、直径为 d 并充满流动流体的圆管,其水力半径为

$$R = \frac{\pi r^2}{2\pi r} = \frac{r}{2} = \frac{d}{4} \tag{4-27}$$

可见圆管半径 r 不等于水力半径 R。

湿周和水力半径反映了总流有效截面的综合形状特性,特别是在非圆截面管道和渠道的水力计算中经常用到。

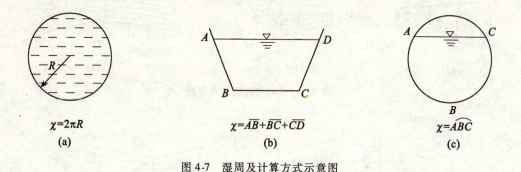

图 4-7 湿周及计算方式示意图

§4.3 流体微团运动的分析

4.3.1 流体微团的基本运动形式

流体的流动非常复杂,要讨论流体的流动,还需要分析和研究流体微团的运动过程。在理论力学中,刚体的一般运动可以分解为平动和转动两部分。流体具有易流动性、极易变形的特点,使得流体微团在运动过程中不但与刚体一样可能有平动和转动,而且还可能发生变形运动。所以,在一般情况下流体微团的运动可以分解为平动、转动和变形运动三部分,其中变形运动还可以进一步分为线变形运动和角变形运动。

下面针对如图 4-8 所示的平行六面体流体微团,分析微团运动中这四种运动的表现形式,并给出这四种运动的表达式。

现设在某瞬时 t 流场中有一边长为 dx、dy、dz 的平行六面体的流体微团,如图 4-8 所示。已知其形心 M_0 处的流速为 u_0,这时八个顶点的流速分量可以利用泰勒级数求得。例如,其中点 A、点 G 两点的流速可以分别为

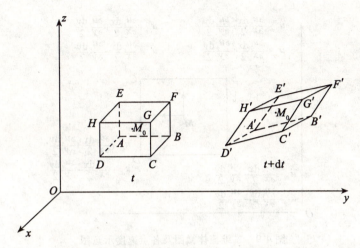

图 4-8 平行六面体流体微团的运动分析示意图

$$\begin{cases} u_{Ax} = u_{0x} - \dfrac{\partial u_x}{\partial x}\dfrac{dx}{2} - \dfrac{\partial u_x}{\partial y}\dfrac{dy}{2} - \dfrac{\partial u_x}{\partial z}\dfrac{dz}{2} \\[6pt] u_{Ay} = u_{0y} - \dfrac{\partial u_y}{\partial x}\dfrac{dx}{2} - \dfrac{\partial u_y}{\partial y}\dfrac{dy}{2} - \dfrac{\partial u_y}{\partial z}\dfrac{dz}{2} \\[6pt] u_{Az} = u_{0z} - \dfrac{\partial u_z}{\partial x}\dfrac{dx}{2} - \dfrac{\partial u_z}{\partial y}\dfrac{dy}{2} - \dfrac{\partial u_z}{\partial z}\dfrac{dz}{2} \end{cases} \quad (4\text{-}28)$$

$$\begin{cases} u_{Gx} = u_{0x} + \dfrac{\partial u_x}{\partial x}\dfrac{dx}{2} + \dfrac{\partial u_x}{\partial y}\dfrac{dy}{2} + \dfrac{\partial u_x}{\partial z}\dfrac{dz}{2} \\[6pt] u_{Gy} = u_{0y} + \dfrac{\partial u_y}{\partial x}\dfrac{dx}{2} + \dfrac{\partial u_y}{\partial y}\dfrac{dy}{2} + \dfrac{\partial u_y}{\partial z}\dfrac{dz}{2} \\[6pt] u_{Gz} = u_{0z} + \dfrac{\partial u_z}{\partial x}\dfrac{dx}{2} + \dfrac{\partial u_z}{\partial y}\dfrac{dy}{2} + \dfrac{\partial u_z}{\partial z}\dfrac{dz}{2} \end{cases} \quad (4\text{-}29)$$

从上式可见该微团上各点速度不同。在经过微小时段 dt 之后,该微团将运动到新位置,一般来说,其形状和大小都将发生变化,即该正交的平行六面体流体微团将变成任意斜六面体微团,如图 4-8 所示。为叙述方便,以图 4-9 所示的二维流体微团即流体平面 $ABCD$ 为例,描述和分析这几种运动,然后再将表达式推演到三维立体中。

1. 平移运动

由图 4-9 可知,形心点 M_0 的流速分量 u_{0x}、u_{0y} 是流体微团中各点流速分量的组成部分,即整个微团每个点的流速中都含有 u_{0x}、u_{0y} 项。若对 A、B、C、D 等各点,只考虑这些点流速分量中的 u_{0x}、u_{0y} 两项,则在经过时间 dt 后,矩形平面体 $ABCD$ 向右移动 $u_{0x}dt$ 距离,向上移动 $u_{0y}dt$ 距离,平移到新的位置,矩形平面体形状不变,如图 4-10(a) 所示。

也就是说平行六面体微团作为一个整体,其中各质点以同一速度矢量 u_0 做平移运动。平移运动不改变平行六面体流体微团的形状、大小和方向。

2. 线变形运动

由图 4-9 中可知,点 D 和点 C 在 Ox 轴方向上的流速分量分别比点 A 和点 B 快(或

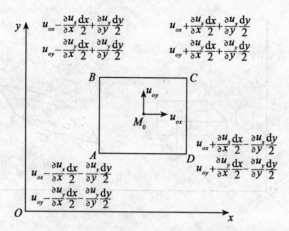

图 4-9 二维流体微团及各点速度示意图

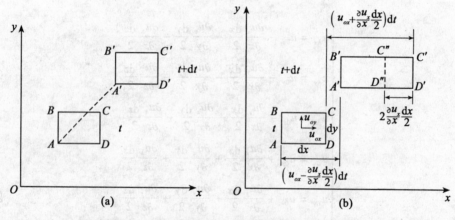

图 4-10 流体微团的平移运动和线变形运动示意图

慢) $2\frac{\partial u_x}{\partial x}\frac{dx}{2}$ (如 $\frac{\partial u_x}{\partial x}$ 为正或为负),故边长 AD 和 BC 在 dt 时间内沿 x 方向都将相应地伸长 (或缩短) $2\frac{\partial u_x}{\partial x}\frac{dx}{2}dt$,即流体微团在 Ox 轴方向产生了线变形,或者说存在线变形运动,如图 4-10(b)所示。线变形的大小可以用线变形速率即单位时间内单位长度的伸长(或缩短)量来计量。按照线变形速率的定义,在 Ox 轴方向有

$$\frac{2\frac{\partial u_x}{\partial x}\frac{dx}{2}dt}{dxdt} = \frac{\partial u_x}{\partial x} = \varepsilon_{xx}$$

即得 Ox 轴方向的线变形速率为

$$\varepsilon_{xx} = \frac{\partial u_x}{\partial x} \tag{4-30}$$

同理,可得 Oy 轴、Oz 轴方向的线变形速率为

$$\varepsilon_{yy} = \frac{\partial u_y}{\partial y} \tag{4-31}$$

$$\varepsilon_{zz} = \frac{\partial u_z}{\partial z} \tag{4-32}$$

总的来说运动过程中平行六面体三条正交的棱边 dx、dy、dz 的伸长或缩短,以及与之相应的平行六面体流体微团的体积膨胀和压缩,就是流体微团线变形运动的反映。

3. 角变形运动和旋转运动

首先考虑边线偏转,如图 4-11(a)所示,仅考虑 AD 边和 BC 边。已知,A 点在 Oy 轴向的流速为 $u_y - \frac{\partial u_y}{\partial x}\frac{dx}{2}$,$D$ 点在 Oy 轴向的流速为 $u_y + \frac{\partial u_y}{\partial x}\frac{dx}{2}$。在 dt 时段后,A 点移至 A' 点,D 点移至 D' 点,由于 A 点和 D 点在 Oy 轴向的流速不同,则 D 点较 A 点在 y 方向上多移动的距离 $\overline{DD'} = \frac{\partial u_y}{\partial x}dxdt$,即 $\overline{AD}$ 发生了边线偏转,其转角量 $d\alpha$ 为

$$d\alpha \approx \tan(d\alpha) = \frac{\frac{\partial u_y}{\partial x}dxdt}{dx} = \frac{\partial u_y}{\partial x}dt \tag{4-33}$$

同理对于 AB 边和 DC 边,由于 A 点和 B 点在 Ox 轴向的流速不同,在 dt 时段后,A 点移至 A' 点,B 点移至 B' 点,从图 4-11(b)可见,B 点较 A 点在 x 方向上多移动的距离 $\overline{BB'} = \frac{\partial u_x}{\partial y}dydt$,即 $\overline{AB}$ 发生了边线偏转,其转角量 $d\beta$ 为

$$d\beta \approx \tan(d\beta) = \frac{\frac{\partial u_x}{\partial y}dydt}{dy} = \frac{\partial u_x}{\partial y}dt \tag{4-34}$$

如果两条边线的转角量 $d\alpha$ 与 $d\beta$ 数值相等而方向相同,则原矩形形状保持不变,整个矩形将发生转动,如图 4-11(c)所示。

如果两条边线的转角量 $d\alpha$ 与 $d\beta$ 数值相等而方向相反,则原矩形变为菱形,但原对角线方位不变,即只有单纯的角变形而无转动,如图 4-11(d)所示。

如果两条边线的转角量 $d\alpha$ 与 $d\beta$ 数值不等,则微团除了有角变形外还有转动,微团将由矩形变为任意四边形。如图 4-11(e)所示,矩形 $ABCD$ 变为任意四边形 $AB''C''D''$ 的过程,可以分成以下两步完成。首先,矩形 $ABCD$ 旋转到 $AB'C'D'$ 的位置,旋转角量为 dA;然后再发生角变形,由矩形 $AB'C'D'$ 变为任意四边形 $AB''C''D''$,角变形量为 dB。转角 dA 及角变形量 dB 与边线转角 $d\alpha$、$d\beta$ 之间有如下关系

$$d\alpha = dB - dA, \quad d\beta = dB + dA \tag{4-35}$$

解得:

角变形量
$$dB = \frac{1}{2}(d\alpha + d\beta) \tag{4-36}$$

旋转角量
$$dA = \frac{1}{2}(d\beta - d\alpha) \tag{4-37}$$

如图 4-11(e)所示,角变形的大小可以用角变形速率即单位时间的角变形量来计量。按照角变形速率的定义,有

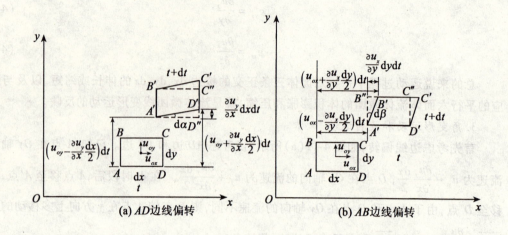

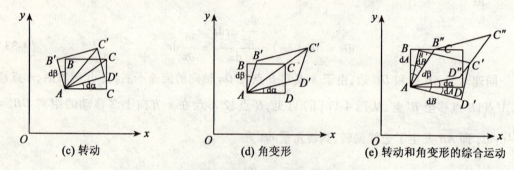

图 4-11 流体微团角变形运动和旋转运动示意图

$$\frac{dB}{dt} = \frac{1}{2}\left(\frac{d\alpha}{dt} + \frac{d\beta}{dt}\right) = \frac{1}{2}\left(\frac{\partial u_y}{\partial x} + \frac{\partial u_x}{\partial y}\right) \tag{4-38}$$

即得 xOy 平面的角变形速率为

同理可得 yOz 平面的角变形速率为

和 zOx 平面的角变形速率为

$$\left.\begin{array}{l} \varepsilon_{xy} = \dfrac{1}{2}\left(\dfrac{\partial u_y}{\partial x} + \dfrac{\partial u_x}{\partial y}\right) \\[6pt] \varepsilon_{yz} = \dfrac{1}{2}\left(\dfrac{\partial u_z}{\partial y} + \dfrac{\partial u_y}{\partial z}\right) \\[6pt] \varepsilon_{zx} = \dfrac{1}{2}\left(\dfrac{\partial u_x}{\partial z} + \dfrac{\partial u_z}{\partial x}\right) \end{array}\right\} \tag{4-39}$$

由于转动的过程是在 dt 时段内完成的,转动的大小可以用旋转角速度即单位时间的旋转角量来计量。旋转角速度为矢量,其方向为右手螺旋规则所指向的旋转平面法线方向,旋转方向以逆时针方向为正,顺时针方向为负。由图 4-11(e)可见,矩形 $ABCD$ 是顺时针旋转到 $AB'C'D'$,旋转角量 dA 则为负,按照旋转角速度的定义,则 $\dfrac{dA}{dt}$ 为负,若要变为正的,需在前面加上负号,即

$$-\frac{dA}{dt} = -\frac{1}{2}\left(\frac{d\beta}{dt} - \frac{d\alpha}{dt}\right) = \frac{1}{2}\left(\frac{\partial u_y}{\partial x} - \frac{\partial u_x}{\partial y}\right) = \omega_z \tag{4-40}$$

第4章 运动流体研究的基本方法和基本概念

即得 Oz 轴方向的旋转角速度

同理得 Ox 轴方向的旋转角速度

和 Oy 轴方向的旋转角速度

$$\left. \begin{aligned} \omega_z &= \frac{1}{2}\left(\frac{\partial u_y}{\partial x} - \frac{\partial u_x}{\partial y}\right) \\ \omega_x &= \frac{1}{2}\left(\frac{\partial u_z}{\partial y} - \frac{\partial u_y}{\partial z}\right) \\ \omega_y &= \frac{1}{2}\left(\frac{\partial u_x}{\partial z} - \frac{\partial u_z}{\partial x}\right) \end{aligned} \right\} \quad (4\text{-}41)$$

旋转角速度可以写成下列矢量形式

$$\boldsymbol{\omega} = \omega_x \boldsymbol{i} + \omega_y \boldsymbol{j} + \omega_z \boldsymbol{k} \tag{4-42}$$

总的来说运动过程中平行六面体的六个正交流体面,任意两个相邻正交流体面之间的夹角发生了变化,与之相对应的是流体微团的形状发生了变化,就是流体微团角变形运动的反映;在运动过程中,平行六面体各个正交流体面的旋转,与之相对应的是流体微团也像刚体一样转动,就是流体微团转动的反映。

§4.4 有旋流动与无旋流动、势函数

4.4.1 有旋流动与无旋流动

根据§4.3中流体微团的基本运动形式的分析,按流体微团有无旋转运动,可以将流体运动分为有旋运动和无旋运动。有旋运动也称为有涡流,无旋运动也称为无涡流。

如果流场中某一区域表征流体旋转运动的旋转角速度 $\boldsymbol{\omega} \neq 0$,则说明该区域的流体质点或流体微团在作旋转运动,这种流体运动称为有旋流动,或有涡流动。

注意到旋转角速度表达式(4-41),写成矢量表达式为

$$\boldsymbol{\omega} = \frac{1}{2}\mathrm{rot}\boldsymbol{u} \tag{4-43}$$

式中 $\mathrm{rot}\boldsymbol{u}$ 为速度旋度,也是一点邻域内流体质点作旋转运动的重要特征量。令 $\boldsymbol{\Omega} = \mathrm{rot}\boldsymbol{u}$,称为涡量。显然有

$$\boldsymbol{\Omega} = 2\boldsymbol{\omega} \tag{4-44}$$

其分量式为

$$\begin{cases} \Omega_x = 2\omega_x = \dfrac{\partial u_z}{\partial y} - \dfrac{\partial u_y}{\partial z} \\ \Omega_y = 2\omega_y = \dfrac{\partial u_x}{\partial z} - \dfrac{\partial u_z}{\partial x} \\ \Omega_z = 2\omega_z = \dfrac{\partial u_y}{\partial x} - \dfrac{\partial u_x}{\partial y} \end{cases} \tag{4-45}$$

可见涡量 $\boldsymbol{\Omega}$ 为旋转角速度 $\boldsymbol{\omega}$ 的两倍,与 $\boldsymbol{\omega}$ 的方向相同。引入涡量 $\boldsymbol{\Omega}$,最主要是在数学上使用矢量分析时,对一些公式可以方便使用。从物理意义上两者并无区别,都可以用于描述旋涡运动。

如果流场中各流体微团的旋转角速度都为零,则各质点或流体微团不存在旋转运动,这种流体流动称为无旋运动,或称为无涡流。根据无涡流的定义,有

$$\boldsymbol{\omega} = 0, \quad \omega_x = \omega_y = \omega_z = 0 \quad \text{或} \quad \boldsymbol{\Omega} = 0, \quad \Omega_x = \Omega_y = \Omega_z = 0 \tag{4-46}$$

亦即

$$\begin{cases} \omega_x = \dfrac{1}{2}\left(\dfrac{\partial u_z}{\partial y} - \dfrac{\partial u_y}{\partial z}\right) = 0 \quad \text{或} \quad \dfrac{\partial u_z}{\partial y} = \dfrac{\partial u_y}{\partial z} \\ \omega_y = \dfrac{1}{2}\left(\dfrac{\partial u_x}{\partial z} - \dfrac{\partial u_z}{\partial x}\right) = 0 \quad \text{或} \quad \dfrac{\partial u_x}{\partial z} = \dfrac{\partial u_z}{\partial x} \\ \omega_z = \dfrac{1}{2}\left(\dfrac{\partial u_y}{\partial x} - \dfrac{\partial u_x}{\partial y}\right) = 0 \quad \text{或} \quad \dfrac{\partial u_y}{\partial x} = \dfrac{\partial u_x}{\partial y} \end{cases} \quad (4\text{-}47)$$

需要指出的是,流动是否为有涡流,依据流体微团本身是否旋转而定,或者说流体质点是否绕其自身瞬时轴旋转,而与该微团或质点的轨迹形状没有关系。

如图4-12(a)所示情况,微团运动轨迹为一圆周,但微团本身并无旋转,故为无旋流。而在图4-12(b)中,微团的轨迹虽是一直线,但微团本身却在转动,故为有旋流。

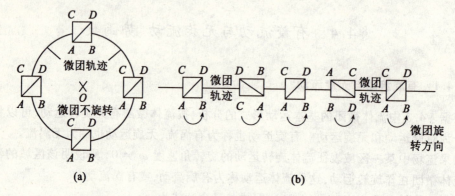

图 4-12 无涡流和有涡流示意图

4.4.2 速度势函数

对于无旋流动,则在流场中处处有 $\boldsymbol{\omega}=0$ 或 $\boldsymbol{\Omega}=0$,也就是式(4-47)成立。由高等数学可知式(4-47)是使表达式 $u_x\mathrm{d}x + u_y\mathrm{d}y + u_z\mathrm{d}z$ 为某一函数 $\varphi(x,y,z,t)$ 的全微分的必要和充分条件。因此在无旋流中,存在下列函数 $\varphi(x,y,z,t)$ 的表达式

$$\mathrm{d}\varphi = \dfrac{\partial \varphi}{\partial x}\mathrm{d}x + \dfrac{\partial \varphi}{\partial y}\mathrm{d}y + \dfrac{\partial \varphi}{\partial z}\mathrm{d}z = u_x\mathrm{d}x + u_y\mathrm{d}y + u_z\mathrm{d}z \quad (4\text{-}48)$$

其中

$$u_x = \dfrac{\partial \varphi}{\partial x}, \quad u_y = \dfrac{\partial \varphi}{\partial y}, \quad u_z = \dfrac{\partial \varphi}{\partial z} \quad (4\text{-}49)$$

对式(4-48)积分有

$$\varphi = \int u_x\mathrm{d}x + u_y\mathrm{d}y + u_z\mathrm{d}z \quad (4\text{-}50)$$

由式(4-50)定义的函数 φ 被称为速度势函数,简称为速度势。由于无旋流动必然存在速度势,则无旋流动也称为有势流动(简称势流)。反之,可以证明若某个流动存在速度势,则这个流动一定是无旋流。对于无旋流动,只要求得速度势 φ,就可以按式(4-49)求得其流速。

习题与思考题 4

一、思考题

4-1 试述流体流动的拉格朗日法和欧拉法的主要区别。

4-2 在欧拉法中,试给出加速度的表达式。什么是当地加速度和迁移加速度?

4-3 试述流线的特性,并指出流线与迹线的区别?

4-4 试说明下列概念:定常流动、非定常流动、流管、流束、总流、有效截面、平均流速、流量、湿周和水力半径。

4-5 流体作有旋运动时,流体微团一定作圆周运动吗?无旋运动时,流体微团一定作直线运动吗?

4-6 流体微团的旋转角速度与刚体的旋转角速度有什么本质的差别?

二、习题

4-1 已知流速场 $u_x=6x, u_y=6y, u_z=-7t$,试写出速度矢量 $\boldsymbol{u}$ 的表达式,并求出当地加速度、迁移加速度和加速度。

4-2 给出流速场 $\boldsymbol{u}=(6+2xy+t^2)\boldsymbol{i}-(xy^2+10t)\boldsymbol{j}+25\boldsymbol{k}$,试求空间点 $(3,0,2)$ 在 $t=1$ 的加速度。

4-3 流动场中速度沿流程均匀地减小,并随时间均匀地变化。A 点和 B 点相距 2m,C 点在中间,如图所示。已知当 $t=0$ 时,$u_1=2\text{m/s}, u_B=1\text{m/s}$;当 $t=5s$ 时,$u_1=8\text{m/s}, u_B=4\text{m/s}$。试求当 $t=2s$ 时 C 点的加速度。

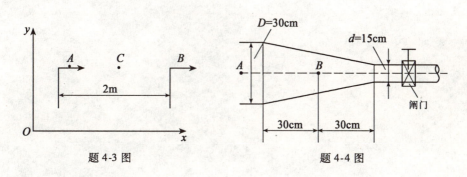

题 4-3 图 题 4-4 图

4-4 如图所示,已知收缩管段长 $l=60\text{cm}$,管径 $D=30\text{cm}, d=15\text{cm}$,通过流量 $Q=0.3\text{m}^3/\text{s}$。如果逐渐关闭闸门,使流量线性减小,在 30s 内流量减为零。试求在关闭闸门的第 10s 时,A 点的加速度和 B 点的加速度。计算时假设断面上流速为均匀分布。

4-5 试求下列各种不同速度分布的流线和迹线:

(1) $u_x=\dfrac{-cy}{x^2+y^2}, u_y=\dfrac{-cx}{x^2+y^2}, u_x=0$;

(2) $u_x=x^2-y^2, u_y=-2xy, u_z=0$。

4-6 已知流体的速度分布为 $u_x=1-y, u_y=t$。试求当 $t=1$ 时过 $(0,0)$ 点的流线及当 $t=0$ 时位于 $(0,0)$ 点的质点轨迹。

4-7 试确定下列不可压缩均质流体运动是否满足连续性条件。

(1) $u_x = -ky, u_y = kx, u_z = 0$;

(2) $u_x = kx, u_y = -ky, u_z = 0$;

(3) $u_x = \dfrac{-y}{x^2+y^2}, u_y = \dfrac{x}{x^2+y^2}, u_z = 0$;

(4) $u_x = k\sin(xy), u_y = -k\sin(xy)$;

(5) $u_x = k\ln(xy), u_y = -ky/x$;

(6) $u_r = \dfrac{k}{r}$（k 是不为零的常数），$u_\theta = 0$。

4-8 已知圆管层流流速分布为：$u_x = \dfrac{\gamma J}{4\mu}[r_0^2 - (y^2+z^2)], u_y = 0, u_z = 0$，试分析：

(1) 有无线变形、角变形；

(2) 是有旋流还是无旋流。

4-9 已知圆管紊流流速分布为 $u_x = u_m\left(\dfrac{y}{r_0}\right)^n, u_y = 0, u_z = 0$，试求角速度 $\omega_x, \omega_y, \omega_z$ 和角变率 $\varepsilon_{xy}, \varepsilon_{yz}, \varepsilon_{zx}$。

4-10 已知空间不可压缩流体运动的两个流速分量分别为 $u_x = 10x, u_y = -6y$，试求：

(1) z 方向上的流速分量的表达式；

(2) 验证该流动是否为有涡流？

第5章 处于运动时的流体

引 子

流体是自然界中的一类物质形态,自然应遵循物理、力学等学科有关物质运动的普遍规律。

流体的特征是具有易流动性,或者说流体是不同于固体一类的物质。因此需要应用物理、力学等学科有关物质运动的普遍规律,结合流体的特征,建立适合流体流动的基本方程。这些流体流动的基本方程,是分析和研究流体运动的出发点,也是当今用计算机模拟许多工程流动问题的基础。

本章将研究流体运动的基本规律。流体运动同其他物质运动一样,同属于机械运动的范畴,都要遵循物质运动的普遍规律,如质量守恒定律、牛顿第二定律、能量守恒定律及动量定理等。

本章将在第4章所述的描述运动流体的基本方法和基本概念的基础上,从物质运动应遵循的普遍规律出发,建立运动要素随时间和空间变化的基本方程,即由质量守恒定律建立的连续方程,由牛顿第二定律建立的运动方程,由能量守恒定律建立的能量方程以及由动量定理建立的动量方程。这些方程是分析、研究和解决流体运动的基础。

§5.1 流体运动的连续性方程

流体的流动就是一种连续介质的连续流动,同其他物质运动一样,也要遵循质量守恒定律。本节将根据质量守恒定律并考虑流体流动的连续性,分别建立流体三维流动的连续性方程和元流、总流的连续性方程。

5.1.1 流体流动的连续性方程

在流场中任取一微小正交空间六面体,各边分别与直角坐标系各轴平行,如图 5-1 所示。设各边边长分别为 dx、dy、dz,空间六面体形心点 M 的坐标为 (x,y,z),以及在 t 时刻 M 点上的流速为 (u_x,u_y,u_z)、密度为 ρ。

首先考虑在微小时段 dt 内沿 Ox 轴向流入、流出空间六面体的流体质量差。根据泰勒级数展开的方法,可得流体在表面 $abcd$ 中心的流速、密度分别为

$$\left(u_x - \frac{\partial u_x}{\partial x}\frac{dx}{2}\right), \quad \left(\rho - \frac{\partial \rho}{\partial x}\frac{dx}{2}\right)$$

以及流体在表面 $a'b'c'd'$ 中心的流速、密度分别为

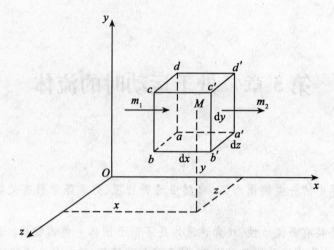

图 5-1 推导三维流动连续方程示意图

$$\left(u_x + \frac{\partial u_x}{\partial x}\frac{\mathrm{d}x}{2}\right), \quad \left(\rho + \frac{\partial \rho}{\partial x}\frac{\mathrm{d}x}{2}\right)$$

中心处的流速、密度可以作为表面 $abcd$ 和 $a'b'c'd'$ 的平均流速、平均密度,从而可得 $\mathrm{d}t$ 时段内经过表面 $abcd$ 沿 Ox 轴向流入空间六面体的流体质量 m_1,即

$$m_1 = \left(\rho - \frac{\partial \rho}{\partial x}\frac{\mathrm{d}x}{2}\right)\left(u_x - \frac{\partial u_x}{\partial x}\frac{\mathrm{d}x}{2}\right)\mathrm{d}y\mathrm{d}z\mathrm{d}t$$

以及经过表面 $a'b'c'd'$ 沿 Ox 轴向流出空间六面体的流体质量 m_2

$$m_2 = \left(\rho + \frac{\partial \rho}{\partial x}\frac{\mathrm{d}x}{2}\right)\left(u_x + \frac{\partial u_x}{\partial x}\frac{\mathrm{d}x}{2}\right)\mathrm{d}y\mathrm{d}z\mathrm{d}t$$

于是可得 $\mathrm{d}t$ 时段内沿 Ox 轴向流入、流出空间六面体的流体质量差

$$m_1 - m_2 = -\left(\rho\frac{\partial u_x}{\partial x}\mathrm{d}x + u_x\frac{\partial \rho}{\partial x}\mathrm{d}x\right)\mathrm{d}y\mathrm{d}z\mathrm{d}t = -\frac{\partial}{\partial x}(\rho u_x)\mathrm{d}x\mathrm{d}y\mathrm{d}z\mathrm{d}t$$

推导时已考虑忽略二阶以上高阶无穷小量。

同理可得 $\mathrm{d}t$ 时段内沿 Oy 轴向和沿 Oz 轴向流入、流出空间六面体的流体质量差分别为

$$-\frac{\partial(\rho u_y)}{\partial y}\mathrm{d}x\mathrm{d}y\mathrm{d}z\mathrm{d}t, \quad -\frac{\partial(\rho u_z)}{\partial z}\mathrm{d}x\mathrm{d}y\mathrm{d}z\mathrm{d}t$$

另外,在 t 时刻和 $t + \mathrm{d}t$ 时刻,空间六面体内流体的质量分别为

$$m' = \rho\mathrm{d}x\mathrm{d}y\mathrm{d}z, \quad m'' = \left(\rho + \frac{\partial \rho}{\partial t}\mathrm{d}t\right)\mathrm{d}x\mathrm{d}y\mathrm{d}z$$

那么在 $\mathrm{d}t$ 时段内空间六面体中的流体质量变化量为

$$m'' - m' = \frac{\partial \rho}{\partial t}\mathrm{d}t\mathrm{d}x\mathrm{d}y\mathrm{d}z$$

根据质量守恒定律,在 $\mathrm{d}t$ 时段内沿 x,y,z 三个方向流入、流出空间六面体的流体质量差应等于该时段内在空间六面体中的流体质量变化量。即

$$-\left(\frac{\partial(\rho u_x)}{\partial x} + \frac{\partial(\rho u_y)}{\partial y} + \frac{\partial(\rho u_z)}{\partial z}\right)\mathrm{d}x\mathrm{d}y\mathrm{d}z\mathrm{d}t = \frac{\partial \rho}{\partial t}\mathrm{d}t\mathrm{d}x\mathrm{d}y\mathrm{d}z$$

亦即
$$\frac{\partial \rho}{\partial t} + \frac{\partial(\rho u_x)}{\partial x} + \frac{\partial(\rho u_y)}{\partial y} + \frac{\partial(\rho u_z)}{\partial z} = 0 \qquad (5\text{-}1)$$

式(5-1)为流体流动的连续性微分方程。将式(5-1)中的后三项展开

$$\frac{\partial \rho}{\partial t} + u_x \frac{\partial \rho}{\partial x} + u_y \frac{\partial \rho}{\partial y} + u_z \frac{\partial \rho}{\partial z} + \rho\left(\frac{\partial u_x}{\partial x} + \frac{\partial u_y}{\partial y} + \frac{\partial u_z}{\partial z}\right) = 0 \qquad (5\text{-}2)$$

引入式(4-11)可得另一形式的连续性微分方程

$$\frac{d\rho}{dt} + \rho\left(\frac{\partial u_x}{\partial x} + \frac{\partial u_y}{\partial y} + \frac{\partial u_z}{\partial z}\right) = 0 \qquad (5\text{-}3)$$

由式(5-1)和式(5-3)可见，流体密度是可变化的，因而这两式均为可压缩流体连续性方程。

若针对不可压缩流体流动，有 $\rho \equiv \text{const}$，则式(5-3)可以写成

$$\frac{\partial u_x}{\partial x} + \frac{\partial u_y}{\partial y} + \frac{\partial u_z}{\partial z} = 0 \qquad (5\text{-}4)$$

式(5-4)为不可压缩流体连续性微分方程。从推导过程来看，式(5-4)对不可压缩流体的定常流和非定常流都适用。对于二维不可压缩流体流动，式(5-4)可以写成

$$\frac{\partial u_x}{\partial x} + \frac{\partial u_y}{\partial y} = 0 \qquad (5\text{-}5)$$

引入线变形速率式(4-31)，式(5-4)可以写成

$$\varepsilon_{xx} + \varepsilon_{yy} + \varepsilon_{zz} = 0 \qquad (5\text{-}6)$$

式(5-6)表明对于不可压缩流体，x, y, z 三个方向的线变形速率之和(也就是体积改变量)为零。

5.1.2 定常元流、总流的连续性方程

在自然界中存在着受某些周界的限制和影响只沿某一方向运动的流体流动过程，这种流动可以简化为一维流动。这种流动可以用元流、总流来描述。下面针对这一类的流动，建立元流和总流的连续性方程。

在定常流中，如图 5-2 所示为一段总流，A_1 和 A_2 分别为总流上有效截面 1—1 和有效截面 2—2 的面积。

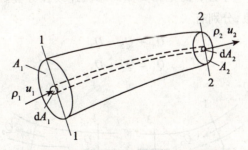

图 5-2 推导一维流动连续性方程示意图

现在总流中取一元流，元流的两有效截面面积分别为 dA_1 和 dA_2，其上的流速分别为 u_1 和 u_2，密度分别为 ρ_1 和 ρ_2，如图 5-2 所示。按照元流的周界即流管是由流线组成的定义，

又根据定常流中流线的形状和位置不随时间而改变以及流线不可能相交的性质,可知定常流中元流的形状和位置不随时间而改变,也不可能有流体质点穿过管壁进出元流的情况,流体质点只可能从两端有效截面 dA_1 和 dA_2 处分别进出。又考虑元流的有效截面为微小截面,则截面上的流速分布可以看做均匀的。那么,在 dt 时间内,由有效截面 dA_1 流入的流体质量为 $\rho_1 u_1 dA_1 dt$,由有效截面 dA_2 流出的流体质量为 $\rho_2 u_2 dA_2 dt$。按照质量守恒定律,流进元流的流体质量应等于流出的流体质量,即可得元流的连续性方程

$$\rho_1 u_1 dA_1 = \rho_2 u_2 dA_2 \tag{5-7}$$

方程(5-7)也称为可压缩流体连续性方程。若为不可压缩流体,则有 $\rho_1 = \rho_2 = \mathrm{const}$,可得不可压缩流体连续性方程

$$u_1 dA_1 = u_2 dA_2 = dQ \tag{5-8}$$

式中 dQ 为式(4-19)表示的元流流量,式(5-8)说明各截面的元流流量沿程相等。

总流是由无数元流组成的,如图 5-2 对元流的连续性方程(5-7)分别沿有效截面 1—1 和 2—2 积分可得总流的连续性方程

$$\int_{A_1} \rho_1 u_1 dA_1 = \int_{A_2} \rho_2 u_2 dA_2 = Q \tag{5-9}$$

式中 Q 为总流流量,为质量流量的含义。引入有效截面平均流速的概念,并假定在总流有效截面上密度为均匀分布,则有

$$\rho_1 v_1 A_1 = \rho_2 v_2 A_2 = Q \tag{5-10}$$

式中,v_1 和 v_2、ρ_1 和 ρ_2 分别为有效截面 1—1 和 2—2 上的平均流速、密度。方程(5-10)称为可压缩流体总流连续性方程。式(5-10)说明各有效截面反映质量流量的总流流量沿程相等。

若为不可压缩流体,则有

$$v_1 A_1 = v_2 A_2 = Q \tag{5-11}$$

式中总流流量 Q 为体积流量的含义。由式(5-11)可见,各有效截面的总流流量沿程相等,截面平均流速与有效截面面积呈反比关系。

需要注意的是,式(5-11)表示的是无支流的总流连续性方程。对于如图 5-3 所示的有汇流和分流情况下的总流,分别有

$$Q_1 + Q_2 = Q_3 \tag{5-12}$$
$$Q_1 = Q_2 + Q_3 \tag{5-13}$$

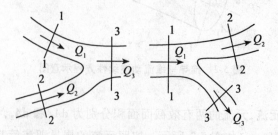

图 5-3 有汇流和分流情况下的总流流动示意图

§5.2 理想流体的运动方程

连续性方程是流体运动的一个基本方程,这个方程仅反映流体流动时有关运动学方面的关系,没有涉及流体流动中常常遇到的作用力和能量等问题。本节将从牛顿第二定律出发,从作用力和能量的角度,研究流体流动的运动规律,推导和建立理想流体的运动微分方程,并在一定的条件下对运动方程积分,得到理想流体的伯努利积分式和伯努利方程。

5.2.1 理想流体的运动微分方程

如图 5-4 所示,在理想流体的流场中任取一个由流体质点组成的微小正交六面体微团,该微团各边分别与直角坐标系各轴平行。设各边边长分别为 dx、dy、dz,微团形心点 M 的坐标为 (x,y,z),在 t 时刻 M 点上的流速为 u,其分量为 (u_x,u_y,u_z),M 点上的流体动压强为 p,以及密度为 ρ。

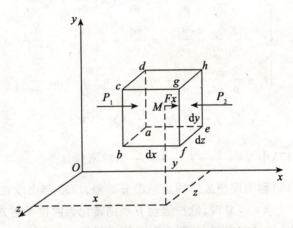

图 5-4 推导理想流体运动微分方程示意图

首先分析该微团在 t 时刻所受的外力。根据第 1 章绪论所述,作用在该微团上的外力有质量力和表面力两种。关于作用在该微团上的质量力,可以设表征质量力大小的单位质量力为 f,其分量为 (f_x,f_y,f_z)。对于作用在该微团上的表面力,由于所考虑的理想流体没有粘滞性而不存在切应力,则表征表面力大小的只有垂直于作用面的流体动压强。又由于所取的微团为微小体,以及流体及其运动要素的连续性,可以用泰勒级数展开的方法得到作用在该六面体微团表面上的表面力。

以 Ox 轴向为例,质量力在 Ox 轴向的分力为
$$F_x = f_x \rho \, dx\,dy\,dz$$

作用在 $abcd$ 和 $efgh$ 表面上的表面力分别为
$$P_1 = \left(p - \frac{\partial p}{\partial x}\frac{dx}{2}\right)dy\,dz, \quad P_2 = \left(p + \frac{\partial p}{\partial x}\frac{dx}{2}\right)dy\,dz$$

根据牛顿第二定律,作用于该微团上的外力在某轴向分力的代数和应等于该微团的流体质量乘以加速度在该轴向的分量,即

$$F_x + P_1 - P_2 = \rho dxdydz \frac{du_x}{dt}$$

或

$$f_x \rho dxdydz + \left(p - \frac{\partial p}{\partial x}\frac{dx}{2}\right)dydz - \left(p + \frac{\partial p}{\partial x}\frac{dx}{2}\right)dydz = \rho dxdydz \frac{du_x}{dt}$$

整理得

$$f_x - \frac{1}{\rho}\frac{\partial p}{\partial x} = \frac{du_x}{dt}$$

同理可得

$$\left. \begin{aligned} f_y - \frac{1}{\rho}\frac{\partial p}{\partial y} &= \frac{du_y}{dt} \\ f_z - \frac{1}{\rho}\frac{\partial p}{\partial z} &= \frac{du_z}{dt} \end{aligned} \right\} \quad (5\text{-}14)$$

或矢量式

$$\boldsymbol{f} - \frac{1}{\rho}\nabla p = \frac{d\boldsymbol{u}}{dt} \quad (5\text{-}15)$$

引入式(4-8)表示的流体加速度表达式,上式又可以写成

$$\begin{cases} f_x - \dfrac{1}{\rho}\dfrac{\partial p}{\partial x} = \dfrac{\partial u_x}{\partial t} + u_x\dfrac{\partial u_x}{\partial x} + u_y\dfrac{\partial u_x}{\partial y} + u_z\dfrac{\partial u_x}{\partial z} \\ f_y - \dfrac{1}{\rho}\dfrac{\partial p}{\partial y} = \dfrac{\partial u_y}{\partial t} + u_x\dfrac{\partial u_y}{\partial x} + u_y\dfrac{\partial u_y}{\partial y} + u_z\dfrac{\partial u_y}{\partial z} \\ f_z - \dfrac{1}{\rho}\dfrac{\partial p}{\partial z} = \dfrac{\partial u_z}{\partial t} + u_x\dfrac{\partial u_z}{\partial x} + u_y\dfrac{\partial u_z}{\partial y} + u_z\dfrac{\partial u_z}{\partial z} \end{cases} \quad (5\text{-}16)$$

或矢量式

$$\boldsymbol{f} - \frac{1}{\rho}\nabla p = \frac{\partial \boldsymbol{u}}{\partial t} + \boldsymbol{u}\cdot\nabla\boldsymbol{u} \quad (5\text{-}17)$$

矢量式(5-15)、式(5-17)中 $\nabla = \boldsymbol{i}\dfrac{\partial}{\partial x} + \boldsymbol{j}\dfrac{\partial}{\partial y} + \boldsymbol{k}\dfrac{\partial}{\partial z}$ 为哈密顿算子。

式(5-14)、式(5-16)称为理想流体的运动微分方程,1755年由欧拉提出,所以又称为欧拉运动方程。当 $u_x = u_y = u_z = 0$ 时,欧拉运动方程则转化为欧拉平衡方程(3-8)。

欧拉运动方程与连续性方程(5-4)联合可以组成封闭的方程组,该方程组含有 p、u_x、u_y、u_z 四个未知变量,结合具体问题的初始条件和边界条件,可以求解不可压缩理想流体运动的解。由于该方程组为三维非线性偏微分方程组,再加上具体流动问题的初始条件和边界条件通常很复杂,一般不容易求解。但在特定的条件下,可以对欧拉运动方程进行积分,其积分式可以帮助分析流体运动规律,并解决部分流动问题。

5.2.2 理想流体运动微分方程的伯努利积分

对于式(5-16)所示的理想流体运动微分方程,若在下列条件下,可以进行积分求解。

(1) 作定常运动,有 $\dfrac{\partial u_x}{\partial t} = \dfrac{\partial u_y}{\partial t} = \dfrac{\partial u_z}{\partial t} = \dfrac{\partial p}{\partial t} = 0$,即 $\boldsymbol{u}$、p 仅为空间坐标的函数;

(2) 流体为不可压缩流体,$\rho = \text{const}$;

(3) 质量力有势,也就是质量力存在力势函数 $W(x,y,z)$,并且

$$f_x = \frac{\partial W}{\partial x}, \quad f_y = \frac{\partial W}{\partial y}, \quad f_z = \frac{\partial W}{\partial z}$$

(4) 沿流线积分,即由流线方程(4-18),可得

第 5 章 处于运动时的流体

$$u_x \mathrm{d}y = u_y \mathrm{d}x, \quad u_y \mathrm{d}z = u_z \mathrm{d}y, \quad u_z \mathrm{d}x = u_x \mathrm{d}z$$

根据上述四个条件,理想流体运动微分方程(5-16)可以推导得到

$$\mathrm{d}W - \frac{1}{\rho}\mathrm{d}p - \frac{1}{2}\mathrm{d}u^2 = 0$$

将上式积分,并考虑条件(2),可得

$$W - \frac{p}{\rho} - \frac{u^2}{2} = \mathrm{const} \tag{5-18}$$

式(5-18)为理想流体运动微分方程的伯努利积分式。上述积分式表明,在受有势质量力作用下的定常不可压缩理想流体流动中,同一流线上的 $\left(W - \dfrac{p}{\rho} - \dfrac{u^2}{2}\right)$ 值保持不变,也就是同一流线上各点的积分常数保持不变。但对不同的流线,式(5-18)中的伯努利积分常数一般是不相同的。

如果某理想流体的流动,所受的质量力仅为重力,以 Oz 轴向上,则有

$$f_x = f_y = 0, \quad f_z = -g$$

代入式(3-13)可得 $\quad \mathrm{d}W = -g\mathrm{d}z, \quad W = -gz + C$

式中,C 为积分常数。这时由式(5-18)可得

$$z + \frac{p}{\rho g} + \frac{u^2}{2g} = \mathrm{const} \tag{5-19}$$

对于同一流线上的任意两点 1 与 2,上式又可以写成

$$z_1 + \frac{p_1}{\rho g} + \frac{u_1^2}{2g} = z_2 + \frac{p_2}{\rho g} + \frac{u_2^2}{2g} \tag{5-20}$$

式(5-18)、式(5-19)即为理想流体伯努利方程。根据流线与元流的定义,流线是元流的极限情况,所以沿流线成立的理想流体伯努利方程对元流同样适用。

5.2.3 理想流体运动微分方程的拉格朗日—柯西积分

对于理想不可压缩流体作无旋流动,并且在有势的质量力作用下,理想流体运动方程式(5-16)可以进行另一类型的积分。

首先将理想流体运动方程(5-16)写成兰姆—葛罗米克运动微分方程

$$\begin{cases} f_x - \dfrac{1}{\rho}\dfrac{\partial p}{\partial x} = \dfrac{\partial u_x}{\partial t} + \dfrac{\partial}{\partial x}\left(\dfrac{u^2}{2}\right) + 2(u_z\omega_y - u_y\omega_z) \\[2mm] f_y - \dfrac{1}{\rho}\dfrac{\partial p}{\partial y} = \dfrac{\partial u_y}{\partial t} + \dfrac{\partial}{\partial x}\left(\dfrac{u^2}{2}\right) + 2(u_x\omega_z - u_z\omega_x) \\[2mm] f_z - \dfrac{1}{\rho}\dfrac{\partial p}{\partial z} = \dfrac{\partial u_z}{\partial t} + \dfrac{\partial}{\partial x}\left(\dfrac{u^2}{2}\right) + 2(u_y\omega_x - u_x\omega_y) \end{cases} \tag{5-21}$$

由于是无旋流动,有 $\omega_x = \omega_y = \omega_z = 0$,则右边第三项为零。将上述三个方程分别乘以 $\mathrm{d}x$、$\mathrm{d}y$、$\mathrm{d}z$,然后相加得

$$f_x \mathrm{d}x + f_y \mathrm{d}y + f_z \mathrm{d}z - \frac{1}{\rho}\left(\frac{\partial p}{\partial x}\mathrm{d}x + \frac{\partial p}{\partial y}\mathrm{d}y + \frac{\partial p}{\partial z}\mathrm{d}z\right)$$

$$= \frac{\partial}{\partial t}(u_x\mathrm{d}x + u_y\mathrm{d}y + u_z\mathrm{d}z) + \frac{\partial}{\partial x}\left(\frac{u^2}{2}\right)\mathrm{d}x + \frac{\partial}{\partial y}\left(\frac{u^2}{2}\right)\mathrm{d}y + \frac{\partial}{\partial z}\left(\frac{u^2}{2}\right)\mathrm{d}z \tag{5-22}$$

假定质量力为有势力,有式(2-17);并考虑流动无旋,则存在速度势函数φ,且φ满足式(4-48)。则式(5-22)可以写成

$$\mathrm{d}W - \mathrm{d}\left(\frac{p}{\rho}\right) - \mathrm{d}\left(\frac{u^2}{2}\right) - \mathrm{d}\left(\frac{\partial \varphi}{\partial t}\right) = 0 \quad \text{或} \quad \mathrm{d}\left(W - \frac{p}{\rho} - \frac{u^2}{2} - \frac{\partial \varphi}{\partial t}\right) = 0 \quad (5\text{-}23)$$

对上式积分,有

$$W - \frac{p}{\rho} - \frac{u^2}{2} - \frac{\partial \varphi}{\partial t} = f(t) \quad (5\text{-}24)$$

式(5-24)为不可压缩理想流体运动方程的拉格朗日—柯西积分式。由式(5-23)可见括号内的各项之和与坐标 x、y、z 无关,则式(5-24)中的积分常数 $f(t)$ 为时间 t 的函数。常数 $f(t)$ 表明流场各点处的积分常数在同一瞬时都相同,而在不同时刻,这些积分常数值则可能会不同。

对于定常流动,$f(t)$ 为常数 C,并且 $\frac{\partial \varphi}{\partial t} = 0$,则有

$$W - \frac{p}{\rho} - \frac{u^2}{2} = C \quad (5\text{-}25)$$

若质量力仅为重力,取铅直向上为 z 方向,即 $W = -gz$,则拉格朗日—柯西积分式变为

$$zg + \frac{p}{\rho} + \frac{u^2}{2} + \frac{\partial \varphi}{\partial t} = f(t) \quad (5\text{-}26)$$

定常流时

$$z + \frac{p}{\rho g} + \frac{u^2}{2g} = C \quad (5\text{-}27)$$

也称为拉格朗日—柯西积分方程或拉格朗日—柯西方程。

5.2.4 伯努利方程和拉格朗日—柯西方程的意义与区别

伯努利方程式(5-19)、式(5-20)是指在同一条流线上成立,但流动可以是有旋流动;而拉格朗日—柯西方程式(5-27)是指在全流场成立,但流动则为无旋流动。

伯努利方程和拉格朗日—柯西方程中 z、$\frac{p}{\rho g}$ 及 $z + \frac{p}{\rho g}$ 等项的物理意义和几何意义已在第2章中给出,即在几何意义上这些项分别为位置水头、压强水头及测压管水头;在物理意义上这些项分别为单位重量流体所具有的位能、压强势能及总势能。方程中的第三项 $\frac{u^2}{2g}$ 与前两项一样,也具有长度量纲,并且有 $\frac{\frac{mu^2}{2}}{mg} = \frac{u^2}{2g}$,即在物理意义上为单位重量流体所具有的动能;在几何意义上为流速水头。伯努利方程中的三项 z、$\frac{p}{\rho g}$ 及 $\frac{u^2}{2g}$ 之和,即位能、压强势能及动能之和,在物理意义上为单位重量流体所具有的总机械能 E,即 $E = z + \frac{p}{\rho g} + \frac{u^2}{2g}$;在几何意义上为总水头 H,即 $H = z + \frac{p}{\rho g} + \frac{u^2}{2g}$。

伯努利方程表明理想不可压缩流体在重力作用下作定常流动中,沿同一流线或元流上各点的单位重量流体的位能、压强势能及动能之和保持不变,即总机械能守恒;总机械能中

的位能、压强势能及动能三项之间可以相互转化。由此可知，伯努利方程是能量守恒定律在流体力学中的一种特殊表现形式，所以一般也称伯努利方程为能量方程。

拉格朗日—柯西方程则表明理想不可压缩流体在重力作用下作无旋定常流动中，全流场各点的单位重量流体的位能、压强势能及动能之和保持不变。

例 5-1 如图 5-5 所示，为一种可利用流体能量转化的原理测量水流流速的简易毕托管。该仪器由两根开口细管组成。已知两管液面高度差为 h，试计算被测流体的流速。

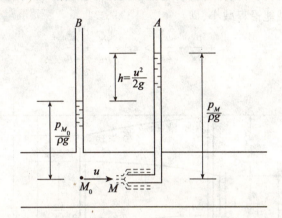

图 5-5 可测量流速的简易毕托管示意图

解 如图 5-5 所示，A 管为一根弯成 90°的开口细管，一端垂直向上，另一端放置于被测流体内 M 点，并正对流体流动方向，这时水流质点流到 M 点时，受 A 管管口影响停滞下来，即 M 点流速为零形成驻点，该点的流速水头全部转化为压强水头，即该管的压强水头中包括了流速水头，使得该管具有较高的液面高度；B 管与被测流体相接触一端垂直于流动方向，该管的压强水头不包括流速水头，即该管液面高度较低。

在过 M 点的同一流线上，取一与 M 点较近的 M_0 点，并设 M_0 点的流速为 u，M_0 点的压强水头由 B 管所反映。现对 M 点和 M_0 点列伯努利方程

$$z_{M_0} + \frac{p_{M_0}}{\rho g} + \frac{u^2}{2g} = z_M + \frac{p_M}{\rho g} + 0$$

其中由于 M 点和 M_0 点较近，可以忽略损失。并且 $z_{M_0} = z_M$，$h = \frac{p_M}{\rho g} - \frac{p_{M_0}}{\rho g}$，则有

$$u = \sqrt{2g\left(\frac{p_M}{\rho g} - \frac{p_{M_0}}{\rho g}\right)} = \sqrt{2gh}。$$

§5.3 实际流体总流的能量方程

§5.2 中介绍了由理想流体运动方程积分得到的元流伯努利方程，该方程的特点是沿元流中各点的总能量不变。然而实际的流体是具有粘滞性的，因此在流动过程中存在由摩擦阻力所引起的机械能损失。为给出能反映实际流体流动特点的伯努利方程，本节将对理想流体元流伯努利方程进行修正、扩展，给出实际流体元流、总流伯努利方程及其实际应用。

5.3.1 实际流体元流的伯努利方程

在实际流体定常流动的流场中取一元流,如图5-6所示。对于元流上的任意两点1、2,可以写出理想流体元流的伯努利方程,即

$$z_1 + \frac{p_1}{\rho g} + \frac{u_1^2}{2g} = z_2 + \frac{p_2}{\rho g} + \frac{u_2^2}{2g} \tag{5-28}$$

由于实际流体的粘滞性,使得流体在流动过程中因内摩擦力做功而消耗一部分机械能。也就是说实际流体的机械能沿程减小,即

$$z_1 + \frac{p_1}{\rho g} + \frac{u_1^2}{2g} > z_2 + \frac{p_2}{\rho g} + \frac{u_2^2}{2g} \tag{5-29}$$

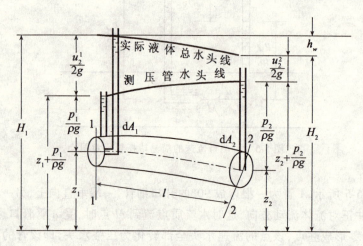

图 5-6 推导实际流体元流伯努利方程示意图

现设 h_w' 为元流中单位重量流体从有效截面1—1至有效截面2—2所消耗的机械能,也称为元流的水头损失。按照能量守恒原理,式(5-28)可以修正为

$$z_1 + \frac{p_1}{\rho g} + \frac{u_1^2}{2g} = z_2 + \frac{p_2}{\rho g} + \frac{u_2^2}{2g} + h_w' \tag{5-30}$$

式(5-30)即为实际流体元流的伯努利方程。由式(5-30)的构成和元流水头损失的定义可见, h_w' 应具有长度量纲。

5.3.2 实际流体总流的能量方程

对于如图5-7所示的某段总流,设两端有效截面1—1和2—2的面积分别为 A_1 和 A_2 ,总流的流量为 Q 。在总流中任取一元流,通过该元流的流量为 dQ ,在该元流上应用实际流体元流的伯努利方程(5-30)。

按照总流的定义,总流是无数元流的总和,那么总流的能量就是各元流能量之和。由于式(5-30)的物理意义是单位重量意义下的机械能,则需乘以通过元流的流体重量 $\rho g dQ dt$,使元流的伯努利方程还原成能量的含义。这时可以将所有元流能量加起来,也就是下列积分式

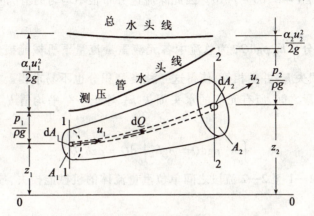

图 5-7 推导实际流体总流能量方程示意图

$$\int_Q \left(z_1 + \frac{p_1}{\rho g} + \frac{u_1^2}{2g}\right)\rho g dQ dt = \int_Q \left(z_2 + \frac{p_2}{\rho g} + \frac{u_2^2}{2g} + h'_w\right)\rho g dQ dt$$

整理

$$\int_Q \left(z_1 + \frac{p_1}{\rho g}\right)\rho g dQ + \int_Q \frac{u_1^2}{2g}\rho g dQ = \int_Q \left(z_2 + \frac{p_2}{\rho g}\right)\rho g dQ + \int_Q \frac{u_2^2}{2g}\rho g dQ + \int_Q h'_w \rho g dQ \quad (5\text{-}31)$$

从上式可见,有三种类型的积分:

第一种类型积分 $\int_Q \left(z + \frac{p}{\rho g}\right)\rho g dQ = \rho g \int_A \left(z + \frac{p}{\rho g}\right) u dA$,为总流重量流量下的总势能。若积分所取的有效截面为渐变流,则在该有效截面上的压强分布满足流体静力学分布,也就是在该有效截面上 $z + \frac{p}{\rho g} = C$ 成立,这时

$$\rho g \int_A \left(z + \frac{p}{\rho g}\right) u dA = \rho g \left(z + \frac{p}{\rho g}\right) \int_A u dA = \rho g \left(z + \frac{p}{\rho g}\right) Q \quad (5\text{-}32)$$

第二种类型积分 $\int_Q \frac{u^2}{2g}\rho g dQ = \frac{\rho g}{2g}\int_A u^3 dA$,为总流重量流量下的动能。一般情况下,有效截面上的流速分布不易求得,该积分也难以计算。在总流分析中,常采用平均流速 v 表示某有效截面上流速的大小。在此,用平均流速 v 代替各点的点流速 u,则积分可以求得。但由于各点的点流速 u 与平均流速 v 存在偏差,使得用平均流速 v 代替后的积分也存在偏差,为弥补这个偏差,用动能修正系数 α 来修正,即

$$\frac{\rho g}{2g}\int_A u^3 dA = \frac{\rho g}{2g}\alpha \int_A v^3 dA = \frac{\rho g}{2g}\alpha v^3 \int_A dA = \frac{\rho g}{2g}\alpha v^3 A = \rho g \frac{\alpha v^2}{2g} Q \quad (5\text{-}33)$$

其中动能修正系数 α 为

$$\alpha = \frac{\frac{\rho g}{2g}\int_A u^3 dA}{\frac{\rho g}{2g} v^3 A} = \frac{\int_A u^3 dA}{v^3 A} = \frac{1}{A}\int_A \left(\frac{u}{v}\right)^3 dA \quad (5\text{-}34)$$

进一步推导可以证明,动能修正系数 α 是大于 1.0 的数。α 的具体大小取决于有效截面上点流速 u 的分布,流速分布越均匀,α 则越接近于 1;流速分布不均匀,α 数值则偏离 1。

在一般的渐变流中，$\alpha \approx 1.05 \sim 1.10$。因此除流速分布很不均匀的情况外，一般可以取 $\alpha \approx 1.0$。

第三种类型积分 $\int_Q h'_w \rho g \mathrm{d}Q$，为总流中各元流重量流量下机械能损失的总和。一般来说，各元流的水头损失 h'_w 并不相等，使得这一种类型积分也不易求得。在此设总流有效截面 1—1 至 2—2 流段之间，所有元流的水头损失 h'_w 等于一个平均值 h_w，那么积分式可以写为

$$\int_Q h'_w \rho g \mathrm{d}Q = \rho g h_w \int_Q \mathrm{d}Q = \rho g h_w Q \tag{5-35}$$

式中：h_w——总流 1—1 至 2—2 流段之间单位重量流体的机械能损失，或称总流 1—2 流段之间的水头损失。

将上述三种类型的积分结果分别代入积分方程（5-31），并同除以总流重量流量 $\rho g Q$，即

$$z_1 + \frac{p_1}{\rho g} + \frac{\alpha_1 v_1^2}{2g} = z_2 + \frac{p_2}{\rho g} + \frac{\alpha_2 v_2^2}{2g} + h_w \tag{5-36}$$

式（5-36）就是实际流体定常总流能量方程，简称为总流能量方程，也称为实际流体定常总流伯努利方程。总流能量方程是流体力学中最重要的基本方程之一。

5.3.3 总流能量方程的意义

总流能量方程（5-36）中各项的物理意义和几何意义，与元流能量方程基本相同。其中第一项 z 表示单位重量总流所具有的位置势能，或称为单位位能，又称为位置水头；第二项 $\frac{p}{\rho g}$ 表示单位重量总流所具有的压强势能，或称为单位压能，又称为压强水头；第三项 $\frac{\alpha v^2}{2g}$ 表示单位重量总流所具有的动能，或称为单位动能，又称为流速水头；$z + \frac{p}{\rho g}$ 表示单位重量总流所具有的总势能，又称为测压管水头；$z + \frac{p}{\rho g} + \frac{\alpha v^2}{2g}$ 表示单位重量总流所具有的总机械能，又称为总水头；h_w 表示单位重量流体在总流有效截面 1—1 至 2—2 之间流动所产生的机械能损失，或称为单位能量损失，又称为水头损失。

设总水头 $H = z + \frac{p}{\rho g} + \frac{\alpha v^2}{2g}$，则总流能量方程（5-36）可以写为

$$H_1 - H_2 = h_w \tag{5-37}$$

式（5-37）说明实际流体作总流流动时要产生机械能损失，流体是从机械能大的地方流向机械能小的地方。能量方程（5-36）也说明实际流体在流动过程中，各断面的位能、压能和动能将相互转化。可以说，总流能量方程（5-36）是自然界中物质运动的能量守恒及转化定律在流体流动中的具体表达式。

不论是元流或总流的能量方程，其中的各项都是单位重量流体所具有的能量，都具有长度量纲。因此，都可以用几何线段或高度来直观地表示沿流程各项能量的大小和转换的情况。

如图 5-8 所示，总流各截面中心点 a 至基准面 0—0 的距离为该点的位置水头 z；各截面

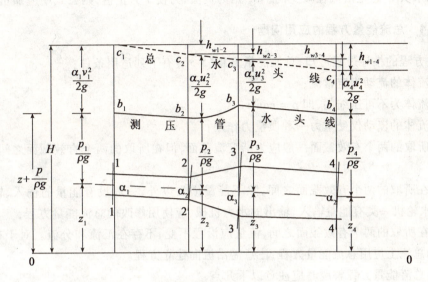

图 5-8 能量方程各项的物理意义示意图

中心点 a 至 b 处的距离为压强水头 $\dfrac{p}{\rho g}$；由 b 处至 c 处的距离为流速水头 $\dfrac{\alpha v^2}{2g}$；由基准面 0—0 至 b 处的距离为该截面的测压管水头 $z + \dfrac{p}{\rho g}$；由基准面 0—0 至 c 处的距离为该截面的总水头 H。

由图 5-8 可见，将各截面的 c 处连接起来，即图 5-8 中虚线线段 $\overline{c_1 c_2 c_3 c_4}$，称为总水头线，总水头线反映了总流中流体总能量沿程的变化情况。将各截面的 b 处连接起来，如图 5-8 中实线线段 $\overline{b_1 b_2 b_3 b_4}$，称为测压管水头线，测压管水头线反映了总流中流体总势能沿程的变化情况。由于实际流体中能量损失的存在，总水头线总是沿程下降的。测压管水头线与总水头线的间距，表示总流流体的流速水头（即动能）沿程的变化情况。测压管水头线沿流程可升可降，反映总流流体的平均流速在沿流程减小或增大时，压强也随之增大或减小的情况。测压管水头线沿流程可以高于总流截面中心点，即该截面的压强为正；也可以低于总流截面中心点，即该截面的压强为负。

由于一般情况下总水头线总是沿程下降的，因此总水头线存在一个下降的坡度，这个坡度一般称为水力坡度，以 J 表示。J 的含义是沿流程单位距离上的水头损失。如果总水头线为倾斜的直线，则水力坡度 J 为

$$J = \frac{h_w}{l} = \frac{H_1 - H_2}{l} \tag{5-38}$$

式中：l——沿流程长度；

H_1、H_2——截面 1—1、2—2 的总水头线。

如果总水头线为曲线，则水力坡度 J 为

$$J = \frac{\mathrm{d}h_w}{\mathrm{d}l} = -\frac{\mathrm{d}H}{\mathrm{d}l} \tag{5-39}$$

式中因总水头 H 总是沿流程减少的，dH 则为负值，为使 J 为正值，则公式中应加负号。

5.3.4 总流能量方程的应用问题

1. 由方程的推导过程可知，总流能量方程(5-36)有下列适用条件：

(1) 流体的流动为定常流；

(2) 流体为不可压缩的，即 $\rho = \text{const}$；

(3) 流体的流动仅受重力一种质量力作用；

(4) 所取的两个有效截面一般应为渐变流截面，但在所取的两个有效截面之间，可以是急变流；

(5) 在所取的两个有效截面之间，除了能量损失以外，一般没有能量的输入、输出。对于水泵、水轮机一类有能量输入、输出的水力机械，应使用修改的总流能量方程；

(6) 在所取的两个有效截面之间，流量应沿程不变，不存在汇流和分流。对于在有汇流和分流的总流上应用总流能量方程，注意需沿流向建立方程。

2. 用总流能量方程解题时应注意以下几点：

(1) 可以选定任意的水平面为基准面，不同的基准面有不同的位置水头。同一个方程只能选定同一个基准面。所选的基准面的不同，不会影响最后的计算结果。

(2) 所取的两个有效截面一般为渐变流截面。在渐变流或均匀流截面上，有 $z + \dfrac{p}{\rho g}$ 为常数，这样可以任选一点为代表点。一般情况下，管流以中心点为代表点；明渠、水库和水池以水面点为代表点。

(3) 对于压强水头 $\dfrac{p}{\rho g}$ 的计量，相对压强和绝对压强均可以使用，对于液体流动一般使用相对压强。但应注意，在同一方程中只能使用一种压强计量方式。

(4) 严格地说，不同截面上的动能修正系数 α 不相等，也一般大于 1.0，在实际工程中可以令动能修正系数 $\alpha = 1.0$，在可能引起误差的场合，应按实际情况给出动能修正系数 α。

例 5-2 如图 5-9 所示为一文丘里管。该管由收缩段、喉部和扩散段所组成。在收缩段前截面 1—1 和喉部截面 2—2 安装有测压管，两测压管连接成压差计。由于喉部截面缩小，流速、动能增加，势能减少，则在两测压管上形成压强差，反映在比压计上则为液面差。若已知压差计上两液面差为 h，试计算通过文丘里管的流量。

解 选 0—0 为基准面，取 1—1 和 2—2 截面管轴线上的点为代表点，列能量方程

$$z_1 + \frac{p_1}{\rho g} + \frac{\alpha_1 v_1^2}{2g} = z_2 + \frac{p_2}{\rho g} + \frac{\alpha_2 v_2^2}{2g} + h_w$$

其中 $\alpha_1 \approx \alpha_2 \approx 1.0$。整理为

$$\left(z_1 + \frac{p_1}{\rho g}\right) - \left(z_2 + \frac{p_2}{\rho g}\right) - h_w = \frac{v_2^2}{2g} - \frac{v_1^2}{2g} = \frac{v_2^2}{2g}\left(1 - \left(\frac{v_1}{v_2}\right)^2\right) \tag{5-40}$$

根据第 2 章流体静力学压强基本方程分析可知

$$h = \left(z_1 + \frac{p_1}{\rho g}\right) - \left(z_2 + \frac{p_2}{\rho g}\right)$$

又由连续性方程(5-11)可得

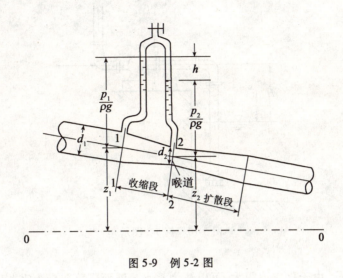

图 5-9 例 5-2 图

$$\frac{v_1}{v_2} = \frac{A_2}{A_1} = \left(\frac{d_2}{d_1}\right)^2$$

则能量方程(5-40)又可以写成

$$h - h_w = \frac{v_2^2}{2g}\left(1 - \left(\frac{d_2}{d_1}\right)^4\right)$$

整理得喉部速度和流量表达式

$$v_2 = \frac{\mu}{\sqrt{1 - \left(\frac{d_2}{d_1}\right)^4}}\sqrt{2gh}$$

$$Q = A_2 v_2 = \frac{\pi d_2^2}{4}\frac{\mu}{\sqrt{1 - \left(\frac{d_2}{d_1}\right)^4}}\sqrt{2gh}$$

或

$$Q = \mu k \sqrt{h}$$

其中 $\mu = \sqrt{1 - \dfrac{h_w}{h}}$ 为水头损失 h_w 对流量影响的系数,称为文丘里流量系数,一般由实验给出,取值范围 $\mu = 0.97 \sim 0.99$;$k = \dfrac{\pi\sqrt{2g}}{4}\dfrac{d_2^2}{\sqrt{1 - \left(\dfrac{d_2}{d_1}\right)^4}}$ 为与文丘里管形状、截面面积有关的系数。

例 5-3 离心式水泵的吸水装置如图 5-10 所示。已知吸水管直径 $d = 200\text{mm}$,水泵抽水量 $Q = 160\text{m}^3/\text{h}$,水泵入口前真空表读数为 44kPa,若吸水管总的水头损失 $h_w = 0.25\text{m}$(水柱),试求水泵的安装高度 H_s。又若水的汽化压强为 40 097.2N/m²,当地大气压强为 100 050N/m²,试求在水泵入口处水不发生汽化的最大允许安装高度。

解 以蓄水池的自由液面 0—0 为基准面,对蓄水池自由液面 0—0 和水泵进口截面

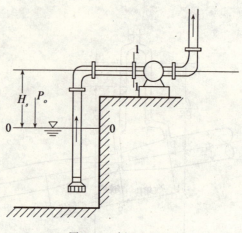

图 5-10 例 5-3 图示

1—1 列能量方程。由于蓄水池很大,可以认为蓄水池液面降落速度为零。则

$$0 + \frac{p_a}{\rho g} + 0 = H_s + \frac{p_1}{\rho g} + \frac{\alpha_1 v_1^2}{2g} + h_w$$

式中

$$v_1 = \frac{4Q}{\pi d^2} = \frac{4 \times 160}{\pi \times 0.2^2 \times 3\,600} = 1.415 \text{ m/s}$$

$$H_s = \frac{p_a - p_2}{\rho g} - \frac{v_2^2}{2g} = \frac{44\,000}{9\,800} - \frac{1.415^2}{2 \times 9.8} = 4.388 \text{ m}$$

由于水的汽化压强为 40 097.2 N/m²,要使水在水泵入口处不发生汽化,则水泵入口压强必须有 $p_2 < 40\,097.2 \text{ N/m}^2$,这时最大允许安装高度为

$$H_s = \frac{p_a - p_2}{\rho g} - \frac{v_2^2}{2g} = \frac{100\,050 - 40\,097.2}{9\,800} - \frac{1.415^2}{2 \times 9.8} = 6.015 \text{ m}。$$

§5.4 定常总流的动量方程

前面几节已介绍关于总流的连续性方程和能量方程,这两个方程原则上可以分析解决许多流体流动的工程实际问题。但还有一些流体流动问题,并不必考虑流体内部的详细流动过程,只需要了解运动的流体与固体壁面之间的相互作用力,这时需要利用动量方程进行分析计算。本节将根据理论力学中的动量定律,建立总流中运动流体的动量方程,并讨论动量方程的应用问题。

5.4.1 定常总流的动量方程

根据理论力学相关理论,动量定律可以表达为:单位时间内物体的动量变化率等于作用于该物体上所有外力的总和,即

$$\sum \boldsymbol{F} = \frac{\mathrm{d}(m\boldsymbol{u})}{\mathrm{d}t} = \frac{\mathrm{d}\boldsymbol{K}}{\mathrm{d}t} \tag{5-41}$$

式中,m 为质量,$\boldsymbol{u}$ 为速度,$\boldsymbol{K} = m\boldsymbol{u}$ 为动量,$\sum \boldsymbol{F}$ 为作用于该物体上所有外力的合力。其中

速度、动量和外力为矢量,方程(5-41)为矢量方程。下面应用动量定律于总流流动中,建立定常总流的动量方程。

如图 5-11 所示,在一定常总流中,任取 1—1 截面至 2—2 截面之间的流段来分析。当经过 dt 时段后,处于 1—1 至 2—2 流段的流体,将流动到 $1'—1'$ 和 $2'—2'$ 之间的位置。现以 K 表示各流段的动量,其下标表示流段号。则 t 时刻,1—1 至 2—2 流段的动量 K_{1-2} 为

$$K_{1-2} = K_{1-1'} + K_{1'-2} \tag{5-42}$$

$t + dt$ 时刻后,$1'—1'$ 至 $2'—2'$ 流段的动量 $K_{1'-2'}$ 为

$$K_{1'-2'} = K_{1'-2} + K_{2-2'} \tag{5-43}$$

这样,dt 时段内动量的变化量为

$$dK = K_{1'-2'} - K_{1-2} = (K_{1'-2} + K_{2-2'}) - (K_{1-1'} + K_{1'-2})$$

这时,注意 $1'—1'$ 至 2—2 流段中的流体,在 dt 时段前后,虽然有流体质点的替换,但由于流动为定常流,该段流体的形状、体积及位置保持不变,其质量和流速也保持不变,这段流体的动量保持不变。这样,式(5-42)和式(5-43)中代表不同时刻的动量 $K_{1'-2}$ 是相等的,即

$$dK = K_{2-2'} - K_{1-1'} \tag{5-44}$$

由式(5-44)可见,dt 时段内动量的变化量就是 1—1 至 $1'—1'$ 流段与 2—2 至 $2'—2'$ 流段的动量差。

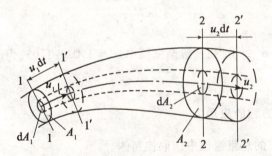

图 5-11 推导定常总流动量方程示意图

现在所考虑的总流中任取一元流,如图 5-11 所示。对于元流截面 1—1 处,设流速为 u_1,面积为 dA_1,又因 dt 时段微小,则在该时段内流速 u_1 保持不变,那么元流 1—1 至 $1'—1'$ 流段的长度为 $u_1 dt$,质量 $dm = \rho u_1 dt dA_1$,该元流段的动量为 $dK = dm u_1 = \rho u_1 dt dA_1 u_1$。总流 1—1 至 $1'—1'$ 流段的动量可以由积分得到

$$K_{1-1'} = \int_{A_1} \rho u_1 dt u_1 dA_1 = \rho dt \int_{A_1} u_1 u_1 dA_1$$

如同在推导总流能量方程时一样,由于有效截面上的流速分布不易求得,则采用平均流速 v 代替点流速 u,所产生的误差用动量修正系数 α' 来弥补,即

$$K_{1-1'} = \rho dt \int_{A_1} u_1 u_1 dA_1 = \rho dt \alpha_1' \int_{A_1} v_1 v_1 dA_1 = \rho dt \alpha_1' v_1 v_1 A_1 = \rho dt \alpha_1' Q v_1 \tag{5-45}$$

对于总流 2—2 至 $2'—2'$ 流段的动量,同理可得

$$K_{2-2'} = \rho dt \int_{A_2} u_2 u_2 dA_2 = \rho dt \alpha_2' Q v_2 \tag{5-46}$$

式(5-45)和式(5-46)中的动量修正系数 α' 为

$$\alpha' = \frac{\int_A u\boldsymbol{u}\,\mathrm{d}A}{v\boldsymbol{v}A} \tag{5-47}$$

式(5-45)、式(5-46)中,有 $Q = v_1 A_1 = v_2 A_2$。现将式(5-45)、式(5-46)代入式(5-44),得

$$\mathrm{d}\boldsymbol{K} = \rho Q(\alpha_2' \boldsymbol{v}_2 - \alpha_1' \boldsymbol{v}_1)\mathrm{d}t \tag{5-48}$$

将(5-48)代入动量定律表达式(5-41),并消去 $\mathrm{d}t$,得

$$\sum \boldsymbol{F} = \rho Q(\alpha_2' \boldsymbol{v}_2 - \alpha_1' \boldsymbol{v}_1) \tag{5-49}$$

上式就是定常总流的动量方程,这是一个矢量方程,其在直角坐标系中的投影式为

$$\begin{cases} \sum F_x = \rho Q(\alpha_2' v_{2x} - \alpha_1' v_{1x}) \\ \sum F_y = \rho Q(\alpha_2' v_{2y} - \alpha_1' v_{1y}) \\ \sum F_z = \rho Q(\alpha_2' v_{2z} - \alpha_1' v_{1z}) \end{cases} \tag{5-50}$$

方程中的作用力 $\sum \boldsymbol{F}$,一般是指流体所受的表面力、质量力等外力。

关于方程中的动量修正系数 α',如果所取的有效截面在渐变流上,点流速 u 几乎平行并且和平均流速 v 的方向基本一致,动量修正系数 α' 还可以写成

$$\alpha' = \frac{\int_A u^2 \mathrm{d}A}{v^2 A} \tag{5-51}$$

由于 $\int_A u^2 \mathrm{d}A \geq v^2 A$,故 $\alpha' \geq 1$,在一般渐变流中 $\alpha' = 1.02 \sim 1.05$,为简单起见,可以取 $\alpha' \approx 1.0$。

5.4.2 总流动量方程的应用

1. 在需计算和研究的总流流段中选取控制体。

在计算和研究的总流流段中,取出两端由渐变流有效截面和由固体壁面等所包围的流体所占的空间区域作为控制体进行分析研究。如图 5-12 所示,1—1 和 2—2 为控制体两端的有效截面。

控制体两端的有效截面 1—1 和 2—2 应取在渐变流上,是因为两端有效截面上所受的总压力可以按流体静压力的计算方法得到。动量修正系数可以取 $\alpha' \approx 1.0$。

2. 在所取的控制体上,分析、标出控制体所受的所有外力。一般情况有下列作用力:

(1) 控制体两端有效截面上 1—1 和 2—2 的总压力;

(2) 控制体内流体的重量,即为属于质量力中的重力;

(3) 固体壁面作用于控制体内流体的作用力,这个力与控制体内流体作用于固体壁面的作用力大小相等、方向相反。

控制体流体与固体壁面接触处产生的摩擦力,因控制体内流体流程较短,可以忽略不计。

3. 任意选定坐标系,按所选的坐标系列出动量方程的投影式。

在列动量方程的投影式时,注意方程中的力、动量等矢量投影值的正、负,凡投影后的方向与坐标轴的方向相同者其投影值为正,否则其投影值为负。

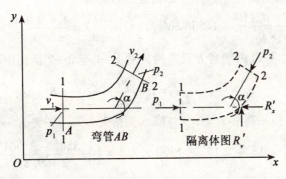

图 5-12 控制体选取示意图

例 5-4 有一水平放置在地面上的变直径弯管,弯管两端与直管连接,如图 5-13 所示。已知弯管 1—1 截面上压强 $p_1 = 18.4\text{kN/m}^2$,通过弯管的流量 $Q = 110\text{l/s}$,管径 $d_1 = 300\text{mm}$, $d_2 = 200\text{mm}$,弯管两端连接的直管段夹角 $\theta = 60°$。试求水流对弯管的作用力 F。可以忽略弯管的水头损失。

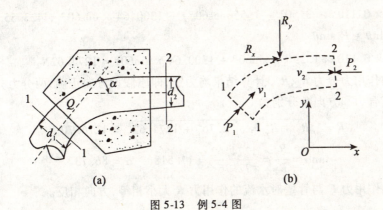

图 5-13 例 5-4 图

解 如图 5-13 所示,取弯管 1—1 和 2—2 两渐变流截面之间的水流为控制体,建立如图 5-13(b)所示的平面坐标系。在该控制体上受下列外力作用:

(1) 1—1、2—2 两截面上的总压力,$P_1 = p_1 A_1$,$P_2 = p_2 A_2$。其中 p_1、p_2 和 A_1、A_2 分别为两有效截面上的压强和面积;

(2) 控制体所受的重力 G,也就是控制体内水流所受的重力,因弯管水平放置,则在图 5-13(b)所示坐标方向投影为零;

(3) 控制体边界对控制体的作用力 R,也就是管壁对水流的作用力,可以按坐标投影方向分解为两分力 R_x、R_y,作用力 R 与水流对弯管的作用力 F 为作用力与反作用力关系。水流与管壁之间的摩擦力忽略不计。

按照图 5-13(b)所示的坐标系,分别列出 x、y 两坐标方向的动量方程

$$\sum F_x = P_1 \cos\theta - P_2 + R_x = \rho Q(\alpha_2' v_2 - \alpha_1' v_1 \cos\theta)$$

$$\sum F_y = P_1 \sin\theta - R_y = \rho Q(0 - \alpha_1' v_1 \sin\theta)$$

式中，1—1、2—2 两截面上流速 v_1、v_2，可以由连续性方程求得

$$v_1 = \frac{4Q}{\pi d_1^2} = \frac{4 \times 0.110}{\pi \times 0.3^2} = 1.556 \text{ m/s}, \quad v_2 = \frac{4Q}{\pi d_2^2} = \frac{4 \times 0.110}{\pi \times 0.2^2} = 3.501 \text{ m/s}$$

2—2 截面上的压强 p_2，可以由能量方程求得。对 1—1 至 2—2 截面中心点列能量方程

$$z_1 + \frac{p_1}{\rho g} + \frac{\alpha_1 v_1^2}{2g} = z_2 + \frac{p_2}{\rho g} + \frac{\alpha_2 v_2^2}{2g} + h_w$$

式中，两截面中心点为同一高度 $z_1 = z_2$，忽略水头损失 $h_w = 0$，令 $\alpha_1 \approx \alpha_2 \approx 1.0$，则得

$$p_2 = p_1 + \rho g \left(\frac{v_1^2 - v_2^2}{2g} \right) = 18.4 \times 10^3 + 1000 \times 9.8 \times \left(\frac{1.556^2 - 3.501^2}{2 \times 9.8} \right) = 13.482 \text{ kN/m}^2$$

由此得

$$P_1 = p_1 \frac{\pi d_1^2}{4} = 18400 \times \frac{\pi \times 0.3^2}{4} = 1300.62 \text{ N}$$

$$P_2 = p_2 \frac{\pi d_2^2}{4} = 13482 \times \frac{\pi \times 0.2^2}{4} = 423.55 \text{ N}$$

将已求得的 v_1、v_2 和 p_2 代入动量方程，并令 $\alpha_1' \approx \alpha_2' \approx 1.0$，可得管壁对水流的作用力 R_x、R_y 为

$R_x = \rho Q (v_2 - v_1 \cos\theta) - P_1 \cos\theta + P_2$
　　$= 1000 \times 0.110 \times (3.501 - 1.556\cos60°) - 1300.64 \times \cos60° + 423.55 = 72.6 \text{N}$

$R_y = \rho Q v_1 \sin\theta + P_1 \sin\theta$
　　$= 1000 \times 0.110 \times 1.556 \times \sin60° + 1300.64 \times \sin60° = 1274.62 \text{N}$

管壁对水流的作用力分力 R_x、R_y，计算结果均为正，即原假设方向正确，两分力分别指向 x、y 坐标方向。其合力和方向角分别为

$$R = \sqrt{R_x^2 + R_y^2} = \sqrt{72.76^2 + 1274.62^2} = 1276.70 \text{ N}$$

$$\tan\alpha = \frac{R_y}{R_x} = \frac{1274.62}{72.76} = 17.518 \quad \alpha = 86.73°$$

水流对弯管的作用力 F 与管壁对水流的作用力 R 大小相等，方向相反。

习题与思考题 5

一、思考题

5-1 试述理想流体微小流束伯努利方程中各项的物理意义和几何意义。推导和应用该方程的条件是什么？

5-2 试述实际流体总流能量方程各项的物理意义和几何意义。

5-3 应用实际流体总流能量方程解题时，所选的有效截面为什么必须是渐变流截面？

5-4 结合推导实际流体总流能量方程所使用的假定，试述实际流体总流能量方程的应用条件。

5-5 实际流体的总水头线与理想流体的总水头线相比较有什么不同？

5-6 动量方程的应用条件是什么？

5-7 动量方程能解决什么问题？在什么情况下应用动量方程比伯努利方程更为方便？

二、习题

5-1　已知流速场 $u_x = 6x, u_y = 6y, u_z = -7t$，试写出速度矢量 u 的表达式，并求出当地加速度、迁移加速度和加速度。

5-2　给出流速场 $u = (6 + 2xy + t^2)i - (xy^2 + 10t)j + 25k$，试求空间点 $(3, 0, 2)$ 在 $t = 1$ 的加速度。

5-3　流动场中速度沿流程均匀地减小，并随时间均匀地变化。A 点和 B 点相距 $2m$，C 点在中间，如图所示。已知当 $t = 0$ 时，$u_1 = 2m/s, u_B = 1m/s$；当 $t = 5s$ 时，$u_1 = 8m/s, u_B = 4m/s$。试求当 $t = 2s$ 时 C 点的加速度。

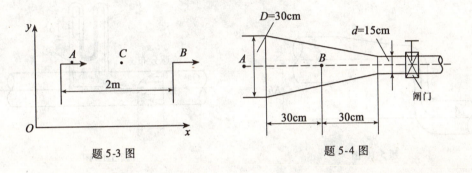

题 5-3 图　　　　　　　题 5-4 图

5-4　如图所示，已知收缩管段长 $l = 60cm$，管径 $D = 30cm, d = 15cm$，通过流量 $Q = 0.3m^3/s$。如果逐渐关闭闸门，使流量线性减小，在 30s 内流量减为零。试求在关闭闸门的第 10s 时，A 点的加速度和 B 点的加速度。计算时假设断面上流速为均匀分布。

5-5　试求下列各种不同速度分布的流线和迹线：

(1) $u_x = \dfrac{-cy}{x^2 + y^2}, u_y = \dfrac{-cx}{x^2 + y^2}, u_z = 0$；

(2) $u_x = x^2 - y^2, u_y = -2xy, u_z = 0$。

5-6　已知流体的速度分布为 $u_x = 1 - y, u_y = t$。试求当 $t = 1$ 时过 $(0, 0)$ 点的流线及当 $t = 0$ 时位于 $(0, 0)$ 点的质点轨迹。

5-7　三段直径分别为 $d_1 = 100mm, d_2 = 50mm, d_3 = 25mm$ 的管子以图所示方式连接，已知直径 d_2 管截面平均流速 $v_2 = 10m/s$，试求另两种直径管子的截面平均流速 v_1 和 v_3。

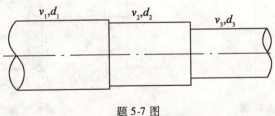

题 5-7 图

5-8　有一圆形管道，截面 1—1 处的直径 $d_1 = 300mm$、平均流速 $v_1 = 1.5m/s$，截面 2—2 处的直径 $d_2 = 150mm$。若管内流动着不可压缩流体，试求截面 2—2 处的平均流速 v_2。

5-9　温度 $t = 40℃$、表压力 $p = 200 kN/m^2$ 的空气流过直径 $d = 150mm$ 的圆管，平均流速

$v = 3.2\text{m/s}$，大气压强为 101.356kN/m^2。试求通过管道空气的质量流量。

5-10 圆管水流如图所示，已知：$d_A = 0.2\text{m}, d_B = 0.4\text{m}, p_A = 6.86\text{ N/cm}^2, p_B = 1.96\text{ N/cm}^2, v_B = 1\text{m/s}, \Delta z = 1\text{m}$。试问：

(1) AB 之间水流的单位能量损失 h_w 为多少米水头？

(2) 水流流动方向由 A 到 B，还是由 B 到 A？

5-11 如图所示某一压力水管安装有带水银比压计的毕托管，比压计中水银面的高差 $\Delta h = 2\text{cm}$，试求 A 点流速 u_1。

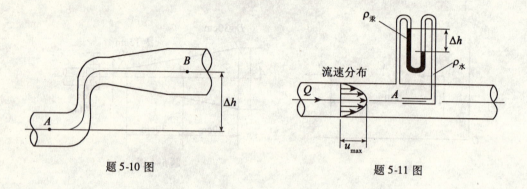

题 5-10 图　　　　　　　题 5-11 图

5-12 垂直管如图所示，直径 $D = 10\text{cm}$，出口直径 $d = 5\text{cm}$，水流流入大气，其他尺寸如图所示。若不计水头损失，试求 A、B、C 三点的压强。

5-13 如图所示为一抽水装置。利用喷射水流在喉道截面上造成的负压，可以将容器 M 中积水抽出。已知 H、b、h，若不计水头损失，喉道截面面积 A_1 与喷嘴出口截面面积 A_2 之间应满足什么条件才能使抽水装置开始工作？

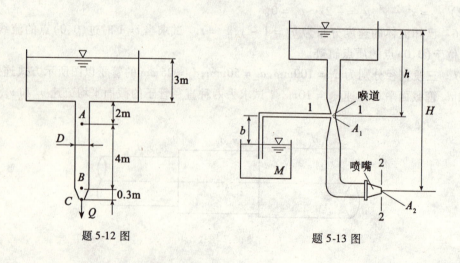

题 5-12 图　　　　　　　题 5-13 图

5-14 文丘里管流量计装置如图所示，$D = 5\text{cm}, d = 2.5\text{cm}$，流量系数 $\mu = 0.95$，在水银比压计上读得 $\Delta h = 20\text{cm}$。试求：

(1) 文丘里管中所通过的流量。

(2) 若文丘里管倾斜放置的角度在发生变化时,试问通过的流量有无变化?这时其他条件均不变。

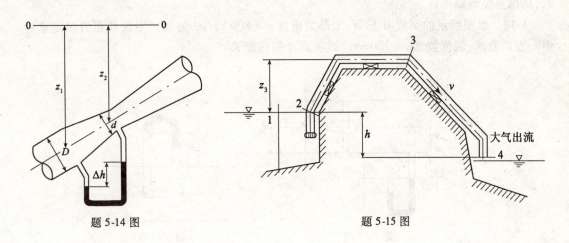

题 5-14 图   题 5-15 图

5-15 如图所示,虹吸管从水库中取水,管径 $d=10\text{cm}$,管道中心线的最高处超出水面 $z_3=2\text{m}$。若由水面点 1 到管道截面 2 的损失为 $9\dfrac{v^2}{2g}$,由管道截面 2 到截面 3 的水头损失为 $1\dfrac{v^2}{2g}$,由截面 3 到截面 4 的水头损失为 $2\dfrac{v^2}{2g}$,管道的真空高度限制在 7m 以内,试问:

(1) 吸水管的最大流量有无限制,若有,应为多少?出水口到水库水面的高差 h 有无限制?若有,则最大为多少?

(2) 在通过最大流量时,水面点 1、截面 2、截面 3、截面 4 各处的单位重量流体的位能、压能和动能各为多少?

5-16 某水泵装置如图所示,吸水管长 $l_1=8\text{m}$,压水管长 $l_2=10\text{m}$,管直径 $d=0.5\text{m}$,水泵允许真空度 $h_v=6\text{m}$,吸水管滤水网进口损失为 $2\dfrac{v^2}{2g}$、压水管出口损失为 $\dfrac{v^2}{2g}$,水管沿程损失为 $0.02\dfrac{l}{d}\dfrac{v^2}{2g}$。试求:(1)管中通过的流量;(2)压水管起始断面 3—3 的压强。

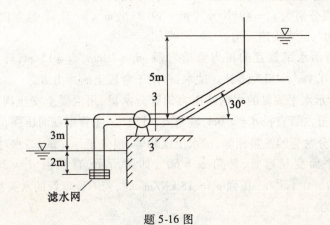

题 5-16 图

5-17 轴流风机的直径 $d=2\text{m}$,在流线型集流器后截面上安装有水测压计,如图所示。设空气温度为 30℃,试求读数 $\Delta h = 20\text{mm}$ 时的气流流速和流量。假定流速在截面上均匀分布,局部损失忽略不计。

5-18 如图所示的倒置 U 形管,上部为密度 $\rho = 800\ \text{kg/m}^3$ 的油。用该 U 形管测定水管中一点的流速,若读数 $\Delta h = 200\text{mm}$,试求该点的流速 v。

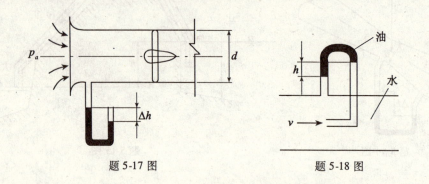

题 5-17 图　　　　　　　　题 5-18 图

5-19 如图所示为一水电站的压力水管渐变段。直径 $D_1 = 1.5\text{m}, D_2 = 1\text{m}$,渐变段起点处压强 $p_1 = 392\text{kN/m}^2$ (相对压强),管中通过的流量为 $1.8\text{m}^3/\text{s}$,不计水头损失,试求渐变段支座承受的轴向力。

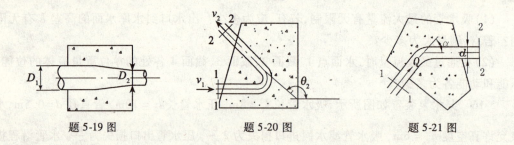

题 5-19 图　　　　　　题 5-20 图　　　　　　题 5-21 图

5-20 如图所示有一直径 $d = 200\text{mm}$ 的弯管放在支座上,管轴线位于垂直面内。已知断面 1—1 及 2—2 之间发生转弯。间距 $l = 6\text{m}$。今测得流量 $Q = 0.03\text{m}^3/\text{s}$。断面 1—1 及 2—2 的形心点压强分别为 $p_1 = 49\text{kN/m}^2$, $p_2 = 39.2\text{kN/m}^2$。v_1 及 v_2 的方向分别与 Ox 轴成 $\theta_1 = 0°$ 及 $\theta_2 = 120°$,试求支座反力。

5-21 如图所示水平放置的压力管道弯段,$d_1 = 20\text{cm}$, $d_2 = 15\text{cm}$, 转角 $\alpha = 60°$, $p_1 = 176.4\text{kN/m}^2$, $Q = 0.1\text{m}^3/\text{s}$ 损失不计。试求:作用于弯段上的冲力 R。

5-22 如图所示水平放置的水电站压力钢管分岔段,用混凝土支座固定。已知主管直径 $D = 3.0\text{m}$,两个分岔管直径 $d = 2.0\text{m}$,转角 $\alpha = 120°$。主管末截面压强 $p_1 = 3\text{at}$,通过总流量 $Q = 35\text{m}^3/\text{s}$,两分岔管的流量相等,动水压强相等,损失不计。试求:水对支座的总推力。

5-23 有一平面变径弯管,转角 $\alpha = 60°$,如图所示,直径由 $d_A = 200\text{mm}$ 变为 $d_B = 150\text{mm}$。当流量 $Q = 0.1\text{m}^3/\text{s}$,压强 $p_A = 18\ \text{kN/m}^2$ 时,若不计弯管的水头损失,试求水流对 AB 段变管的作用力。

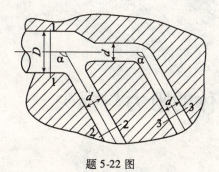

题 5-22 图

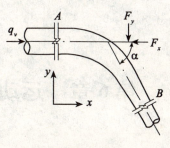

题 5-23 图

第6章 运动流体的阻力与损失

引 子

远距离输送原油的输油管道、输送天然气的输气管道，还有城市的自来水供水管道，都需要在一定的距离内设立加压站。其原因在于这些流体在流动过程中将不断产生流动阻力，需要不断的克服。

自然界中的流体流动一般分为外流和内流。外流是指一类流体在物体周围流动的过程，这类流动一般称为绕流流动。如空气中运动的飞机、汽车和河流、湖泊中运动的轮船等，还有空气气流（大风）中屹立的楼房、电线杆，河流中矗立的桥墩、闸墩等。这一类的绕流问题需要确定流动阻力的问题。内流是指一类流体在固定边界中流动，或者说流体流动时受固定边界的束缚。如水、气、油在管道中的流动过程，水在河流、渠道中的流动过程。对这一类的问题需要确定流动阻力对流体内部结构的影响，进而确定流动过程中的机械能的损失，也就是确定流动过程中的水头损失。

由第1章可知，在粘滞性的作用下，实际流体在流动时各流体质点之间以及和边界之间产生阻碍流体流动的作用力，这些阻力不仅对流动产生影响，还做负功造成流动中的机械能损失。对实际流动的分析可见，流动的阻力由两部分组成：由粘滞性产生的内摩擦力引起的摩擦阻力和由流动的分离产生的压强差引起的压差阻力。

第3章中介绍的实际流体能量方程给出了反映这个能量损失大小的水头损失项 h_w，本章将讨论如何计算水头损失 h_w。大量相关研究表明，水头损失 h_w 与流体的流动型态、内部流动结构以及边界特征等都有关系。

本章将介绍实际流体所具有的两种流动型态及其特性；在不同边界和流动型态条件下，流动阻力和水头损失的变化规律；讨论各种条件下水头损失的计算方法。

§6.1 流动阻力与水头损失

实际流体流动时产生的流动阻力和出现的水头损失，一般来自于两个因素：一是流体的粘滞性，使流体质点之间产生内摩擦阻力，损耗部分机械能，转化为热能散失掉；二是流动边界的影响，使得流体产生旋涡等流动现象，质点之间相互碰撞、掺混等紊动现象加剧，内摩擦力加大，出现更大的阻力和能量损失。相关研究表明，对于较平顺的边界，有效截面上的流速分布比较有规则，内摩擦阻力及水头损失沿流程变化不大；而变化较大的边界，流体的紊动加剧，有效截面上的流速分布紊乱没有规则，内摩擦阻力及水头损失增大且随不同的边界形状而异。因此，根据这种流动特点，将反映能量损失的水头损失项 h_w 分成沿程水头损失和局部水头损失两种,以利于分析研究和计算。

6.1.1 沿程阻力和沿程水头损失

在边界比较平顺的场合,流体的粘滞性作用将使得流动的流体质点之间发生相对运动,从而产生抵抗相对运动的粘性切应力;同时在某些流态下边界的粗糙壁面有可能产生旋涡等使流体质点发生碰撞、掺混等紊动现象,这些现象加剧流体质点之间的相对运动,使之产生阻碍流体运动的切应力。粘性切应力和紊动产生的切应力合起来称为总摩擦力。这两种切应力具有沿流程不变的特点,因此也合在一起称为沿程阻力,使单位重量流体所产生的机械能损失称为沿程水头损失,以 h_f 表示。由于沿程阻力沿流程为常数,则沿程水头损失与流程成正比。

通过实验和量纲分析(参见相关教科书),可以导出沿程水头损失的计算公式

$$h_f = \lambda \frac{l}{4R} \frac{v^2}{2g} = \lambda \frac{l}{d} \frac{v^2}{2g} \tag{6-1}$$

式中:λ——沿程水头损失系数,该系数为无量纲数,并与流体的粘性系数、流速、管道或渠道的几何尺寸以及边界壁面的粗糙程度有关;

d——管道的直径;

R——非圆管道或渠道的水力半径;

l——管道或渠道的长度,也就是流程的长度。

式(6-1)又称为达西—魏斯巴赫公式。

6.1.2 局部阻力和局部水头损失

在边界变化比较剧烈的场合,有效截面的形状和大小、截面上的流速分布及压强分布等均沿程急剧变化,同时出现各种旋涡和主流与边壁的分离现象,这些使流体质点的碰撞、掺混等紊动现象更加剧烈,流体质点之间的相对运动也更加剧烈和复杂,由此产生的内摩擦阻力一般大于边界较平顺的场合,而且也随边界的不同而异。因此,将这种情况下产生的阻力称为局部阻力,使单位重量流体所产生的机械能损失称为局部水头损失,以 h_j 表示。局部水头损失 h_j 一般表示为流速水头 $\frac{v^2}{2g}$ 的倍数,即

$$h_j = \zeta \frac{v^2}{2g} \tag{6-2}$$

式中:ζ——局部水头损失系数,为无量纲系数,一般根据具体的情况由实验定出。

实际的流体流动系统,通常是由若干段均匀流、渐变流和急变流组成的。一般来说,在截面尺寸不变的均匀流流段中主要考虑沿程水头损失;在渐变流流段中,水流阻力不仅仅只有沿程阻力,也有局部阻力,在简化计算的情况下,可以只考虑沿程水头损失;而在急变流流段中,主要只考虑局部阻力。总的来说,整个流动系统的水头损失应由这些流段所有的水头损失组成。如图6-1所示的管道系统,有若干段不同直径的长直管道,如管段1、2、3、4 等,主要为均匀流;也有若干边界变化处,截面2—2处的突然扩大处、截面3—3处的突然缩小处、截面4—4处的阀门处,以及管道系统的上游进口和下游出口处,主要为急变流。那么这个管道系统的水头损失 h_w 是所有均匀流流段的沿程水头损失 h_f 和所有急变流截面处的局

部水头损失 h_j 之和,即

$$h_w = (h_{f1} + h_{f2} + h_{f3} + h_{f4}) + (h_{j进口} + h_{j扩大} + h_{j缩小} + h_{j阀门} + h_{j出口})$$

对于任意的管道系统或渠道系统,总的水头损失可以用下式计算

$$h_w = \sum_{i=1}^{n} h_{fi} + \sum_{k=1}^{m} h_{jk} \tag{6-3}$$

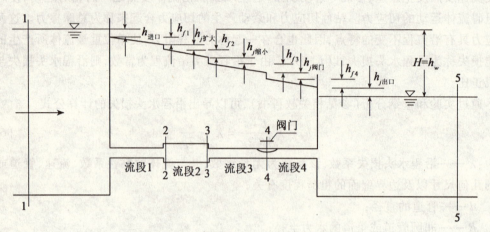

图 6-1 管道系统各种水头损失示意图

§6.2 实际流体的两种流动型态

19 世纪初就有学者发现,圆管流动中当流速较小时,水头损失与流速的一次方成正比;当流速较大时,水头损失与流速的二次方或接近二次方成正比。1883 年,雷诺通过管道流动的系统实验,研究了不同的管径、不同的流速与沿程水头损失之间的关系,确定了水头损失与流速之间存在着前述学者发现的性质,这些性质说明实际流动中存在两种不同的流动型态:层流和紊流。

6.2.1 雷诺实验

雷诺实验的装置如图 6-2 所示,在水箱 A 的箱壁上安装一根喇叭形进口 B 的水平玻璃管,玻璃管的下游出口处装有一个用于调节流量的阀门 C。另有一个与小水箱 D 相连的细管置于玻璃管的进口 B 处,小水箱 D 内装有密度与水相近的颜色水,细管上安装一个可以调节颜色水流量的阀门 E。为使玻璃管中的水流保持在恒定的水头下,水箱 A 还设立溢流装置,使水箱 A 的液面高度即水头保持恒定。

先进行观测实验。首先缓慢地打开阀门 C,使玻璃管内水流以较小的速度流动。接着打开阀门 E,让颜色水流入玻璃管中。这时可见玻璃管内颜色水与周围的清水界限分明,呈现为一股平稳的、清晰的细直颜色水流束(如图 6-2(a))。此时颜色水流束之所以能保持,说明各层的水流质点互不掺混,作有条不紊的层状运动。这种流动型态称为层流。若继续增大阀门 C,玻璃管内水流的速度则继续加大,当加大到某一速度时,颜色水流束开始出现

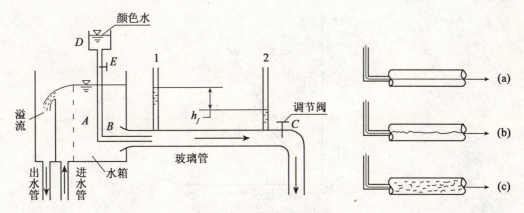

图 6-2 雷诺实验装置示意图

波动(如图 6-2(b)),再继续加大,颜色水流束的波动也加大。当阀门 C 加大到某种程度时,即玻璃管中的流速增大到某一数值时,颜色水流束突然破裂,向周围清水迅速扩散并遍及全管,两种水流质点相互掺混,全管水流被均匀染色(如图 6-2(c))。继续加大,两种水流掺混得更均匀。这种流动型态称为紊流,也称湍流。层流和紊流之间,如图 6-2(b)所示的流动型态,称为层流与紊流之间的过渡流或过渡状态。颜色水流束开始破裂时的流速,即层流转化为紊流时的流速,称为上临界流束 v_c'。

对上述的实验程序可以反向进行,也就是首先将阀门 C 开至最大,然后逐渐减小,水流也会经历如图 6-2(c)、(b)、(a)所示的由紊流到过渡流再到层流的流动型态。实验中颜色水流束由破裂转变为成形可见时的流速,也就是紊流转变为层流时的流速,称为下临界流速 v_c。实验成果表明,$v_c' > v_c$,即层流转变为紊流时的临界流速大于紊流转变为层流时的临界流速。

再进行水头损失与流速、流态的关系的研究。对图 6-2 所示实验装置中的玻璃管,在管道中部相隔适当距离的两个截面分别安装测压管 1、2,如图 6-2。由实际流体的能量方程

$$z_1 + \frac{p_1}{\rho g} + \frac{\alpha_1 v_1^2}{2g} = z_2 + \frac{p_2}{\rho g} + \frac{\alpha_2 v_2^2}{2g} + h_f + h_j$$

由测压管所取的管段的位置状况可知,从截面 1 到截面 2 为均匀流流段,$v_1 = v_2$,没有局部水头损失 h_j,因此该流段的水头损失 h_w 只包含沿程水头损失 h_f。从上式可见,两测压管液面差即测压管水头差就等于 1~2 流段的沿程水头损失,即

$$h_w = h_f = \left(z_1 + \frac{p_1}{\rho g}\right) - \left(z_2 + \frac{p_2}{\rho g}\right) \tag{6-4}$$

按照前述的观测实验程序,控制调节阀门 C 将所测试的管道内流速由小到大或由大到小,也就是管道内流态由层流到紊流或由紊流到层流,同时记录两测压管 1、2 的液面差(即沿程水头损失 h_f)和对应的截面平均流速 v。将所测得的实验数据点绘于对数坐标系上,如图 6-3 所示。其中纵坐标为 $\lg h_f$,横坐标为 $\lg v$。图中线段 abcde 为流速由小到大的实验结果趋势线,线段 edba 为流速由大到小的实验结果趋势线。图中隐去了具体实验数据点。从图 6-3 可见:

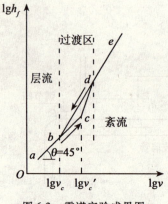

图 6-3 雷诺实验成果图

(1) ab 段,流速 $v < v_c$,流态为层流,实验点分布在一条与坐标轴成 45°的直线上,说明层流流态中沿程水头损失 h_f 与流速 v 的一次方成正比。

(2) de 段,流速 $v > v_c'$,流态为紊流,实验点分布在一条与坐标轴成 60°15′~63°26′的直线上,说明紊流流态中沿程水头损失 h_f 与流速 v 的 1.75~2.0 次方成正比;

(3) bd 区域,流速一般有 $v_c < v < v_c'$,为紊流向层流转化或层流向紊流转化的过渡区。当流速由大到小,实验点由 e 向 d 移动,到达 d 点时流动开始为紊流向层流转变的过渡流,过 b 点后流动完全为层流,b 点流速为下临界流速 v_c。当流速由小到大,实验点由 a 向 c 移动,到达 c 点时流动由层流转变为紊流,c 点流速为上临界流速 v_c'。c 点的位置很不稳定,也就是上临界流速 v_c' 数值很不稳定。与实验过程及实验环境有很大关系。在整个过渡区 bcd 中实验点较为散乱,是一个不稳定区域。

6.2.2 临界雷诺数和雷诺数

从上述雷诺实验中还证得,上、下临界流速 v_c'、v_c 与流体的运动粘性系数 v 成正比,与管径 d 成反比。如对于下临界流速 v_c,其比例式为

$$v_c \propto \frac{v}{d}$$

写成等式为
$$v_c = \mathrm{Re}_c \frac{v}{d}$$

式中 Re_c 是一个无量纲的数,称为临界雷诺数,因对应于下临界流速,也称为下临界雷诺数。改写上式为下临界雷诺数的表达式

$$\mathrm{Re}_c = \frac{v_c d}{v} \tag{6-5}$$

对于上临界流速 v_c',如上所述也可以得到上临界雷诺数 Re_c' 表达式

$$\mathrm{Re}_c' = \frac{v_c' d}{v} \tag{6-6}$$

由前述雷诺实验中已知 $v_c' > v_c$,则有 $\mathrm{Re}_c' > \mathrm{Re}_c$,即由层流向紊流转变的上临界雷诺数 Re_c' 大于由紊流向层流转变的下临界雷诺数 Re_c。大量相关实验资料证明,在任何管径的圆

管道中,任何流体的下临界雷诺数 Re_c 基本一致,都等于 2 000;而上临界雷诺数 Re'_c 的数据很不一致,有时可达 12 000,甚至有学者做过实验,上临界雷诺数 Re'_c 达 40 000 以上,实际这时外界只要有点扰动,层流立刻转变为紊流,Re'_c 无实际意义。因此,一般采用下临界雷诺数 Re_c 作为层流和紊流的判别标准,为简便计,称下临界雷诺数为临界雷诺数 Re_c,并且 $Re_c = 2\,000$。

类似于临界雷诺数的概念,可以提出相应于流动中流速的雷诺数的概念,即

$$Re = \frac{vd}{v} \tag{6-7}$$

根据雷诺实验的结论,雷诺数 Re 可以作为管道流动时,流动为层流还是紊流的判别参数。

当流动为层流时 $\qquad Re < Re_c = 2000 \qquad$ (6-8a)

当流动为紊流时 $\qquad Re > Re_c = 2000 \qquad$ (6-8b)

6.2.3 雷诺数的定义和物理意义

从量纲的角度可见雷诺数 Re 为无量纲数,其定义是

$$Re = \frac{\rho UL}{\mu} = \frac{UL}{v} \tag{6-9}$$

式中:ρ ——流体密度;

U ——特征速度;

L ——特征长度;

μ ——动力粘性系数;

v ——运动粘性系数。

对于圆管道流动,取管道流动的平均流速 v 为特征速度,管道直径 d 为特征长度,即得如式(6-7)的管道流动雷诺数的定义式。

如果是非圆管道的流动,或明渠的流动,在用于判别层流或紊流的雷诺数中,一般以水力半径 R 为特征长度,平均流速 v 为特征速度。这种流动的雷诺数可以定义为

$$Re = \frac{vR}{v} \tag{6-10}$$

由实验可知,对于非圆管道流动或明渠流动,其临界雷诺数为 $Re_c = 500$。相应地,当 $Re < 500$ 时为层流流动;当 $Re > 500$ 时为紊流流动。

观察流体的流动状况可以看到,流体质点之间的碰撞、掺混以及各种旋涡的产生和发展,都是与流体的惯性力相关的,而且流体的惯性力能放大和强化边界或外界对流体的扰动;另一方面,可以看到流体流动过程中还存在对流体运动起阻碍作用的粘滞力,这种力对边界或外界的扰动还可以起减小和削弱的作用。这两种力在实际流动中所占的比例大小就构成了层流或紊流的两种流动型态。雷诺数 Re 能作为层流、紊流的判别参数,应该说雷诺数 Re 具有惯性力和粘滞力之比的物理意义,亦即

$$Re = \frac{惯性力}{粘滞力} \tag{6-11}$$

当雷诺数较小,即 $Re < 2\,000$ 时,粘滞力的量级占优,亦即粘滞力的作用大于惯性力的作用,流体质点之间的碰撞、掺混以及旋涡等受粘滞力束缚而大大降低,并且使流动产生不

稳定的外界扰动作用也受到很大抑制,流体表现为层流流动型态;当雷诺数较大,即 Re > 2 000 时,惯性力的量级占优,亦即惯性力的作用大于粘滞力的作用,流体质点之间的碰撞、掺混以及旋涡等在惯性力作用下得到进一步加强,外界的扰动容易发展增强,使流动不稳定,流体表现为紊流流动型态;对于雷诺数不大不小,即 Re = 2 000 时,惯性力和粘滞力为同一数量级,也就是惯性力的作用和粘滞力的作用大致相等,那么流体则表现为过渡状态。关于式(6-11)的验证可以参阅相关教材。

例 6-1 下列流体以流速 $v = 1.0$ m/s 在一段直径 $d = 50$ mm 的管道内流动,(1)20℃的水;(2)20℃的空气;(3)20℃的油,$\nu = 31 \times 10^{-6}$ m²/s。试判别这几种流体流动的流态。

解 (1)对 20℃ 的水,查表 2-3 得,$\nu = 1.003 \times 10^{-6}$ m²/s,这时

$$\mathrm{Re} = \frac{vd}{\nu} = \frac{1.0 \times 0.05}{1.003 \times 10^{-6}} = 49850 > 2000 \quad 为紊流。$$

(2)对 20℃ 的空气,查表 2-1 得,$\nu = \frac{1.8 \times 10^{-5}}{1.205} = 1.49 \times 10^{-5}$ m²/s,这时

$$\mathrm{Re} = \frac{vd}{\nu} = \frac{1.0 \times 0.05}{1.49 \times 10^{-5}} = 3355 > 2000 \quad 为紊流。$$

(3)对 20℃ 的油,已知 $\nu = 31 \times 10^{-6}$ m²/s,这时

$$\mathrm{Re} = \frac{vd}{\nu} = \frac{1.0 \times 0.05}{31 \times 10^{-6}} = 1613 < 2000 \quad 为层流。$$

§6.3 运动流体的层流流态

从雷诺实验中已知实际流体流动中存在层流流态。机械工程中粘滞性较高的油类流动、地下水和石油的流动、化工及环保工程中某些流体的流动等都属于层流流态。本节将讨论定常流体在管道和截面为宽矩形中作层流流动的问题。

对于层流流动问题,比较完整的解决步骤是,利用由不可压缩粘性流体的运动方程和连续性方程组成的 N—S 方程组,加上适当的边界条件,可以求解得到。当然在条件不具备时,也可以利用理论力学中力的平衡方程得到的定常均匀总流切应力与水力坡度的关系,结合反映层流特点的牛顿内摩擦定律得到部分层流流动成果。

6.3.1 定常均匀总流切应力与水力坡度的关系

对于如图 6-4 所示的定常总流流动,假定总流的形状和尺寸沿流程无变化,则该总流流动为均匀流,各有效截面上的流速分布是相等的。现取一段长度为 l、截面面积为 A 和湿周为 χ 的流段 1~2 来分析,由于为等速流动,则作用在该圆柱体上的重力、两端的总压力以及侧面的切力将处于平衡状态。由力的平衡方程,有

$$P_1 - P_2 + G\sin\alpha - T = 0$$

式中,两端总压力 $P_1 = p_1 A$,$P_2 = p_2 A$,p_1、p_2 为两端截面上形心的压强;圆柱体的重量 $G = \rho g A l$,$\sin\alpha = \frac{z_1 - z_2}{l}$;侧面上的切力 $T = \tau_0 \chi l$,τ_0 为侧面上的切应力。整理可得

$$z_1 + \frac{p_1}{\rho g} - z_2 - \frac{p_2}{\rho g} = \frac{\tau_0 \chi}{\rho g A} l$$

第6章 运动流体的阻力与损失

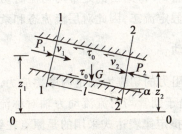

图6-4 定常均匀流切应力与水力坡度关系推导示意图

对截面1—1至截面2—2应用总流能量方程,可得式(6-4),并与上式联立得流段1~2沿程水头损失 h_f 为

$$h_f = \frac{\tau_0 \chi}{\rho g A} l = \frac{\tau_0}{\rho g} \frac{l}{R}$$

或切应力

$$\tau_0 = \frac{\rho g R h_f}{l} = \rho g R J \tag{6-12}$$

其中 $J = \dfrac{h_f}{l}$ 为水力坡度,R 为水力半径。参看式(5-38),由于均匀流流动中只有沿程水头损失,此处 J 是不包括局部水头损失的水力坡度。从推导的假定条件来看,式(6-12)给出了定常均匀流时切应力与沿程水头损失的关系。

式(6-12)的推导,是针对图6-4中1~2流段的整个截面而言的,其中的 τ_0 是指边壁切应力。对于总流截面上的切应力分布,可以采用上述类似的方法分析得到。对于如图6-5所示的圆管均匀流,该圆柱体的中心轴与圆管轴重合,设圆柱体半径为 r,作用在圆柱体表面上的切应力为 τ,按照上述方法运用力的平衡方程,可得

$$\tau = \rho g \frac{r}{2} J \tag{6-13}$$

与式(6-12)圆管边壁上的切应力 $\tau_0 = \rho g R J = \rho g \dfrac{r_0}{2} J$ 相比较可得

$$\frac{\tau}{\tau_0} = \frac{r}{r_0} \tag{6-14}$$

式(6-14)表明在圆管流动中,同一截面上切应力随半径 r 线性增加,如图6-5所示,管壁处切应力最大为 τ_0,管轴心处切应力最小为零。

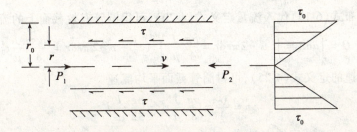

图6-5 截面切应力推导及切应力分布示意图

在分析推导式(6-12)~式(6-14)给出的定常均匀流时切应力与沿程水头损失的关系和圆管切应力变化规律时,没有假定流态,因此对层流流态和紊流流态都同样适用。

6.3.2 圆管中的层流流动

对于层流流动,反映沿程阻力的切应力就是内摩擦应力。可以应用牛顿内摩擦定律表达式(2-12)计算切应力 τ。由于圆管均匀流流动为轴对称流动,可以采用原点在管轴处的 (x,y) 坐标系。而原牛顿内摩擦定律表达式采用的是原点在壁面的 (x,y) 坐标系。如图6-6所示,两种坐标的关系是 $y = r_0 - r$,以及微分式 $\mathrm{d}y = -\mathrm{d}r$,则式(2-12)可以写成

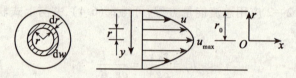

图6-6 圆管层流流动示意图

$$\tau = \mu \frac{\mathrm{d}u}{\mathrm{d}y} = -\mu \frac{\mathrm{d}u}{\mathrm{d}r}$$

将上式代入式(6-13),可得

$$\tau = -\mu \frac{\mathrm{d}u}{\mathrm{d}r} = \frac{\rho g r J}{2}$$

整理

$$\mathrm{d}u = -\frac{\rho g}{2} \frac{J}{\mu} r \mathrm{d}r$$

积分得

$$u = -\frac{\rho g}{4} \frac{J}{\mu} r^2 + C$$

式中 C 为积分常数。由于粘滞性管壁 $r = r_0$ 处,$u = 0$,则积分常数 $C = \frac{\rho g}{4} \frac{J}{\mu} r_0^2$,得圆管层流流速分布式

$$u = \frac{\rho g}{4} \frac{J}{\mu} (r_0^2 - r^2) \tag{6-15}$$

由式(6-15)可见圆管层流流速分布是以管轴为中心的旋转抛物面,如图6-6所示。管轴处 ($r = 0$) 有最大流速,即

$$u_{\max} = \frac{\rho g}{4} \frac{J}{\mu} r_0^2 \tag{6-16}$$

将流速分布式(6-15)代入流量定义式(4-20),可得圆管有效截面上的流量

$$Q = \int_A u \mathrm{d}A = \int_0^{r_0} u \cdot 2\pi r \mathrm{d}r = \frac{\rho g}{4} \frac{J}{\mu} \int_0^{r_0} (r_0^2 - r^2) 2\pi r \mathrm{d}r = \frac{\rho g \pi}{8} \frac{J}{\mu} r_0^4 \tag{6-17}$$

以及由平均流速的定义式(4-25),可得圆管截面平均流速

$$v = \frac{Q}{A} = \frac{\rho g}{8} \frac{J}{\mu} r_0^2 = \frac{\rho g}{32} \frac{J}{\mu} d^2 \tag{6-18}$$

式中圆管面积 $A = \pi r_0^2$,圆管直径 $d = 2r_0$。

比较式(6-16)、式(6-18)可知圆管截面平均流速是圆管最大流速的一半,即

$$v = \frac{1}{2}u_{max} \qquad (6-19)$$

由式(6-18)可得圆管层流时沿程水头损失表达式

$$h_f = \frac{8\mu v l}{\rho g r_0^2} = \frac{32\mu v l}{\rho g d^2} \qquad (6-20)$$

由式(6-20)可见,圆管层流时,沿程水头损失 h_f 与截面平均流速 v 的一次方成正比。这是由理论得到的一个结论,这个结论在雷诺实验中得到验证,是层流流动的一个特征。

将式(6-20)按达西—魏斯巴赫公式(6-1)形式改写为

$$h_f = \frac{32\mu v}{\rho g d} \cdot \frac{l}{d} \cdot \frac{2v}{2v} = \frac{64\mu}{\rho v d} \frac{l}{d} \frac{v^2}{2g} = \frac{64}{\text{Re}} \frac{l}{d} \frac{v^2}{2g}$$

式中引入管道雷诺数 $\text{Re} = \frac{vd}{\nu}$。对比达西—魏斯巴赫公式(6-1),圆管层流的沿程损失系数 λ 为

$$\lambda = \frac{64}{\text{Re}} \qquad (6-21)$$

这个由理论推得的表达式(6-21)已由后面将要介绍的尼古拉兹实验所证得。

将圆管层流流速分布式(6-15)和截面平均流速式(6-18)分别代入式(5-34)和式(5-51)中,可得圆管层流流动时动能修正系数 $\alpha = 2$,以及动量修正系数 $\alpha' = 1.33$,读者可以自行验证。

§6.4 运动流体的紊流流态

从本章§6.2中介绍的雷诺实验和日常流动现象可知,紊流流动比层流流动复杂得多。这是由于紊流中存在大量的作杂乱无章运动的微小旋涡,这些微小旋涡不断地产生、发展、衰减和消亡,使得流体质点在运动中不断地相互碰撞、掺混,并可能产生各种尺度的大旋涡。这些大旋涡也不断地产生、发展和消亡。流体质点的相互碰撞、掺混以及旋涡等使流体的流动在宏观表现上是空间各点的流速、压强等运动要素呈现时大时小的随机变化现象。

针对紊流的这些特点,本节将讨论紊流中流速、压强等运动要素的表示法,讨论紊流的切应力、流速分布以及紊流的结构,等等。

6.4.1 紊流的特征和运动要素的时均化

根据大量的实验观测,紊流具有有涡性、不规则性、随机性、扩散性、耗能性、连续性、三维性以及非定常性等特征。

对于粘性流体,无论是层流还是紊流,其流体内部是存在大小不等的涡体的。但紊流内的涡体与层流内的涡体有很大不同。紊流内的涡体除了随流动的总趋势向某一方向运动以外,还同时在各个方向上有不规则的运动。流体内的所有质点,都将在这些涡体的影响下移动、运行、旋转、震荡等,各质点的运动轨迹完全没有规则,这就是紊流的有涡性和不规则性。这个无规则运动使紊流呈现三维紊动特点,也就是各坐标点的运动要素在三个方向都会随时间出现时大时小的现象。这种现象也称为紊流运动要素的波动现象或脉动现象,也表示了紊流在实质上是非定常的。并呈现随机性。

紊流的连续性是指紊动中的质点以及涡体都是连续的,是充满整个流场空间的,受到连续性方程的制约。紊流的扩散性是指流体质点受涡体的影响在各个方向所作的不规则运动(即涡体紊动),使得紊流具有传质、传热和传递动量等扩散性能,也就是紊动可以将流场中某一地方的物质(如泥沙、污染物等)或物理特性(如热量、动量等)扩散到其他各处,或者说通过紊动可以达到散热、冷却和掺混的效果。紊流的耗能性是指涡体对流体质点的紊动过程消耗更多的能量,相关试验证明,紊流中的能量损失比同等条件下的层流大得多。

应用超音测速仪(ADV)测量水槽定常紊流流动中某点的流速,图6-7给出了该仪器所测的某点流速分量 u_x 随时间的变化曲线。从这些曲线中可以看出,该点各流速分量随时间的变化好像是完全杂乱无章的。但观察较长的时间过程,可以发现这些变化的量都围绕着某一平均值随机地上下变化。在用毕托管测量流速时,可以观察到比压计的液面在上下跳动,读数时只能读取平均数。这些就是前述的紊流运动要素的波动现象或脉动现象。

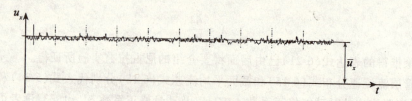

图6-7 流速测量成果图

在此可以将紊流中仪器所测的流速分量 u_x、u_y、u_z 称为瞬时流速分量,将经过某一足够长时段 ΔT 观察到的平均值称为时均流速,以在字母上加横线表示,如 $\bar{u}_x$、$\bar{u}_y$、$\bar{u}_z$,其定义式为

$$\begin{cases} \bar{u}_x = \dfrac{1}{\Delta T}\int_0^{\Delta T} u_x \mathrm{d}t \\ \bar{u}_y = \dfrac{1}{\Delta T}\int_0^{\Delta T} u_y \mathrm{d}t \\ \bar{u}_z = \dfrac{1}{\Delta T}\int_0^{\Delta T} u_z \mathrm{d}t \end{cases} \quad (6\text{-}22)$$

式中时段 ΔT 的足够长是针对每个波来说较长、约100个波;但对整个流动过程来说,则要足够的短。从图6-7可见,瞬时流速在时均流速值上下波动,存在一差值。在此可以将瞬时流速与时均流速的差值称为脉动流速,以在字母上加上标"′"表示,如 u_x'、u_y'、u_z'。这三种量有下列关系

$$\begin{cases} u_x = \bar{u}_x + u_x' \\ u_y = \bar{u}_y + u_y' \\ u_z = \bar{u}_z + u_z' \end{cases} \quad (6\text{-}23)$$

式(6-23)表示了紊流流动中运动要素的瞬时值为时均值和脉动值之和。也就是说可以将紊流流动看做为时均流动和脉动流动的叠加,而分别加以研究。这种研究方法在流体力学中称为时均化的研究方法。

比较式(6-22)和式(6-23)可知,脉动流速的时均值为零,如

$$\overline{u'_x} = \frac{1}{T}\int_0^T u'_x \mathrm{d}t = 0 \tag{6-24}$$

如果以时均值 $\overline{u}_x$ 为基准线（如图6-7），瞬时值大于时均值的脉动值 u'_x 为正，瞬时值小于时均值的脉动值 u'_x 为负，式（6-24）反映了在足够长的时段内，正、负脉动值相抵，即脉动值时均化后等于零。

紊流中的压强、温度、密度等运动要素也存在脉动现象，如图6-8给出了使用压强传感器测量紊流中某点的压强随时间变化图。由图6-8可见，瞬时压强也可以由时均压强和脉动压强叠加构成，类似式（6-23），有

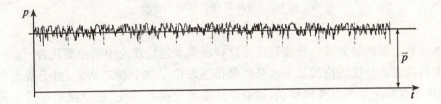

图 6-8　压强测量成果图

$$p_x = \overline{p}_x + p'_x \tag{6-25}$$

根据上述紊流特征，紊流实质上都是非定常流。然而，在工程实践中，却又经常大量讨论定常流问题。根据实际紊流中存在时均流动的特点，可以将描述紊流的运动要素做时均化处理。凡是时均化后的运动要素与时间无关的则为定常流，而与时间有关的则为非定常流。前面章节所讨论的有关流动的概念、方程及方法，对时均化以后的紊流都适用。后面各章所讨论的紊流运动，其运动要素都是针对时均值而言的，在用表达式表达时均略去字母上的横线，如 $\overline{u}$ 写成 u，$\overline{p}$ 写成 p。

6.4.2 紊流切应力

从前面的叙述已知，在层流流动中由质点相对运动所产生的粘性切应力，其大小可以用牛顿内摩擦定律来计算。而紊流流动中，除了有质点相对运动所产生的粘滞性切应力外，还有因涡体及紊动使质点不断地相互碰撞、掺混和不规则跳动等脉动而产生的附加切应力。这就是说紊流切应力 τ 由两部分组成，一部分是粘滞性切应力 τ_1；另一部分是附加切应力 τ_2，即

$$\tau = \tau_1 + \tau_2 \tag{6-26}$$

紊流切应力中的粘性切应力 τ_1 与层流时一样，可以应用牛顿内摩擦定律来计算，如以图6-9所示的流体沿一个固体平面作平行的直线流动为例，有表达式

$$\tau_1 = \mu \frac{\mathrm{d}\overline{u}_x}{\mathrm{d}y} \tag{6-27}$$

式中流速应为时均流速 $\overline{u}_x$，图中的直线流动以 x 为流动方向。

关于附加切应力 τ_2 的计算方法，目前在实际工程中主要依靠一些紊流半经验理论。紊流半经验理论的思想主要是模拟分子运动来建立由于脉动引起的紊流附加切应力与时均流

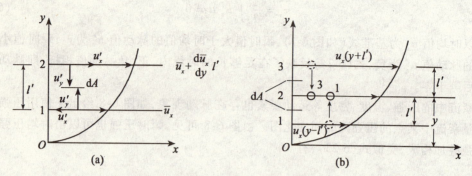

图 6-9 附加切应力推导示意图

速之间的关系。普朗特的混合长度理论是这些紊流半经验理论中的主要代表。

普朗特的混合长度理论的基本点是动量传递理论。这个理论认为：由于紊流中脉动的存在，流体质点在一定的距离内移动、掺混产生动量交换和改变，动量交换和改变的结果是质点之间产生不同于粘滞力的内摩擦力，这个内摩擦力就是附加切应力。关于质点脉动过程中动量的改变，这个理论还作了以下假定，即流体质点的流速、动量等从一流层脉动到另一流层的路程上，始终保持不变，只是脉动到达另一流层后，和那里的流体质点发生掺混，将自己的流速、动量突然改变为当地的流速、动量。

现运用动量定理，以图 6-9 所示的流体沿一个固体平面作平行的直线定常流动为例，讨论附加切应力 τ_2 的表达式。图中坐标 x 为直线流动的方向，流动的时均速度 $\bar{u}_x$ 的分布如图 6-9(a)所示。设流层 1 上某一流体质点有 Ox 轴向脉动速度 u'_x 和 Oy 轴向脉动速度 u'_y。由于 Oy 轴向脉动速度 u'_y 作用，使流体质点从流层 1 经微小面积 dA 运动到另一流层 2，流层 1 与流层 2 之间的距离 l' 假定为与气体分子平均自由行程相当的距离。

在 dt 时间内，由流层 1 经微小面积 dA 流向流层 2 的流体质量为

$$dm = \rho u'_y dA dt$$

质量 dm 的流体质点到流层 2 后与该层上的流体互相碰撞，发生动量交换。而该流体质点原在流层 1 时，具有 Ox 轴向流速 u_x，在运移过程中 Ox 轴向流速 u_x 保持不变，进入流层 2 后，将表现出一个 Ox 轴向脉动速度 u'_x，这个值可以理解为流体质点分别在流层 1 和流层 2 时时均流速的差值。在 dt 时间内动量变化为

$$dm \cdot u'_x = \rho u'_y dA dt u'_x = \rho u'_x u'_y dA dt$$

根据动量定律，动量的变化等于作用于 dm 上的外力的冲量，这个外力就是作用在 dA 上的水平方向的附加阻力 dF，有

$$dF dt = \rho u'_x u'_y dA dt$$

式中 dF 就是作用在两流层之间与 Ox 轴平行的面积 dA 上的附加切力。而单位面积上的附加切应力为

$$\tau_2 = \frac{dF}{dA} = \rho u'_x u'_y \tag{6-28}$$

由于各流层之间流体质点是一直在互相掺混、碰撞的，脉动流速的大小及方向也在瞬时变化，所以由脉动流速所产生的附加切应力应以时均值来表示

第6章 运动流体的阻力与损失

$$\overline{\tau_2} = -\rho \, \overline{u'_x u'_y} \tag{6-29}$$

由图 6-9(a)可知流层 1 属于较低速流层,流层 2 属于较高速流层。当 $u'_y > 0$,即流体质点从流层 1 向流层 2 移动时,由于流层 1 的时均流速小于流层 2 的时均流速,使得在大多数情况下有 $u'_x < 0$;反之,当 $u'_y < 0$,即流体质点从流层 2 向流层 1 移动时,在大多数情况下有 $u'_x > 0$。所以为保持附加切应力为正,式(6-29)中应加以负号。

由于附加切应力式(6-29)中包含脉动流速 u'_x、u'_y,不便于应用,下面将根据普朗特动量传递理论的假定,建立用时均流速表示脉动流速 u'_x、u'_y 的附加切应力表达式。

如图 6-9(b)所示,受脉动的影响,在流层 1 处有一流体质点并可能向上运动一个微小距离 l' 到另一流层,如运动到中间流层 2。同理,受脉动的影响,在流层 3 处有一流体质点也可能向下运动一个微小距离 l' 到中间流层 2。其中 l' 假定为气体分子的平均自由行程。

现设坐标为 y 的中间流层 2 上的速度为 $\overline{u}_x(y)$,坐标为 $y - l'$ 的流层 1 上的速度为 $\overline{u}_x(y - l')$,坐标为 $y + l'$ 的流层 3 上的速度为 $\overline{u}_x(y + l')$。流层 1 与中间流层 2 的速度差为

$$\Delta u_{x1} = \overline{u}_x(y) - \overline{u}_x(y - l') \approx l' \frac{\mathrm{d}u_x}{\mathrm{d}y}$$

流层 3 与中间流层 2 的速度差为

$$\Delta u_{x2} = \overline{u}_x(y + l') - \overline{u}_x(y) \approx l' \frac{\mathrm{d}u_x}{\mathrm{d}y}$$

根据前面的叙述,速度差 Δu_{x1} 和 Δu_{x2} 就是 Ox 轴向脉动速度 u'_x。由于运动的复杂性,可以认为上述两个速度差的平均值为中间层 y 处流层的 Ox 轴向脉动速度 u'_x,其时均值的绝对值为

$$|\overline{u'_x}| = \frac{1}{2}(\Delta u_{x1} + \Delta u_{x2}) = l' \frac{\mathrm{d}u_x}{\mathrm{d}y}$$

Oy 轴向脉动速度 u'_y 与 Ox 轴向脉动速度 u'_x 应为同一数量级,则两者取等式时应有比例常数 C_1,即

$$|\overline{u'_y}| = C_1 |\overline{u'_x}| = C_1 l' \frac{\mathrm{d}u_x}{\mathrm{d}y}$$

又 $|\overline{u'_x u'_y}|$ 与 $|\overline{u'_x}| \cdot |\overline{u'_y}|$ 是不相等的,则两者取等式时应有比例常数 C_2,即

$$|\overline{u'_x u'_y}| = C_2 |\overline{u'_x}| \cdot |\overline{u'_y}| = C_1 C_2 l'^2 \left(\frac{\mathrm{d}u_x}{\mathrm{d}y}\right)^2$$

又令,$l^2 = C_1 C_2 l'^2$,l 称为混合长度,与 y 成正比。将上式代入式(6-29),则得紊流的附加切应力

$$\overline{\tau_2} = -\rho \, \overline{u'_x u'_y} = \rho |\overline{u'_x u'_y}| = \rho l^2 \left(\frac{\mathrm{d}\overline{u}_x}{\mathrm{d}y}\right)^2 \tag{6-30}$$

在一般情况下可以略去字母上的横线

$$\tau_2 = \rho l^2 \left|\frac{\mathrm{d}u_x}{\mathrm{d}y}\right| \frac{\mathrm{d}u_x}{\mathrm{d}y} \tag{6-31}$$

最后得紊流的切应力

$$\tau = \tau_1 + \tau_2 = \mu \frac{\mathrm{d}u}{\mathrm{d}y} + \rho l^2 \left(\frac{\mathrm{d}u}{\mathrm{d}y}\right)^2 \tag{6-32}$$

6.4.3 紊流流速分布

对于充分发展的紊流,粘性切应力 τ_1 所占比例较小可以忽略,紊流切应力 τ 主要是附加切应力 τ_2,即

$$\tau \approx \tau_2 = \rho l^2 \left(\frac{du}{dy}\right)^2 \tag{6-33}$$

由相关实验可知,在固体边界不远处,混合长度 l 有

$$l = ky \tag{6-34}$$

式中 y 为沿边界外法线方向的距离,k 为比例系数,也称为卡门通用常数。根据实验成果,卡门通用常数 $k \approx 0.4$。另根据实验,对于离边界不远的紊流流动,可以近似假定紊流切应力 τ 为常数,这个常数等于§6.3 中所述的边壁切应力 τ_0,这样式(6-33)可以写成

$$\tau = \tau_0 = \rho k^2 y^2 \left(\frac{du}{dy}\right)^2$$

整理得

$$\frac{du}{dy} = \frac{1}{ky}\sqrt{\frac{\tau_0}{\rho}} \tag{6-35}$$

注意到式中 $\sqrt{\dfrac{\tau_0}{\rho}}$ 具有流速量纲,并与边壁切应力 τ_0 相关,称为摩阻流速 v_*,也称为剪切流速或动力流速,即

$$v_* = \sqrt{\frac{\tau_0}{\rho}} \tag{6-36}$$

则由式(6-35)可得

$$\frac{du}{dy} = \frac{v_*}{ky} \tag{6-37}$$

对上式积分可得紊流流速分布公式

$$u = \frac{v_*}{k}\ln y + C \tag{6-38}$$

式中 C 为积分常数。由式(6-38)可知,紊流中各点的流速是该点离固体边界距离的对数函数,故式(6-38)又称为对数流速分布公式。或者说,紊流的速度分布是对数分布,这一点已由许多实验证明。但从式(6-37)和式(6-38)可见,当 $y \to 0$ 时,$\dfrac{du}{dy} \to \infty$,$\ln y \to \infty$,即该流速表达式不适用于靠近固体边界的底层,即近壁区域。这是对数流速分布公式的一个缺点。

对于圆管,在管道中心 $y = r_0$ 处,有最大流速 $u = u_{\max}$;对于宽矩形明渠,认为水面流速为最大流速,即当 $y = h_0$ 时,$u = u_{\max}$。将上述两种情况分别代入式(6-38),可以确定积分常数 C,可以得到圆管紊流和宽矩形紊流的流速分布公式:

圆管

$$\frac{u_{\max} - u}{v_*} = \frac{1}{k}\ln\frac{r_0}{y} \tag{6-39}$$

宽矩形明渠

$$\frac{u_{\max} - u}{v_*} = \frac{1}{k}\ln\frac{h_0}{y} \tag{6-40}$$

式中:r_0——圆管半径;

h_0——明渠水深。

这两个公式是具有普遍意义的流速分布一般表达式,对任何均匀紊流都适用,只是常数 k 要由实验测定。按照平均流速的定义,利用公式(6-39)在圆管截面上积分可得圆管紊流的平均流速 v,即

$$v = u_{\max} - \frac{3v_*}{2k} \tag{6-41}$$

另外还有一种公式,即圆管中指数流速分布公式

$$\frac{u}{u_{\max}} = \left(\frac{y}{r_0}\right)^m \tag{6-42}$$

式中指数 m 随雷诺数和管壁粗糙度而改变,指数 m 的取值范围是 $\frac{1}{10} \sim \frac{1}{4}$。一般地,当雷诺数 $Re < 10^5$ 时,有 $m = \frac{1}{7}$ 或 $\frac{1}{6}$;雷诺数增大时,m 值减小,一般取为 $\frac{1}{8}$、$\frac{1}{9}$ 或 $\frac{1}{10}$。对于 m 取为 $\frac{1}{7}$ 的式(6-42)又称为流速分布的七分之一指数定律。

随着对近代紊流理论的深入研究,关于紊流附加切应力的分析研究有了很大进展,已形成较系统的紊流模式理论,对此有兴趣的读者可以参阅相关文献。

§6.5 紊流的结构及沿程水头损失系数的实验研究

从前面运用普朗特混合长度理论推导出的圆管紊流和宽矩形紊流的流速分布公式(6-39)、式(6-40)可知,这个公式只适用于不包括固体边界附近的其他区域。这就预示着紊流流动中在不同的区域有着不同性质的流动特点,也就是说紊流中存在不同于层流的复杂流动结构。同时受紊流复杂流动结构的影响,紊流的沿程水头损失规律将不同于层流的沿程水头损失规律。本节将讨论紊流的流动结构,介绍沿程水头损失系数的实验研究结论及应用方法。

6.5.1 紊流核心区和粘性底层

根据大量相关实验观察,在同一有效截面范围内,紊流质点的紊动强度并不是到处一样的。在紧贴固体边界附近有一层极薄的薄层,因为受边壁的限制,该薄层内流体的流速沿边壁的法线方向由零迅速增大到一个有限值,流速梯度很大,粘性摩擦切应力起主要作用,流体质点的紊动强度很小,紊流附加切应力可以忽略。这种紧贴边壁附近的薄层称为粘性底层。在这个粘性底层以外的大部分区域,流体质点的紊动强度较大,紊流附加切应力起主要作用,这个区域称为紊流核心区,或称紊流流核。

图 6-10 给出了管道紊流中粘性底层和紊流核心区示意图。粘性底层的厚度 δ_l 在紊流流动中非常薄,通常只有十分之几毫米,然而这一薄层的厚度对紊流阻力和水头损失的影响是重大的。相关实验资料表明,管道紊流流动中的粘性底层的厚度 δ_l 可以用以下经验公式表示,即

$$\delta_l = 11.6 \frac{v}{v_*} \tag{6-43}$$

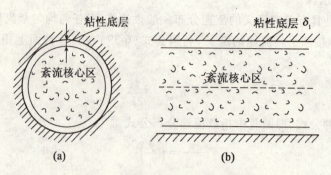

图 6-10 管道紊流的流动结构示意图

式中：v——运动粘性系数；

v_*——式(6-36)表示的摩阻流速。

由于 v_* 不方便计算，在此考虑式(6-12)有管壁切应力 τ_0 表示的沿程水头损失 $h_f = \dfrac{4\tau_0}{\rho g d} l$，又引入式(6-1)计算沿程水头损失的达西公式 $h_f = \lambda \dfrac{l}{d} \dfrac{v^2}{2g}$，可得管壁切应力

$$\tau_0 = \frac{\lambda \rho v^2}{8} \tag{6-44}$$

再由式(6-36)并代入式(6-43)可得粘性底层厚度 δ_l 的计算表达式

$$\delta_l = \frac{32.8 v}{v \sqrt{\lambda}} = \frac{32.8 d}{\mathrm{Re} \sqrt{\lambda}} \tag{6-45}$$

式中：λ——沿程水头损失系数；

Re——管道流动雷诺数，$\mathrm{Re} = \dfrac{vd}{v}$。

粘性底层厚度 δ_l 还可以由下列半经验公式计算

$$\delta_l = \frac{34.2 d}{\mathrm{Re}^{0.857}} \tag{6-46}$$

式(6-45)、式(6-46)表明，粘性底层的厚度 δ_l 与雷诺数 Re 成反比，当直径 d 不变时，雷诺数越大，则紊动越激烈，粘性底层的厚度就越薄。

粘性底层虽然很薄，但粘性底层对流动的能量损失和流体与壁面之间的热交换等有着重要的影响。这个影响与管道内壁凸凹不平的粗糙度有关。管道内壁处的凸起部分的平均高度称为管壁的绝对粗糙度 Δ，Δ 与管内径 d 的比值 $\dfrac{\Delta}{d}$ 称为管壁的相对粗糙度。

当流动的雷诺数 Re 较小时，粘性底层的厚度 δ_l 则较厚，这时有 $\delta_l > \Delta$，管壁的粗糙凸起物完全被粘性底层所掩盖，如图 6-11(a) 所示。这时管道内的紊流核心区和管壁被粘性底层所隔开，管壁的粗糙度对流动不产生任何影响，流体好像在完全光滑的管道中流动一样。这种情况下的流动称为水力光滑紊流，管道称为水力光滑管。

当流动的雷诺数 Re 较大时，粘性底层的厚度 δ_l 则较薄，这时有 $\delta_l < \Delta$，管壁的粗糙凸出部分突出到紊流区中，如图 6-11(c) 所示。由于粗糙凸起物处在紊流核心区内，当流体流过凸出部分时，在凸出部分后面将产生旋涡，加剧了紊流的脉动作用，使流动更复杂，能量损

失也随之增大,这种情况下的流动称为水力粗糙紊流,管道称为水力粗糙管。

还有一种介于水力光滑和水力粗糙之间的情况。这时粘性底层的厚度 δ_l 与管壁的绝对粗糙度 Δ 同数量级,即 $\delta_l \sim \Delta$,也就是粘性底层对壁面粗糙凸起物处于部分掩盖和部分未掩盖的情况,如图 6-11(b)所示,紊流的脉动作用和粘性底层作用都交织存在,这种情况下的流动称为水力粗糙过渡紊流,管道称为水力粗糙过渡管。

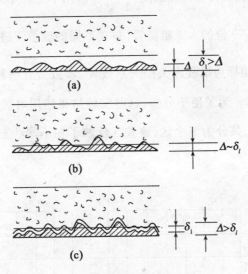

图 6-11 粘性底层与管壁粗糙度示意图

需要说明的是,水力光滑紊流、水力粗糙过渡紊流和水力粗糙紊流,取决于粘性底层的厚度 δ_l 与管壁的绝对粗糙度 Δ 的相对大小,而粘性底层的厚度 δ_l 还与流动的雷诺数 Re 有关。因此,对于一种紊流流动(如一种直径的管道),在不同的流动条件下,这三种流动都是有可能的,而且也会相互转化。根据尼古拉兹的实验资料,水力光滑紊流、水力粗糙过渡紊流和水力粗糙紊流三种流动可以按下列方式划分为:

$$\left. \begin{array}{ll} \text{水力光滑紊流} & \Delta < 0.4\delta_l \text{ 或 } \mathrm{Re}_* < 5 \\ \text{水力粗糙过渡紊流} & 0.4\delta_l < \Delta < 6\delta_l \text{ 或 } 5 < \mathrm{Re}_* < 70 \\ \text{水力粗糙紊流} & \Delta > 6\delta_l \text{ 或 } \mathrm{Re}_* > 70 \end{array} \right\} \quad (6\text{-}47)$$

式中: $\mathrm{Re}_* = \dfrac{v_* \Delta}{v}$ ——粗糙雷诺数。

6.5.2 尼古拉兹实验及沿程损失系数的变化规律

本章§6.3 中从理论上给出了层流流动中的流速分布,并在此基础上求出了层流沿程水头损失系数的计算公式。然而,由于紊流的复杂性,管壁的粗糙度又各不相同,紊流流动的沿程水头损失的计算没有较完善的理论公式。目前对紊流流动中的沿程水头损失和沿程水头损失系数的理论探索进展不大。关于沿程水头损失的实验研究,目前解决得比较好的和应用比较广的是尼古拉兹实验。1930 年前后,尼古拉兹对圆管流动中的沿程水头损失做了许多实验研究,比较典型地揭示了沿程水头损失系数的变化规律。

由于各种管道内壁都存在粗糙凸起物,衡量这个粗糙凸起物的管壁粗糙度 Δ 是一个既不易测量也无法准确测量的数值。为避免这个困难,尼古拉兹采用人工方法制造了各种不同粗糙度的圆管,即将粒径一致的砂粒均匀地粘贴在管道内壁上,形成了一系列的人工粗糙管。这些砂粒的直径高度称为管壁的绝对粗糙度 Δ,以绝对粗糙度 Δ 与管道内径 d 之比 $\frac{\Delta}{d}$ 表示管壁相对粗糙度,其倒数为相对光滑度 $\frac{d}{\Delta}$。实验用了三种不同直径的管道,两种不同粒径的砂粒,共组成六种 $\frac{\Delta}{d}$ 值的人工粗糙管,并在不同的流量下进行了实验。实验结果用横坐标为雷诺数 Re、纵坐标为沿程水头损失系数 λ、参数为管壁相对粗糙度 $\frac{\Delta}{d}$ 的曲线图表示出来,如图 6-12 所示。为了便于分析,这些实验结果还用对数处理并绘制在同一对数坐标上。由图 6-12 可见,共分为五个区,这些区反映了在不同状态下,λ 与 Re 及 $\frac{\Delta}{d}$ 的关系。下面分别予以介绍。

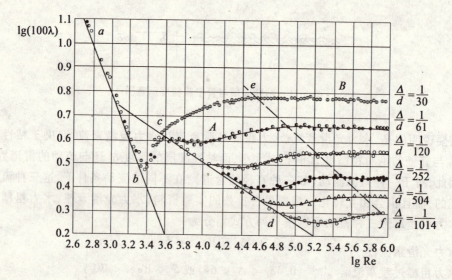

图 6-12 尼古拉兹实验成果图

1. 层流区(第Ⅰ区)

Re < 2 000,lgRe < 3.3,六种不同的 $\frac{\Delta}{d}$ 的实验点落在同一直线 ab 上,说明 λ 与相对粗糙度 $\frac{\Delta}{d}$ 无关,而只与雷诺数 Re 有关。数据点拟合直线 ab 的方程为 $\lambda = \frac{64}{\text{Re}}$,证实了本章 §6.3 中由理论分析得到的 λ 计算公式(6-21)与实验成果是相符合的。

2. 层流到紊流的过渡区(第Ⅱ区)

2 000 < Re < 4 000,3.3 < lgRe < 3.6,各种 $\frac{\Delta}{d}$ 的实验点逐渐离开直线 ab,集中在很狭

小的三角形区域内。该区域为上、下临界雷诺数之间的不稳定区域,是层流转变为紊流的过渡区。

3. 紊流水力光滑区(第Ⅲ区)

$4\,000 < \text{Re} < 26.98\left(\dfrac{d}{\Delta}\right)^{\frac{8}{7}}$,各种不同 $\dfrac{\Delta}{d}$ 的点落在同一倾斜直线 cd 上。可见,在该区域 λ 与相对粗糙度 $\dfrac{\Delta}{d}$ 无关,只与雷诺数 Re 有关,即 $\lambda = f(\text{Re})$。这是因为粘性底层的厚度比较大,足以掩盖粗糙凸起物的影响。从直线 cd 上还可见,不同 $\dfrac{\Delta}{d}$ 的实验点在该直线所占的区段不同,$\dfrac{\Delta}{d}$ 越小,所占的区段越长,$\dfrac{\Delta}{d}$ 越大,所占的区段越短,$\dfrac{\Delta}{d} > \dfrac{1}{61}$ 的实验点在该直线上几乎没有区段。这是由于在相同的雷诺数 Re 和同样的粘性底层厚度的情况下,具有较大粗糙度 Δ 的凸起物先露出粘性底层,向水力粗糙紊流过渡。

对于直线 cd 的 $4 \times 10^3 < \text{Re} < 10^5$ 区段,布拉休斯归纳了大量的实验资料,得出下列经验公式

$$\lambda = \dfrac{0.3164}{\text{Re}^{0.25}} \tag{6-48}$$

在 $10^4 < \text{Re} < 3 \times 10^6$ 范围内,尼古拉兹根据普朗特的理论分析得到普朗特—尼古拉兹公式

$$\dfrac{1}{\sqrt{\lambda}} = 2\lg(\text{Re}\sqrt{\lambda}) - 0.8 \tag{6-49}$$

4. 紊流水力粗糙过渡区(第Ⅳ区)

$26.98\left(\dfrac{d}{\Delta}\right)^{\frac{8}{7}} < \text{Re} < 4\,160\left(\dfrac{d}{2\Delta}\right)^{0.85}$,各种不同 $\dfrac{\Delta}{d}$ 的实验点脱离直线 cd 进入 A 区。随着雷诺数 Re 的增加,粘性底层的厚度逐渐减小,相对粗糙度 $\dfrac{\Delta}{d}$ 较大的先脱离直线 cd,$\dfrac{\Delta}{d}$ 较小的后脱离直线 cd 进入 A 区。不同 $\dfrac{\Delta}{d}$ 的实验点所形成的曲线在虚线 ef 以内(即 ef 左边)随雷诺数 Re 变化。可见在这个 A 区内,流动开始受到了粗糙凸起物的影响,具备了粗糙紊流的特征,但粘性底层的影响也还存在,该区域即为紊流水力粗糙过渡区。在这个区域,λ 与 Re、$\dfrac{\Delta}{d}$ 有关,即 $\lambda = f\left(\text{Re}, \dfrac{\Delta}{d}\right)$。这个区域情况比较复杂,有科尔布鲁克提出的经验公式

$$\dfrac{1}{\sqrt{\lambda}} = -2\lg\left(\dfrac{\Delta}{3.7d} + \dfrac{2.51}{\text{Re}\sqrt{\lambda}}\right)$$

或

$$\dfrac{1}{\sqrt{\lambda}} = 1.74 - 2\lg\left(\dfrac{2\Delta}{d} + \dfrac{18.7}{\text{Re}\sqrt{\lambda}}\right) \tag{6-50}$$

5. 紊流水力粗糙区(第Ⅴ区)

$\text{Re} > 4160\left(\dfrac{d}{2\Delta}\right)^{0.85}$,各种 $\dfrac{\Delta}{d}$ 的实验点连成的曲线先后经过虚线 ef 进入 B 区。在 B 区可见,随着雷诺数 Re 的增加,对应各个相对粗糙度 $\dfrac{\Delta}{d}$ 实验点的曲线几乎与横坐标轴平行,

近似为平行于横坐标轴的直线。这就是说,在 B 区粘性底层的厚度已经非常薄,粗糙凸起物的影响已远远超过粘性底层的作用,即为紊流水力粗糙区。这时,λ 与 Re 无关,仅与 $\frac{\Delta}{d}$ 有关,即 $\lambda = f\left(\frac{\Delta}{d}\right)$。分析虚线 ef,这条曲线所处的雷诺数为 $Re = 4160\left(\frac{d}{2\Delta}\right)^{0.85}$。

尼古拉兹根据实验资料,得到经验公式为

$$\frac{1}{\sqrt{\lambda}} = 1.74 + 2\lg\frac{d}{2\Delta} = 2\lg\left(3.71\frac{d}{\Delta}\right) \tag{6-51}$$

由于 λ 与 Re 无关,根据公式 $h_f = \lambda\frac{l}{d}\frac{v^2}{2g}$,可见沿程水头损失与流速的平方成正比,即从另一角度说明了雷诺实验的结论,所以该区域又称为平方阻力区。

分析紊流水力粗糙过渡区的经验公式(6-50)可见,当 Re 相当大时,式(6-50)中圆括号内的第二项可以忽略,式(6-50)演变为紊流粗糙区的经验公式(6-51);当 $\frac{\Delta}{d}$ 很小时,式(6-50)中圆括号内的第一项可以忽略,式(6-50)又演变为紊流光滑区的经验公式(6-49)。所以公式(6-50)是一个对紊流三个流区都适用的计算沿程水头损失系数的经验公式。

6.5.3 实际管道沿程水头损失系数的计算

1. 关于圆管的粗糙度

尼古拉兹实验成果的分析,以及由该实验所得到各流区计算沿程水头损失系数的经验公式,都是针对人工砂粒粗糙度而言的。在应用于实际圆管流动时,实际管道中的粗糙度和人工加糙后的人工粗糙度是不一样的。由于加糙的砂粒粒径基本一致,而且一个接一个紧密而均匀的粘附在管内壁上,使得人工加糙后的管内壁粗糙凸起物,一般高度比较一致,分布也比较规则。而实际管道内壁粗糙凸起物的高度、形状以及分布都是随机性的、不规则的,另外也是无法直接测量的。为将这些实验成果和产生的经验公式用于实际管道,则需引入当量粗糙度的概念。也就是通过对各种材料的管道进行沿程水头损失的系统实验,将某种管道实验结果与人工砂粒加糙的实验结果相比较,具有相同沿程水头损失系数 λ 值的加糙粗糙度作为这种管道的粗糙度,称为当量粗糙度。表6-1给出了部分管道的管壁绝对粗糙度,这些粗糙度就是通过实验得到的当量粗糙度。

表 6-1   部分管道的管壁绝对粗糙度

管道种类	加工及使用状况	当量粗糙度/(mm)	
		变化范围	平均值
玻璃管、铜管、钢管、铝管	新的、光滑的、整体拉制的	0.001~0.01 0.0015~0.06	0.005 0.03

续表

管道种类	加工及使用状况	当量粗糙度/(mm) 变化范围	平均值
无缝钢管	1. 新的、清洁的、敷设良好的 2. 用过几年后加以清洗的;涂沥青的;轻微锈蚀的;污垢不多的	0.02~0.05 0.15~0.3	0.03 0.2
焊接钢管和铆接钢管	1. 小口径焊接钢管(只有纵向焊缝的钢管) 　(1)清洁的 　(2)经清洗后锈蚀不显著的旧管 　(3)轻度锈蚀的旧管 　(4)中等锈蚀的旧管 2. 大口径钢管 　(1)纵缝和横缝都是焊接的 　(2)纵缝焊接,横缝铆接,一排铆钉 　(3)纵缝焊接,横缝铆接,两排或两排以上铆钉	 0.03~0.1 0.1~0.2 0.2~0.7 0.8~1.5 0.3~1.0 ≤1.8 1.2~2.8	 0.05 0.15 0.5 1.0 0.7 1.2 1.8
镀锌钢管	1. 镀锌面光滑洁净的新管 2. 镀锌面一般的新管 3. 用过几年后的旧管	0.07~0.1 0.1~0.2 0.4~0.7	0.15 0.5
铸铁管	1. 新管 2. 涂沥青的新管 3. 涂沥青的旧管	0.2~0.5 0.1~0.15 0.12~0.3	0.3 0.18
混凝土管及钢筋混凝土管	1. 无抹灰面层 　(1)钢模板,施工质量良好,接缝平滑 　(2)木模板,施工质量一般 2. 有抹灰面层并经抹光 3. 有喷浆面层 　(1)表面用钢丝刷刷过并经仔细抹光 　(2)表面用钢丝刷刷过,但未经抹光	 0.3~0.9 1.0~1.8 0.25~1.8 0.7~2.8 ≥4.0	 0.7 1.2 0.7 1.2 8.0
橡胶软管			0.03

2. 以尼古拉兹实验为基础的半经验公式

根据上面对尼古拉兹实验结果的分析,以及给出的以尼古拉兹实验为基础的经验公式或半经验公式,可知每一个经验公式和半经验公式都有其适用范围。在进行紊流沿程水头损失系数 λ 的计算时,应注意先确定流区,再应用适当的公式求出 λ。

具体计算方法,可以参见例 6-2。需要说明的是,计算 λ 时所需的管壁粗糙度为当量粗糙度,可以查表 6-1。

例 6-2 有一直径 $d = 200$mm、长度 $l = 100$m 的管道,管壁绝对粗糙度 $\Delta = 0.2$mm,当通过流量为 5L/s、21L/s、300L/s 的水流时,试分别计算管道沿程水头损失 h_f。已知水的运动粘性系数 $\upsilon = 1.5 \times 10^{-6}$ m^2/s。

解 (1) 当 $Q = 5$L/s $= 0.005$m^3/s 时

$$v = \frac{4Q}{\pi d^2} = \frac{4 \times 0.005}{\pi \times 0.2^2} = 0.1592 \text{ m/s}, \quad \text{Re} = \frac{vd}{\upsilon} = \frac{0.1592 \times 0.2}{1.5 \times 10^{-6}} = 21\ 227 > 2\ 000$$

可知该流动为紊流。由于

$$4\ 000 < \text{Re} = 21\ 227 < 26.98 \left(\frac{d}{\Delta}\right)^{\frac{8}{7}} = 26.98 \left(\frac{0.2}{0.0002}\right)^{\frac{8}{7}} = 72\ 379$$

则流动为水力光滑区。又由于 Re $= 21\ 227 < 10^5$,可以用布拉休斯经验公式(6-48)计算沿程损失系数 λ 值

$$\lambda = \frac{0.3164}{\text{Re}^{0.25}} = \frac{0.3164}{21\ 227^{0.25}} = 0.0262$$

将已求得的 λ 值,代入粘性底层厚度 δ_l 表达式(6-45),可得

$$\delta_l = \frac{32.8d}{\text{Re}\sqrt{\lambda}} = \frac{32.8 \times 0.2}{21\ 227 \times \sqrt{0.0262}} = 0.00190 \text{ m} = 1.90 \text{ mm}$$

由于 $\frac{\Delta}{\delta_l} = \frac{0.2}{1.90} = 0.105 < 0.4$,确属于水力光滑区。故所求的 $\lambda = 0.0262$。代入达西—魏斯巴赫公式(6-1)可以计算沿程水头损失 h_f 值

$$h_f = \lambda \frac{l}{d} \frac{v^2}{2g} = 0.0262 \times \frac{100}{0.2} \times \frac{0.1592^2}{2 \times 9.8} = 0.01694 \text{ m}。$$

(2) 当 $Q = 21$L/s $= 0.021$m^3/s 时

$$v = \frac{4Q}{\pi d^2} = \frac{4 \times 0.021}{\pi \times 0.2^2} = 0.6685 \text{ m/s}, \quad \text{Re} = \frac{vd}{\upsilon} = \frac{0.6685 \times 0.2}{1.5 \times 10^{-6}} = 89\ 133 > 2\ 000$$

可知该流动为紊流。由于

$$\text{Re} = 89\ 133 > 26.98 \left(\frac{d}{\Delta}\right)^{\frac{8}{7}} = 26.98 \left(\frac{0.2}{0.0002}\right)^{\frac{8}{7}} = 72\ 379$$

并且

$$\text{Re} = 89\ 133 < 4\ 160 \left(\frac{d}{2\Delta}\right)^{0.85} = 4160 \left(\frac{0.2}{2 \times 0.0002}\right)^{0.85} = 818\ 875$$

则流动为水力粗糙过渡区。可以用科尔布鲁克经验公式(6-50)计算沿程损失系数 λ 值

$$\frac{1}{\sqrt{\lambda}} = -2\lg\left(\frac{\Delta}{3.7d} + \frac{2.51}{\text{Re}\sqrt{\lambda}}\right) = -2\lg\left(\frac{0.0002}{3.7 \times 0.2} + \frac{2.51}{89\ 133 \times \sqrt{\lambda}}\right)$$

迭代求解可得 $\lambda = 0.0225$。将已求得的 λ 值,代入粘性底层厚度 δ_l 表达式(6-45),可得

$$\delta_l = \frac{32.8d}{\text{Re}\sqrt{\lambda}} = \frac{32.8 \times 0.2}{89\ 133\sqrt{0.0225}} = 0.000491 \text{ m} = 0.491 \text{ mm}$$

由于 $\frac{\Delta}{\delta_l} = \frac{0.2}{0.491} = 0.4073 > 0.4$,确属于水力粗糙过渡区。代入达西—魏斯巴赫公式(6-1)可以计算沿程水头损失 h_f 值

$$h_f = \lambda \frac{l}{d} \frac{v^2}{2g} = 0.0225 \times \frac{100}{0.2} \times \frac{0.6685^2}{2 \times 9.8} = 0.2565 \text{ m}。$$

(3) 当 $Q = 380\text{L/s} = 0.38\text{m}^3/\text{s}$ 时

$$v = \frac{4Q}{\pi d^2} = \frac{4 \times 0.38}{\pi \times 0.2^2} = 12.096 \text{ m/s}, \quad \text{Re} = \frac{vd}{v} = \frac{12.096 \times 0.2}{1.5 \times 10^{-6}} = 1\,612\,800 > 2\,000$$

可知该流动为紊流。由于

$$\text{Re} = 1\,612\,800 > 4\,160\left(\frac{d}{2\Delta}\right)^{0.85} = 4\,160\left(\frac{0.2}{2 \times 0.0002}\right)^{0.85} = 818\,875$$

则流动为水力粗糙区。可以用尼古拉兹经验公式(6-51)计算沿程损失系数 λ 值

$$\frac{1}{\sqrt{\lambda}} = 2\lg\left(3.71\frac{d}{\Delta}\right) = 2\lg\left(3.71 \times \frac{0.2}{0.0002}\right) = 7.1387$$

整理 $\lambda = \frac{1}{7.1387^2} = 0.0196$。将已求得的 λ 值，代入粘性底层厚度 δ_l 表达式(6-45)，可得

$$\delta_l = \frac{32.8d}{\text{Re}\sqrt{\lambda}} = \frac{32.8 \times 0.2}{1\,612\,800\sqrt{0.0196}} = 0.000029 \text{ m} = 0.029 \text{ mm}$$

由于 $\frac{\Delta}{\delta_l} = \frac{0.2}{0.029} = 6.897 > 6$，确属于水力粗糙区。代入达西—魏斯巴赫公式(6-1)可以计算沿程水头损失 h_f 值

$$h_f = \lambda \frac{l}{d}\frac{v^2}{2g} = 0.0196 \times \frac{100}{0.2} \times \frac{12.096^2}{2 \times 9.8} = 73.157 \text{ m}。$$

3. 穆迪图

尼古拉兹的实验是在各种不同管径和不同粒径的人工粗糙管道中进行的，这与实际工程中常用的管道有很大的不同。因此在实际使用中，不能用图 6-12 所示的曲线图来查取 λ 值。另外从实验得到的各流区的经验公式和半经验公式，计算过程比较复杂、烦琐。穆迪根据紊流水力粗糙过渡区的科尔布鲁克经验公式(6-50)，绘制了用对数坐标表示的 λ 值与 Re 及其 $\frac{\Delta}{d}$ 之间的函数关系曲线图，如图 6-13 所示，通常称为穆迪图。用这个曲线图可以非常方便地查找 λ 值的大小，并确定流动在哪一个区域。

例 6-3 使用长为 1 000m、直径为 300mm 的普通铸铁管输送温度为 10℃、流量为 100L/s 的水到某工地，试计算这段管道的水头损失。

解 已知流量 $Q = 100\text{L/s} = 0.1\text{m}^3/\text{s}$ 时，$d = 0.3\text{m}$，查表 2-3 得水为 10℃ 时 $v = 1.306 \times 10^{-6}$，这时流速和雷诺数分别为

$$v = \frac{4Q}{\pi d^2} = \frac{4 \times 0.1}{\pi \times 0.3^2} = 1.4147 \text{ m/s}, \quad \text{Re} = \frac{vd}{v} = \frac{1.4147 \times 0.3}{1.306 \times 10^{-6}} = 324\,969 > 2\,000$$

查表 6-1，一般铸铁新管 $\Delta = 0.4\text{mm}$，则 $\frac{\Delta}{d} = \frac{0.3}{300} = 0.001$，并考虑 $\text{Re} = 3.25 \times 10^5$，查图 6-13 的穆迪图，可得沿程水头损失系数 $\lambda = 0.0204$，由图 6-13 可见属于水力粗糙过渡区。代入达西—魏斯巴赫公式(6-1)可以计算沿程水头损失 h_f 值

$$h_f = \lambda \frac{l}{d}\frac{v^2}{2g} = 0.0204 \times \frac{1\,000}{0.3} \times \frac{1.4147^2}{2 \times 9.8} = 6.944 \text{ m}。$$

4. 其他沿程水头损失系数的经验公式

尼古拉兹关于圆管沿程水头损失系数的实验，揭示了沿程水头损失系数和雷诺数以及

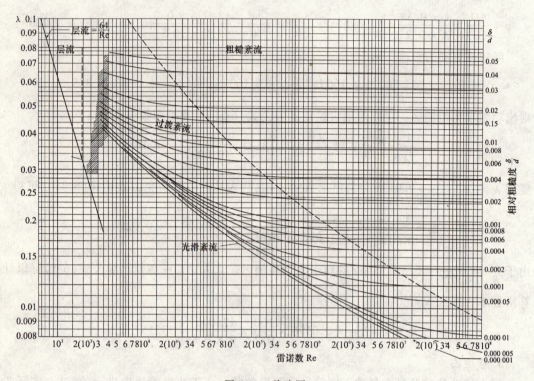

图 6-13 穆迪图

管壁粗糙度的关系,有一定的实际应用意义。然而实验所产生的各种经验公式和半经验公式将涉及管壁粗糙度,尽管在实际工程中使用了当量粗糙度的概念,并通过实验给出了管壁当量粗糙度。但当量粗糙度毕竟不是实际的管壁粗糙度,两者是有差别的。而且,随着使用年限和管道使用条件的不同,管壁粗糙度的变化也是很复杂的。因此,根据生产实际的需要,有众多学者提出了许多计算实际管道沿程水头损失系数的经验公式。下面介绍一些常用的经验公式。

(1) 钢管、铸铁管的 λ 值经验公式。

根据钢管和铸铁管的系列实验,舍维列夫提出了计算紊流粗糙过渡区和紊流粗糙区的沿程水头损失系数 λ 值的经验公式。

对新钢管,当 $Re < 2.4 \times 10^6 d$ 时

$$\lambda = \frac{0.0159}{d^{0.26}} \left[1 + \frac{0.684}{v} \right]^{0.26} \tag{6-52}$$

对新铸铁管,当 $Re < 2.7 \times 10^6 d$ 时

$$\lambda = \frac{0.0144}{d^{0.284}} \left[1 + \frac{2.36}{v} \right]^{0.284} \tag{6-53}$$

对旧钢管和旧铸铁管,

当 $Re < 9.2 \times 10^5 d$ 或 $v < 1.2 \text{m/s}$,为紊流粗糙过渡区时

$$\lambda = \frac{0.0179}{d^{0.3}} \left[1 + \frac{0.867}{v} \right]^{0.3} \tag{6-54}$$

当 Re ≥ $9.2 \times 10^5 d$ 或 $v \geq 1.2\text{m/s}$，为紊流粗糙区时

$$\lambda = \frac{0.0210}{d^{0.3}} \tag{6-55}$$

上述各式中，d 为管道直径，单位为 m；v 为管道流速，单位为 m/s。各式都是在温度 $t = 10°C$，运动粘性系数 $v = 1.3 \times 10^{-6} \text{ m}^2/\text{s}$ 的条件下得到的。

舍维列夫的经验公式，目前在我国给水排水和工业给水系统中，应用较广。

(2) 塑料管等的 λ 值经验公式。

随着生产技术的进步，目前塑料管的应用越来越广泛。塑料管内壁光滑，在生产上使用时其内流速通常小于 3m/s。在该流速范围内，塑料管内流动一般都处在水力光滑紊流的范围内。因此，前述的有关水力光滑紊流的 λ 值经验公式，都可以用于塑料管的计算。

§6.6 计算沿程水头损失的谢才公式

本节将介绍一种计算沿程水头损失的经验公式——谢才公式，这个公式是流体力学中最古老的公式之一，目前仍在被广泛应用。

18 世纪中叶，法国工程师谢才(Chezy)通过对明渠均匀流大量的实验研究，提出了计算明渠截面平均流速的经验公式，即谢才公式，其形式是

$$v = C\sqrt{RJ} \tag{6-56}$$

式中 C 为谢才系数，R 为水力半径，J 为水力坡度。引入流量 Q，谢才公式又可以写成

$$Q = vA = CA\sqrt{RJ} \tag{6-57}$$

或

$$Q = K\sqrt{J} \tag{6-57a}$$

式中：A ——截面面积；

$K = CA\sqrt{R}$ ——流量模数。

由谢才公式分析谢才系数 C 的量纲，可见其量纲为 $[L^{\frac{1}{2}}/T]$，其单位为 $\text{m}^{0.5}/\text{s}$。

由式(6-13)知水力坡度 $J = \frac{h_f}{l}$，谢才公式(6-56)可以写成

$$h_f = \frac{v^2}{C^2 R} l$$

与式(6-1)给出的达西—魏斯巴赫公式

$$h_f = \lambda \frac{l}{4R} \frac{v^2}{2g} = \lambda \frac{l}{d} \frac{v^2}{2g}$$

相对照，可以得出谢才系数 C 和沿程水头损失系数 λ 的相互关系式为

$$C = \sqrt{\frac{8g}{\lambda}} \tag{6-58}$$

以及

$$\lambda = \frac{8g}{C^2} \tag{6-59}$$

从谢才系数 C 和沿程水头损失系数 λ 的相互关系可以看出，谢才公式实质上就是达西—魏斯巴赫公式的另一表达形式。虽然谢才公式当初是针对明渠均匀流提出来的，但实际上也可以用于管道的均匀流流动问题，而且无论是层流还是紊流都适用。

应用谢才公式的关键,是在于确定谢才系数 C。长期以来,不少学者根据实测资料提出了许多计算 C 值的经验公式,目前在实际工程中用得较多的有曼宁公式和巴甫洛夫斯基公式。其中曼宁公式(Manning,1889)为

$$C = \frac{1}{n}R^{\frac{1}{6}} \tag{6-60}$$

式中:n——粗糙系数,简称糙率;
R——水力半径。

曼宁公式的适用范围为

$$R \leq 0.5 \text{ m}, \quad n \leq 0.020$$

巴甫洛夫斯基公式可以参阅相关教材和手册。

曼宁公式和巴甫洛夫斯基公式都有需待定的参数——糙率 n。其中糙率 n 是表征边壁形状的不规则性、边界的粗糙度及整齐度对流动结构影响的综合性系数,反映了流动中的阻力和水头损失特性。表6-2 给出了一些材料的管道和渠道的糙率 n 值。需要指出的是,糙率 n 的数值虽然很小,但对谢才系数 C 的影响很大,也就对流动中的流速 v 和沿程水头损失 h_f 等的计算结果影响很大,故需慎重选择,重要的工程应结合实验综合确定。

表 6-2 管道糙率 n 值

管道种类	壁面状况	n 最小值	n 正常值	n 最大值
有机玻璃管		0.008	0.009	0.010
玻璃管		0.009	0.010	0.013
黑铁皮管		0.012	0.014	0.015
白铁皮管		0.013	0.016	0.017
铸铁管	1. 有护面层	0.010	0.013	0.014
	2. 无护面层	0.011	0.014	0.016
钢管	1. 纵缝和横缝都是焊接的,但都不束窄过水截面	0.011	0.012	0.0125
	2. 纵缝焊接,横缝铆接(搭接),一排铆钉	0.0115	0.013	0.014
	3. 纵缝焊接,横缝铆接(搭接),两排或两排以上铆钉	0.013	0.014	0.015
水泥管	表面洁净	0.010	0.011	0.013
混凝土管及钢筋混凝土管	1. 无抹灰面层			
	(1) 钢模板,施工质量良好,接缝平滑	0.012	0.013	0.014
	(2) 光滑木模板,施工质量良好,接缝平滑		0.013	
	(3) 光滑木模板,施工质量一般	0.012	0.014	0.016
	2. 已有抹灰面层,且经过抹光	0.010	0.012	0.015
	3. 有喷浆面层			
	(1) 用钢丝刷仔细刷过,并经仔细抹光	0.012	0.013	0.015
	(2) 用钢丝刷刷过,且无喷浆脱落体凝结于衬砌面上		0.016	0.018
	(3) 仔细喷浆,但未用钢丝刷刷过,也未经抹光		0.019	0.023

续表

管道种类	壁面状况	n 最小值	n 正常值	n 最大值
陶土管	1. 不涂釉 2. 涂釉	0.010 0.011	0.013 0.012	0.017 0.014
岩石泄水管道	1. 未衬砌的岩石 (1) 条件中等的,即壁面有所整修 (2) 条件差的,即壁面很不平整,截面稍有超挖 2. 部分衬砌的岩石(部分有喷浆面层,抹灰面层或衬砌面层)	0.025 0.022	0.030 0.040 0.030	0.033 0.045

比较曼宁公式和巴甫洛夫斯基公式,曼宁公式比较简洁,应用比较方便,目前应用较多;巴甫洛夫斯基公式中的指数 y 是个变数,使得该公式具有广泛的适用性,但其应用比曼宁公式稍繁。

需要注意的是,谢才公式本身可以适用于层流和紊流的各个流区的流动,但由于计算谢才系数 C 的曼宁公式和巴甫洛夫斯基公式是根据大量处于紊流粗糙区的实测资料拟合得到的,因此,如果应用这两个经验公式计算谢才系数 C,这时的谢才公式只能应用于粗糙紊流流动,或者说只能应用于阻力平方区的流动。

例 6-4 有一新的给水管道系统,材质为钢管,管径 $d = 400\text{mm}$,管长 $l = 200\text{m}$,当沿程水头损失 $h_f = 1\text{m}$ 时,管道系统通过的流量是多少?

解 已知管道系统为钢管,查表 6-2 知糙率 $n = 0.012$。面积 $A = \dfrac{\pi d^2}{4} = \dfrac{\pi \times 0.4^2}{4} = 0.12566\text{m}^2$,湿周 $\chi = \pi d = \pi \times 0.4 = 1.2566\text{m}$,水力半径 $R = \dfrac{A}{\chi} = \dfrac{0.12566}{1.2566} = 0.1\text{m}$。

由曼宁公式(6-60)有 $C = \dfrac{1}{n} R^{\frac{1}{6}} = \dfrac{1}{0.012} \times 0.1^{\frac{1}{6}} = 56.77$

代入谢才公式(6-57)有

$$Q = CA\sqrt{RJ} = CA\sqrt{R\dfrac{h_f}{l}} = 56.77 \times 0.1257 \times \sqrt{0.1 \times \dfrac{1}{200}} = 0.1596 \text{ m}^3/\text{s} = 159.6\text{L/s}。$$

§6.7 局部水头损失的计算

流体在边界形状急剧变化的地方流动过程中,将产生局部阻力和局部水头损失,本章 §6.1 中叙述了这种阻力和水头损失的产生机理。从工程实践来看,局部水头损失是与边界形状密切相关的。由于实际工程中遇到的各种局部阻力部件的边界形状是多种多样的,除了少部分的局部水头损失可以用理论的方法给出计算公式外,绝大部分只能针对各个具体情况通过实验加以确定。

本章§6.1中已给出局部水头损失的计算公式(6-2)为

$$h_j = \zeta \frac{v^2}{2g}$$

从该公式可知,计算局部水头损失的问题可以归结为寻求局部水头损失系数ζ的问题。本节将以截面突然扩大的管道为例,介绍理论上如何用分析方法得到这种情况下的局部水头损失系数ζ;另外还给出了一些局部阻力部件的局部水头损失系数ζ值表,通过查表可以得到这些部件的ζ值。

6.7.1 管道突然扩大的局部水头损失

如图6-14所示,为流体从较小截面的管道流向截面突然扩大的管道时,由于流动的流体质点所具有的惯性特征,使得流体不能按照管道形状突然转弯扩大。也就是整个流体在流出较小截面后,只能向前流动,并逐渐扩大。并在管壁的拐角处,流体与管壁脱离形成如图6-14所示的旋涡区。在这个区域,由于旋涡的存在,使旋涡区靠壁面一侧流体质点的运动方向与主流的流动方向不一致,形成回转运动,并加强了质点的碰撞、摩擦,加剧了流动的紊乱。这样便消耗了流体的一部分能量,这些能量转变成热能而消失。从流动机理来看,完全不同于沿程水头损失。

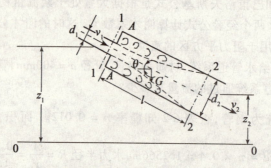

图6-14 管道突然扩大的局部水头损失系数的推导示意图

对于图6-14所示的突然扩大的管道流动,设这种流动为一元不可压缩流体定常运动。取渐变流截面1—1和截面2—2的流段来分析。由于所取得的流段较短,该段流动的沿程水头损失可以忽略。设截面1—1和截面2—2的压强分别为p_1和p_2,平均流速分别为v_1和v_2,截面面积分别为A_1和A_2,该流段的重力为G,流动方向与水平夹角为θ。

这样,对截面1—1至截面2—2写出能量方程

$$z_1 + \frac{p_1}{\rho g} + \frac{\alpha_1 v_1^2}{2g} = z_2 + \frac{p_2}{\rho g} + \frac{\alpha_2 v_2^2}{2g} + h_j$$

式中,水头损失主要是局部水头损失h_j。整理得

$$h_j = z_1 - z_2 + \frac{p_1 - p_2}{\rho g} + \frac{\alpha_1 v_1^2 - \alpha_2 v_2^2}{2g} \tag{6-61}$$

以截面 1—1 至截面 2—2 之间的流段为控制体,对该控制体应用动量方程,考虑流动方向为投影正方向,管壁与流体的摩擦力忽略不计,假设截面 1—1 上较大截面减去较小截面的环形壁面处压强为 p,则有

$$p_1A_1 - p_2A_2 + p(A_2 - A_1) + G\sin\theta = \rho Q(\alpha_2' v_2 - \alpha_1' v_1) \tag{6-62}$$

式中,$p(A_2 - A_1)$ 是截面 1—1 上环形壁面对流体的作用力。通过实验,表明截面 1—1 上环形壁面的压强近似满足流体静压强分布规律,即有 $p \approx p_1$。又由图 6-14 可知

$$G\sin\theta = \rho g A_2 l \frac{z_1 - z_2}{l} = \rho g A_2 (z_1 - z_2)$$

考虑连续性方程

$$v_1 A_1 = v_2 A_2 = Q \tag{6-63}$$

可得

$$h_j = \frac{v_2(\alpha_2' v_2 - \alpha_1' v_1)}{g} + \frac{\alpha_1 v_1^2 - \alpha_2 v_2^2}{2g}$$

在紊流状态下,可以假设动能修正系数和动量修正系数 $\alpha_1 = \alpha_2 = 1.0$,$\alpha_1' = \alpha_2' = 1.0$,上式可以整理为

$$h_j = \frac{(v_1 - v_2)^2}{2g} \tag{6-64}$$

式(6-64)即为管道突然扩大的局部水头损失的理论计算公式,式(6-64)表明截面突然扩大处的水头损失等于损失速度 $(v_1 - v_2)$ 的速度水头。利用连续方程式(6-61)可得只有一个流速表示的局部水头损失公式

$$h_j = \left(1 - \frac{A_1}{A_2}\right)^2 \frac{v_1^2}{2g} = \zeta_1 \frac{v_1^2}{2g}, \quad \zeta_1 = \left(1 - \frac{A_1}{A_2}\right)^2 \tag{6-65}$$

$$h_j = \left(\frac{A_2}{A_1} - 1\right)^2 \frac{v_2^2}{2g} = \zeta_2 \frac{v_2^2}{2g}, \quad \zeta_2 = \left(\frac{A_2}{A_1} - 1\right)^2 \tag{6-66}$$

式中,ζ_1、ζ_2 分别为对应 v_1、v_2 流速水头的突然扩大局部水头损失系数。计算时应注意按照所采用的流速水头来确定其对应的局部水头损失系数。

当液体从管道流入很大的容器或水库时,或者当气体从管道流入大气时,$A_2 \gg A_1$,由式(6-65),有 $\zeta_1 = 1$,这是突然扩大的特殊情况,称为出口局部水头损失系数。

6.7.2 其他常用的局部水头损失

其他情况的局部水头损失系数,能量损失机理大致与突然扩大的情况类似,由于流动状态复杂,一般没有理论公式,只是实验给出的局部水头损失的系数。表6-3、表6-4给出了部分局部水头损失系数的测定值。应用时注意其应用条件,取用什么流速就应用相对应的局部水头损失系数,一般是

$$h_j = \zeta_1 \frac{v_1^2}{2g}, \quad h_j = \zeta_2 \frac{v_2^2}{2g}。$$

表 6-3　部分局部水头损失系数表(1)

名称类型	进口			莲蓬头(滤水网)		出口		
	完全修圆	稍微修圆	没有修圆	有底阀	无底阀	流入水库(池)	渐放管	渐缩管
ζ	0.05~1.0	0.20~0.25	0.5	5~8	2~3	1.0	0.25	0.1

名称类型	等径三通				斜三通			
	直流	转弯流	分支流	汇合流				
ζ	0.1	1.5	1.5	3.0	0.05	0.15	0.5	1.0	3.0

名称类型	叉管		供水管路上的过滤器	水泵入口
ζ	1.0	1.5	7.5~9.0	1.0

表 6-4 部分局部水头损失系数表（2）

计算局部水头损失公式：$h_j = \zeta \dfrac{v^2}{2g}$　式中 v 如图说明

名　称	简　图	局部水头损失系数 ζ 值										
断面突然扩大	$A_1 \to v \to A_2$	$\zeta' = \left(1 - \dfrac{A_1}{A_2}\right)^2$　　$\zeta = \left(\dfrac{A_2}{A_1} - 1\right)$											
断面突然缩小	$A_1 \to v \to A_2$	$\zeta = 0.5\left(1 - \dfrac{A_2}{A_1}\right)$											
出口流入明渠		$\dfrac{\omega_1}{\omega_2}$	0.1	0.2	0.3	0.4	0.5	0.6	0.7	0.8	0.9	
		ζ	0.81	0.64	0.49	0.36	0.25	0.16	0.09	0.04	0.01	
文丘里管		$\dfrac{\text{收缩截面直径 } d}{\text{进水管直径 } D}$	0.30	0.40	0.45	0.50	0.55	0.60	0.65	0.70	0.75	0.80
		ζ	19	5.3	3.06	1.9	1.15	0.69	0.42	0.26	—	—

蝶阀

1. 各种开启度时：

$\alpha°$	5	10	15	20	25	30	35	40
ζ	0.24	0.52	0.90	1.54	2.51	3.91	6.22	10.8
$\alpha°$	45	50	55	60	65	70	90	
ζ	18.7	32.6	58.8	118	256	751	∞	

2. 全开时 $\zeta = 0.1 \sim 0.3$

急转弯管

圆形

$\alpha°$	30	40	50	60	70	80	90
ζ	0.2	0.3	0.4	0.55	0.70	0.90	1.10

矩形

$\alpha°$	15	30	45	60	90
ζ	0.025	0.11	0.26	0.49	1.20

续表

计算局部水头损失公式：$h_j = \zeta \dfrac{v^2}{2g}$　　式中 v 如图说明

名称	简图	局部水头损失系数 ζ 值								
弯管	90°，R，d	1.	R/d	0.5	1.0	1.5	2.0	3.0	4.0	5.0
			$\zeta_{90°}$	1.20	0.80	0.60	0.48	0.36	0.30	0.29
		2.	d/mm	50	100	150	200	250	300	350	400
			$\zeta_{90°}$	0.36	0.36	0.37	0.37	0.40	0.42	0.42	0.45
			d/mm	450	500	600	700	800	900	1000
			$\zeta_{90°}$	0.45	0.46	0.47	0.48	0.48	0.49	0.50

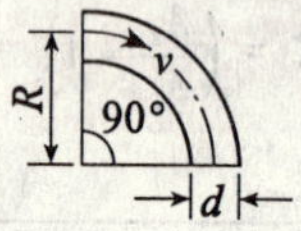

名称	简图	局部水头损失系数 ζ 值						
弯管	任意角度 α	$\alpha°$	20°	30°	40°	50°	60°	70°
		α	0.40	0.55	0.65	0.75	0.83	0.88
	$\zeta_{\alpha°} = \alpha\zeta_{90°}$	80°	90°	100°	120°	140°	160°	180°
		0.95	1.00	1.05	1.13	1.20	1.27	1.33

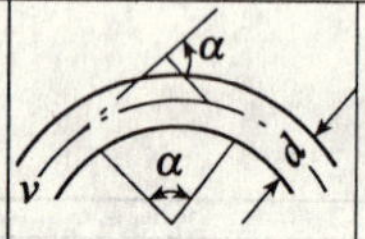

名称	简图								
铸铁弯头	标准90°弯头	d/mm	75	100	125	150	200	250	300	350
		ζ	0.34	0.42	0.43	0.48	0.48	0.52	0.58	0.59
		d/mm	400	450	500	600	700	800	900
		ζ	0.60	0.64	0.67	0.67	0.68	0.70	0.71
	标准45°弯头	d/mm	75	100	125	150	200	250	300	350
		ζ	0.17	0.21	0.22	0.24	0.24	0.26	0.29	0.30
		d/mm	400	450	500	600	700	800	900
		ζ	0.30	0.32	0.34	0.34	0.34	0.35	0.36

名称	简图								
逆止阀	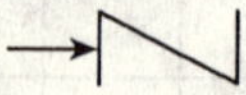	d/mm	150	200	250	300	350	400	500	≥600
		ζ	6.5	5.5	4.5	3.5	3.0	2.5	1.8	1.7

续表

计算局部水头损失公式：$h_j = \zeta \dfrac{v^2}{2g}$　式中 v 如图说明

名 称	简 图	局部水头损失系数 ζ 值
闸阀		当全开时（即 $\dfrac{a}{d} = 1$） | d/mm | 15 | 20～50 | 80 | 100 | 150 | | ζ | 1.5 | 0.5 | 0.4 | 0.2 | 0.1 | | d/mm | 200～250 | 300～450 | 500～800 | 900～1000 | | | ζ | 0.08 | 0.07 | 0.06 | 0.05 | | **各种开启度时闸阀的局部水头损失系数** | 管径 d | | 开度 $\dfrac{a}{d}$ | | | | | | | mm | 英寸 | $\dfrac{1}{8}$ | $\dfrac{1}{4}$ | $\dfrac{3}{8}$ | $\dfrac{1}{2}$ | $\dfrac{3}{4}$ | 1 | | 12.5 | $\dfrac{1}{2}$ | 450 | 60 | 22 | 11 | 2.2 | 1.0 | | 19 | $\dfrac{3}{4}$ | 310 | 40 | 12 | 5.5 | 1.1 | 0.28 | | 25 | 1 | 230 | 32 | 9.0 | 4.2 | 0.9 | 0.23 | | 40 | $1\dfrac{1}{2}$ | 170 | 23 | 7.2 | 3.3 | 0.75 | 0.18 | | 50 | 2 | 140 | 20 | 6.5 | 3.0 | 0.68 | 0.16 | | 100 | 4 | 91 | 16 | 5.6 | 2.6 | 0.55 | 0.14 | | 150 | 6 | 74 | 14 | 5.3 | 2.4 | 0.49 | 0.12 | | 200 | 8 | 66 | 13 | 5.2 | 2.3 | 0.47 | 0.10 | | 300 | 12 | 56 | 12 | 5.1 | 2.2 | 0.47 | 0.07 |

习题与思考题 6

一、思考题

6-1　在总流流动中什么情况下将产生沿程水头损失和局部水头损失？试述这两种损失的特点。

6-2　试述雷诺数的物理意义，并说明为什么可以作为层流和紊流的判别标准。

6-3　试述在层流流动和紊流流动中产生水头损失的原因在本质上有什么不同。

6-4　紊流中是否存在定常流？为什么？

6-5　已知层流中沿程水头损失与流速的一次方成正比，但计算管道层流沿程水头损失仍可以使用达西—魏斯巴赫公式 $h_f = \lambda \dfrac{l}{d} \dfrac{v^2}{2g}$，为什么？

6-6　试述均匀流沿程水头损失 h_f 与边壁切应力 τ_0 之间的关系。

6-7　紊流的粘性底层厚度 δ_l 与哪些因素有关？δ_l 在紊流流动中的作用是什么？

6-8　水力光滑管、水力粗糙过渡管和水力粗糙管各有什么不同，如何判别？

6-9　管壁的当量粗糙度 Δ 和糙率 n 是一回事吗？

6-10 水力粗糙区为什么也称为平方阻力区?

6-11 达西—魏斯巴赫公式和谢才公式之间有什么相同之处和不同之处?

6-12 尼古拉兹实验的主要结论是什么?

二、习题

6-1 有一直径 $d=400\text{mm}$ 的圆管,输送 40℃ 的空气,若使管内流动保持层流流态,管内最大流速应为多少?又若管内空气流量为 $200\text{m}^3/\text{h}$ 时,管内流动处于什么流态?40℃ 空气的运动粘度 $\nu=16.9\times10^{-6}\text{m}^2/\text{s}$。

6-2 试确定 $d=300\text{mm}$ 的管道中流体的流动状态:(1)15℃ 的水,其运动粘度 $\nu=1.141\times10^{-6}\text{m}^2/\text{s}$,流速 $v=1.07\text{m/s}$;(2)15℃ 的重油,其运动粘度 $\nu=2.03\times10^{-4}\text{m}^2/\text{s}$,流速 $v=1.07\text{m/s}$。

6-3 在直径 $d=50\text{mm}$ 的黄铜管中,有密度 $\rho=850\text{kg/m}^3$ 的某种流体作层流流动。现对 10m 长的水平管道测得压力降为 $\Delta p=300\text{Pa}$,流体的流量 $Q=0.002\text{m}^3/\text{s}$,试求这种流体的动力粘度。

6-4 已知水管直径 $d=0.1\text{m}$,管中流速 $v=1.0\text{m/s}$,水温为 10℃,试判别水流的流态。又当流速等于多少时,流态才变化?

6-5 如图所示,有一梯形截面的排水沟,底宽 $b=70\text{cm}$,截面的边坡系数为 1:1.5。当水深为 h,截面平均流速为 1.5m/s,水的温度为 20℃ 时,试判别水流流态。如果水温和水深都保持不变,试问截面平均流速减到多少时水流才为层流。

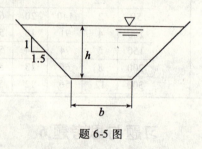

题 6-5 图

6-6 有一送风系统,输送空气的管道直径 $d=400\text{mm}$,平均流速 $v=12\text{m/s}$,空气温度为 10℃,试判别空气在管道内的流动型态。如果输气管的直径改为 100mm,试求管道内维持紊流时的最小截面平均流速。

6-7 有一直径 $d=0.02\text{m}$,管长 $l=20\text{m}$,管中水流平均流速 $v=0.12\text{m/s}$,水的温度为 10℃,试求水头损失 h_f。

6-8 有一直径不变的管道,管长 $l=100\text{m}$,直径 $d=0.2\text{m}$,水流的水力坡度 $J=0.008$,试求水流的管壁切应力 τ_0 及水头损失。

6-9 某输油管道直径 $d=0.15\text{m}$,以流量 $Q=0.00453\text{m}^3/\text{s}$ 输送石油,石油的运动粘性系数 $\nu=0.2\times10^{-4}\text{m}^2/\text{s}$,试判别流态并计算每千米管段的沿程水头损失。

6-10 如图所示,水平通风管道中空气流量 $Q=1272\text{m}^3/\text{h}$,管道截面尺寸 $d_1=1500\text{mm}$、$d_2=300\text{mm}$,测得 $p_1=1470\text{Pa}$,$p_2=1373\text{Pa}$,空气密度 $\rho=1.2\text{kg/m}^3$,试求截面 1—1 至截面 2—2 之间的能量损失。

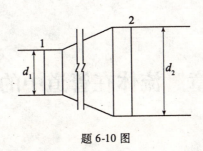

题 6-10 图

6-11 输油管的直径 $d=150\text{mm}$,长 $l=5000\text{m}$,出口端比入口端高 $h=10\text{m}$,输送油的流量 $Q=18\text{m}^3/\text{h}$,油的密度 $\rho=859.5\text{kg/m}^3$,入口端油压 $p=49\times10^4\text{Pa}$,沿程阻力系数 $\lambda=0.03$,试求出口端的油压 p_2。

6-12 管道直径 $d=250\text{mm}$,长 $l=300\text{m}$,管壁绝对粗糙度 $\varepsilon=0.25\text{mm}$,若用来输送油,已知油流量 $Q=0.095\text{m}^3/\text{h}$,运动粘性系数 $v=1\times10^{-5}\text{m}^2/\text{s}$,试求沿程水头损失。

6-13 有一矩形风道,横截面积为 $300\times250\text{mm}^2$,输送 20℃ 的空气,试求流动保持层流流态的最大流量。

6-14 温度为 20℃ 的水,以流速 $v=1.0\text{m/s}$、在直径 $d=20\text{mm}$ 的使用数年的旧钢管中流动,管长为 50m,试求沿程水头损失。若水的流速增加到 $v=2.5\text{m/s}$,水温升高到 100℃,其他条件保持不变,试问沿程水头损失增加多少?

6-15 已知流量 $Q=0.035\text{m}^3/\text{s}$,直径 $d=0.15\text{m}$,长度 $l=50\text{m}$,试求该管道水流的沿程水头损失。假定该管道的运动粘性系数 $v=0.01\times10^{-4}\text{m}^2/\text{s}$,粗糙度 $\Delta=0.00015\text{mm}$。

6-16 有甲、乙两输水管,甲管直径为 200mm,当量粗糙度为 0.86mm,流量为 $0.00094\text{m}^3/\text{s}$;乙管直径为 40mm,当量粗糙度为 0.19mm,流量为 $0.0035\text{m}^3/\text{s}$,水温均为 15℃,试判别两根管道中的水流处于何种流区,并计算两管的水力坡度 J。

6-17 如图所示,已知一给水干管某处水压 $=196\text{kN/m}^2$,从该处引出一根铸铁水平输水管,管径 $d=0.25\text{m}$,若保证管道输出流量 $Q=0.05\text{m}^3/\text{s}$,试问水能送到多远?

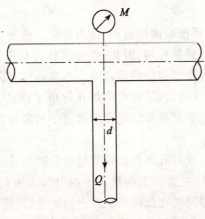

题 6-17 图

第7章 流体在管道中的流动

引 子

在实际工程和生活中,采用管道输水、输油和送气是非常普遍的。如城乡居民使用的自来水管道,热能、水力发电厂内的技术供水、供油、供气管道系统,水利水电工程中的压力隧洞和压力管道,还有人体内部输送血液、气体及其他体液的血管、气管,等等,都是常见的输送流体的管道。因此讨论流体在管道内作定常流的分析和计算问题是具有普遍实用意义的。

我们在生活中使用自来水系统时,可以感到在高处(楼房高层)有水使用,在低处(楼房底层)也有水使用。可以感到有的地方水压大,打开水龙头出水量大;有的地方水压小,打开水龙头出水量小。还可以感到直径粗的水管流速较小,能量损失也较小,直径较细的水管流速较大,能量损失也较大。从第5章可知管道内反映流体压强的压强水头和反映流体所处高低的位置水头,以及反映流体速度的流速水头都属于能量的范畴,这三者在流动过程中是可以相互转换的,并且还伴有能量损失。可见流体在管道内的流动分析,其实质就是能量输入、能量转换和能量确定。

有句老话"人往高处走,水往低处流",后一句话对管道流动是不合适的。生活和工程中有许多例子可以说明管道中的流体不仅可以沿管道向低处流,还可以沿管道向高处流;不仅有压强高处的流体沿管道向压强低处流,还有压强低处的流体沿管道向压强高处流;不仅有流速高处的流体沿管道向流速低处流,还有流速低处的流体沿管道向流速高处流。由于实际流体在管道流动中存在着能量损失,在管道中的流体只是由能量高处的向能量低处的流动。

流体完全充满着管道全部横截面的流动,称为管流。这时,由于管道内完全不存在自由液面,并且管壁处处受水流压强的作用,因此,管流也称为有压流。若管流中的所有流动参数均不随时间变化,则称为有压管道中的定常流。当流体没有完全充满管道全部横截面,管道中存在与大气相通的自由液面时,尽管有流体在管道中流动,但此时已不再是管流,而是无压流,属于明渠流的范畴。本章将要讨论有压管道中的定常流,管道内的无压流动将在第8章明渠流动中讨论。

由前面章节的讨论可知,进行有压管道定常流的分析和计算,所依据的基本原理是一维总流的连续方程和能量方程,主要的工作量在于对沿程水头损失和局部水头损失的计算。为方便计算,可以根据这两种损失在管道系统所占的比重,将管道系统分为长管和短管两种类别:所谓长管是指管道的水头损失是以沿程水头损失为主,局部水头损失和流速水头与沿程水头损失的百分比小于5%,计算时可以忽略局部水头损失和流速水头的管道系统;而所谓短管是指局部水头损失和流速水头在总损失中占较大的比例,计算时不可忽略的管道系统。

根据管道的布置,可以将管道系统分为简单管道和复杂管道。简单管道是指管径不变的单根管道;复杂管道是指由两根以上管道组成的管道系统。根据组合情况,复杂管道可以分为串联管道、并联管道以及树枝状和环状管网。

有压管道定常流的水力计算问题主要有以下几种情况:
(1)给定管道系统的布置、管径及系统作用水头,计算和校核输送流量;
(2)已知管道系统所需的输送流量,确定管径;
(3)根据管道系统的流量和管径,求系统所必须的作用水头;
(4)由设定的管道尺寸和输送的流量,分析沿管道各截面的动水压强的变化情况。

§7.1 简单管道的水力计算

简单管道是生产实践中最常见的一种管道,也是复杂管道的组成部分。如水泵的吸水管、虹吸管等都是简单管道。在各种管道的水力计算中,简单管道的水力计算是最基本的。需要指出的是,任何类型的简单管道的计算,都是根据具体的条件,按照定常总流能量方程进行的。因此,本节所讨论的各种管道的水力计算,都应视为对定常总流能量方程的实际应用。

本节将讨论简单管道的自由出流、淹没出流的水力计算问题;给出在长管情况下的简单管道的水力计算方法;提供对管道中动水压强的沿程分布的分析方法;也给出管道直径的计算和选定原则,以及水泵装置、虹吸管的水力计算方法。

7.1.1 两种典型出流的水力计算问题

1. 自由出流的水力计算

凡经管道出口流入大气的水流过程,称为自由出流。如图 7-1 所示。

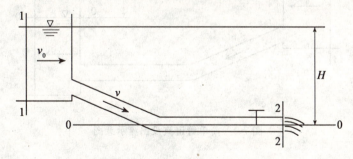

图 7-1 简单管道自由出流示意图

图 7-1 为一简单管道和水池相连接,末端出口水流流入大气。现取通过管道出口中心的水平面 0—0 为基准面,在水池中距管道入口上游较远处取截面 1—1,该截面符合渐变流的条件,并在出口截面处取截面 2—2,如图 7-1 所示。然后对截面 1—1 和截面 2—2 建立能

量方程

$$H + 0 + \frac{\alpha_0 v_0^2}{2g} = 0 + 0 + \frac{\alpha v^2}{2g} + h_w \tag{7-1}$$

式中：v_0——水池中的流速，也称行进流速；
v——管道中流速；
H——管道出口截面中心到水池水面的高差。

式(7-1)还可以写成

$$H_0 = \frac{\alpha v^2}{2g} + h_w \tag{7-2}$$

式中：$H_0 = H + \frac{\alpha_0 v_0^2}{2g}$ ——包括行进流速水头在内的总水头，又称为作用水头。

式(7-2)表明，简单管道在自由出流的情况下，管道的总作用水头一部分消耗于整个管道的水头损失 h_w，另一部分转化为出口截面2—2处的流速水头。其中水头损失 h_w 为管道中的沿程水头损失和局部水头损失之和，即

$$h_w = \lambda \frac{l}{d} \frac{v^2}{2g} + \sum \zeta \frac{v^2}{2g} = \left(\lambda \frac{l}{d} + \sum \zeta \right) \frac{v^2}{2g}$$

则式(7-2)可以写成

$$H_0 = \left(\alpha + \lambda \frac{l}{d} + \sum \zeta \right) \frac{v^2}{2g} \tag{7-3}$$

式(7-3)为简单管道在自由出流的情况下，水流应满足的方程。解这个方程，可得 H、v 等有关的物理量。

2. 淹没出流的水力计算

如果管道的出口是淹没在水下的，这种水流过程称为淹没出流。如图7-2所示。

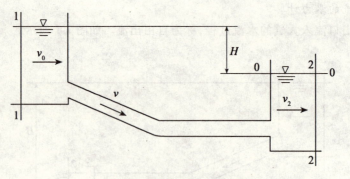

图7-2 简单管道淹没出流示意图

显然，在淹没出流的情况下，下游水位的高低变化将影响管道的输水能力。因此对淹没出流下游截面的处理将不同于自由出流。如图7-2所示，管道出口连接一水池，并淹没于水下。现以下游水面0—0为基准面，在上游水池管道入口较远处取截面1—1，在离下游水池管道出口较远处取截面2—2。对截面1—1和截面2—2建立能量方程

$$H + 0 + \frac{\alpha_0 v_0^2}{2g} = 0 + 0 + \frac{\alpha v_2^2}{2g} + h_w \tag{7-4}$$

如果截面 2—2 面积远大于管道截面面积,则流速 v_2 较小,流速水头 $\frac{\alpha v_2^2}{2g} \approx 0$,并以 $H_0 = H + \frac{\alpha_0 v_0^2}{2g}$ 代入式(7-4),则得

$$H_0 = h_w \tag{7-5}$$

式(7-5)说明,简单管道在淹没出流的情况下,包括行进流速在内的作用水头完全消耗在整个管道系统的水头损失上。

已知管道系统中的水头损失为

$$h_w = \left(\lambda \frac{l}{d} + \sum \zeta\right) \frac{v^2}{2g}$$

则式(7-5)可以写成

$$H_0 = \left(\lambda \frac{l}{d} + \sum \zeta\right) \frac{v^2}{2g} \tag{7-6}$$

式(7-6)为简单管道在淹没出流的情况下,水流应满足的方程。解该方程,可得 H、v 等有关的物理量。

对于简单管道的自由出流和淹没出流,若需计算管道系统的流量 Q,可从式(7-3)和式(7-6)解出流速 v,再代入总流连续性方程(5-11),得

$$Q = vA = \mu_c A \sqrt{2gH_0} \tag{7-7}$$

式中,A 为管道截面面积,μ_c 为管道系统的流量系数。其中

自由出流
$$\mu_c = \frac{1}{\sqrt{\alpha + \lambda \dfrac{l}{d} + \sum \zeta}} \tag{7-8}$$

淹没出流
$$\mu_c = \frac{1}{\sqrt{\lambda \dfrac{l}{d} + \sum \zeta}} \tag{7-9}$$

如上游水池中行进流速很小,则有 $H_0 \approx H$,式(7-7)可以简化为

$$Q = \mu_c A \sqrt{2gH} \tag{7-10}$$

式(7-3)或式(7-4)以及式(7-7)或式(7-10)分别是简单管道自由出流和淹没出流水力计算的基本公式。可以用来计算流量 Q、管径 d 以及作用水头 H。在用上述公式计算时需注意,式中的作用水头 H,在自由出流时为上游水位与管道出口截面中心的高差;在淹没出流时为上、下游的水位差。另外,式(7-8)和式(7-9)所给出的两种出流下的流量系数 μ_c 也有区别,使用时应注意。

7.1.2 简单管道水力计算的简化计算问题

前面讨论了自由出流和淹没出流的水力计算问题,在计算过程中同时考虑了沿程水头损失和局部水头损失,这是按短管计算的情况。如果管道较长,局部水头损失和流速水头所占比例较小可以忽略,即所谓长管情况时,水力计算将得以简化。这时式(7-1)和式(7-4)可以写成

$$H = h_f = \lambda \frac{l}{d} \frac{v^2}{2g} \tag{7-11}$$

由式(7-11)可见,按长管进行水力计算时,管道系统的作用水头正好等于其水头损失。也就是说提供给管道系统的总能量将全部用于克服管道系统的阻力。

在正常情况下,有压管道的水流一般属于紊流中的水力粗糙区,其水头损失还可以按谢才公式进行计算。考虑沿程水头损失系数 λ 和谢才系数 C 的关系式(6-59)

$$\lambda = \frac{8g}{C^2}$$

则式(7-11)可以变为

$$H = h_f = \frac{8g}{C^2}\frac{l}{d}\frac{v^2}{2g} = \frac{8g}{C^2}\frac{l}{4R}\frac{Q^2}{2gA^2} = \frac{Q^2}{A^2 C^2 R}l$$

由第4章知其中流量模数为 $K = AC\sqrt{R}$,即得

$$h_f = \frac{Q^2}{K^2}l \tag{7-12}$$

或写成谢才公式形式,即(6-57a)

$$Q = K\sqrt{J}$$

式中流量模数 K 具有流量的量纲,因此也称为特性流量。Q 综合反映了管道截面形状、尺寸和边壁粗糙等特性对管道过流能力的影响。在水力坡度 $J = \dfrac{h_f}{l}$ 相同的情况下,管道流量与流量模数成正比。在水力粗糙紊流的情况下,可以用曼宁公式式(6-60)计算谢才系数 C

$$C = \frac{1}{n}R^{\frac{1}{6}} = \frac{1}{n}\left(\frac{d}{4}\right)^{\frac{1}{6}} \tag{7-13}$$

进而可以求得流量模数 K

$$K = AC\sqrt{R} \approx 0.3117 \frac{d^{\frac{8}{3}}}{n} \tag{7-14}$$

这时,对于已知糙率 n 的圆管,流量模数 K 仅为管径 d 的函数。这样可以查表4-2得到管道的糙率 n,由式(7-14)计算求得流量模数 K,再代入式(7-12)得到沿程水头损失 h_f。

另外,还可以用比阻进行沿程水头损失 h_f 的计算。如果令

$$S_0 = \frac{1}{K^2} = \frac{n^2}{A^2 R^{\frac{4}{3}}} = 10.29\frac{n^2}{d^{\frac{16}{3}}} \tag{7-15}$$

则有

$$h_f = S_0 Q^2 l \tag{7-16}$$

式中 S_0 称为比阻,量纲为 $[T^2/L^6]$,其单位为 s^2/m^6。反映了在单位管道长度和单位流量下的沿程水头损失。式(7-15)和式(7-16)是在实际工程中经常用于沿程水头损失 h_f 计算的公式。

当管道中的流速 $v < 1.2\text{m/s}$ 时,水流可能属于过渡紊流,此时 h_f 近似与流速 v 的1.8次方成正比,因此在计算时应加以修正,如在式(7-12)中加一系数 k,即

$$h_f = k\frac{Q^2}{K^2}l \tag{7-17}$$

式中：$k = \dfrac{1}{v^{0.2}}$ 称为修正系数。

对于以钢管、铸铁管以及混凝土管等为管材的管道系统，可以直接采用达西—魏斯巴赫公式(6-1)或谢才公式(6-56)进行沿程水头损失的计算，或者通过流量模数 K、比阻 S_0 来计算沿程水头损失。计算中，沿程水头损失系数和糙率的取值可以直接查找第4章中的相关公式及图表，或查阅相关设计手册。流量模数 K、比阻 S_0 在有些教材和设计手册中也可以查到。

对于玻璃管以及铅管、铜管等非铁类金属管，由于这些管道内壁光滑，管内水流一般处于光滑紊流状态。这些管道的沿程损失系数 λ，可以采用第4章中所介绍的水力光滑紊流的 λ 值计算公式进行估算。

例 7-1 某水电厂排水管道系统如图 7-3 所示。已知排水管管径 $d = 200\text{mm}$，管长 $l = 30\text{m}$，糙率 $n = 0.0125$，上、下水位差 $H = 7\text{m}$，其他资料如图 7-3 所示。试求由渗水池排入集水井的流量。

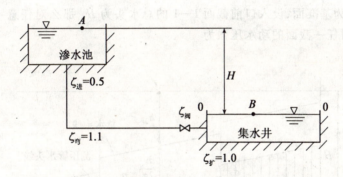

图 7-3　例 7-1 题图

解　以集水井液面 0—0 为基准面，对渗水池水面 A 点和集水井 B 点列能量方程

$$H + 0 + 0 = 0 + 0 + 0 + h_f + \sum h_j$$

整理得

$$H = \left(\lambda \dfrac{l}{d} + \sum \zeta\right)\dfrac{v^2}{2g} \tag{a}$$

其中 v 为管道中水流流速，由沿程水头损失系数 λ 和糙率 n 的关系式(6-59)得

$$\lambda = \dfrac{8g}{C^2} = \dfrac{8gn^2}{R^{1/3}} = \dfrac{8 \times g \times 0.0125^2}{(0.200/4)^{1/3}} = 0.0333$$

$$\sum \zeta = \zeta_{进} + \zeta_{弯} + \zeta_{阀} + \zeta_{出} = 0.5 + 1.1 + 2.0 + 1.0 = 4.6$$

将所求得的 λ 和 $\sum \zeta$ 代入式(a)，可以求得管道流速 v

$$v = \sqrt{\dfrac{2gH}{\lambda \dfrac{l}{d} + \sum \zeta}} = \sqrt{\dfrac{2 \times g \times 7}{0.0333 \dfrac{30}{0.200} + 4.6}} = 3.781 \text{ m/s}$$

$$Q = \dfrac{\pi d^2 v}{4} = \dfrac{\pi \times 0.200^2 \times 3.781}{4} = 0.119 \text{m}^3/\text{s} = 119 \text{L/s}。$$

7.1.3 管道系统中动水压强沿程分布问题

从前面的计算和分析知道,水流在流动过程中,同时总存在着水头损失,因此总水头 H 总是沿程减少的;另外从管道系统的安装走向来看,位置水头 z 也在发生变化;再加上各管段管径的不同,使得各管段的流速水头不同。这些因素将引起各截面动水压强 $\dfrac{p}{\gamma}$ 的变化。

动水压强沿程变化的问题,是实际工程中较为重要的问题之一。如发电厂内的技术供水系统中,由于各用水设备(如发电机的空气冷却器、油冷却器及水轮机轴承的润滑用水等)都要求具有一定的动水压强(工作压力),因此当供水系统发生变化时,需要及时了解和计算这些设备所需的动水压强是否满足相关技术要求。另外,管道系统中可能出现的真空压强,将对管道系统的运行发生影响。因为真空压强过大,将会在管道内产生气化和气蚀,降低管道的过流能力,甚至还会导致管道的破坏,因此,也需要及时了解和计算各控制截面的动水压强变化情况。

对于如图 7-4 所示的管道系统,管径为 D 并且沿程不变,管中流速为 v,若以过管道出口中心的水平面为基准面,设入口前截面 1—1 的总水头为 H,那么对任意一截面 i—i 列能量方程,可以求得任一截面的动水压强为

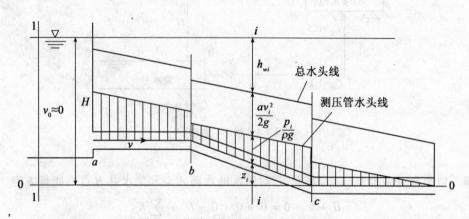

图 7-4 管道系统动水压强分布示意图

$$\frac{p_i}{\gamma} = H - h_{wi} - \frac{\alpha_i v_i^2}{2g} - z_i \tag{7-18}$$

式中:h_{wi}——1—1 至 i—i 截面之间的水头损失;

$\dfrac{\alpha_i v_i^2}{2g}$——$i$—$i$ 截面的流速水头;

z_i——i—i 截面形心点离基准面的位置高度(即位置水头)。

从式(7-18)可以看出,当总水头 H 一定时,v_i、h_{wi} 和 z_i 越大,则动水压强越小;反之,则越大。

然而,需要指出的是,式(7-18)只能求出具体点的动水压强值,不能求得沿管道动水压强的变化情况。如果需要了解沿管道动水压强的分布情况,或者沿管道动水压强的变化情况,可以通过绘制总水头线和测压管水头线来进行。

根据能量方程,总水头 $H_\text{总} = z + \dfrac{p}{\gamma} + \dfrac{\alpha v^2}{2g}$ 减去流速水头 $\dfrac{\alpha v^2}{2g}$,则为测压管水头 $z + \dfrac{p}{\gamma}$。这样,由图7-4可见,测压管水头线在总水头线的下面,两线中间间隔为流速水头。从测压管水头线、基准面以及截面中心点,可以知道各截面动水压强的大小(如图7-4中的阴影部分)和位置水头的大小。加上总水头线,又可以知道各截面流速水头的大小。

具体计算和绘制测压管水头线的步骤是:

(1) 在适当地方选定基准面,在管道突变处绘制出控制截面(如图7-4中的 a、b、c 处)。

(2) 绘制总水头线。根据计算沿程水头损失的达西—魏斯巴赫公式,沿程水头损失将随着管长呈线性增加,总水头线将绘制成向下倾斜的直线。对于局部水头损失,可以假定集中在一个截面上,根据其大小,用跌坎表示。

(3) 绘制测压管水头线。在比总水头线低一个流速水头的位置上,绘制出测压管水头线。若管径不变,测压管水头线应与总水头线平行。

(4) 根据所绘制的测压管水头线图,可以求出需了解的点或截面处的动水压强。

在绘制总水头线和测压管水头线时,应注意符合上游进口处和下游出口处的边界条件。图7-5给出了上游进口处两种水头线的绘制方法,图7-6则给出了出口为淹没出流水头线的绘制方法。注意各有两种情况,即上、下游流速水头近似等于零和不等于零的两种情况。如图7-5和图7-6所示。

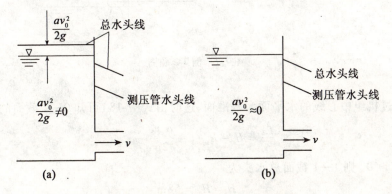

图7-5 管道系统进口处水头线示意图

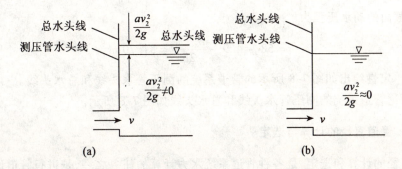

图7-6 管道系统出口处水头线示意图

当上、下游流速水头较小近似等于零时，水池内的总水头线与测压管水头线（即水面线）重合，在出口处管道测压管水头线与水池测压管水头线正好连接。当上、下游流速水头不等于零时，水池内的总水头线不与测压管水头线（水面线）重合，出口处测压管水头线由管道至水池还有一个回升。当出口为自由出流时，测压管水头线则应终止于管道中心处。

对于渐变的管道系统，总水头线和测压管水头线应是曲线。两条曲线的间距应反映渐变管道各截面的流速水头的变化。总的来说，无论是管径不变的管道或渐变的管道，总水头线总是沿程下降的；测压管水头线则可能沿程上升也可能沿程下降。

例 7-2 某水电站上游库水位至水轮机中心线的高程差 H_1 为 58m，引水管管径 $D=3$m，如图 7-7 所示。当机组引用流量 Q 为 37m³/s 时，如果引水管全部水头损失 $h_{w1-2}=4.9$m，试求此时机组进口处 2—2 截面的压强。

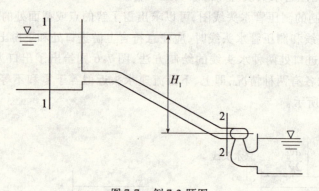

图 7-7 例 7-2 题图

解 设过机组中心线的水平面为基准面，这时由式(7-18)可知 2—2 截面的动水压强为

$$\frac{p_2}{\gamma} = H - h_{w1-2} - \frac{\alpha_2 v_2^2}{2g} - z_2$$

由于 $v_1 \approx 0$，则 1—1 截面总水头为

$$H = H_1 = 58\text{m}$$

另外还已知 $\quad z_2 = 0, \quad v_2 = \dfrac{Q}{A} = \dfrac{4 \times 37}{\pi \times 3^2} = 5.23 \text{ m/s}, \quad h_{w1-2} = 4.9 \text{ m}$

可得 2—2 截面的动水压强为

$$\frac{p_2}{\gamma} = 58 - 4.9 - \frac{5.23^2}{2g} = 51.70 \text{ m}。$$

例 7-3 定性绘出如图 7-8 所示的管道系统的测压管水头线和总水头线。

解 所论管道系统的测压管水头线和总水头线如图 7-8 所示。

7.1.4 管道直径的计算与选定

管道直径的计算和选定，是各种管道系统水力计算的任务之一，是进行管道设计的重要一环。在进行管道直径的计算和选定时，一般有下列两种情况：

1. 已知流量 Q、管长 l、管道布置及设备，要求选定管径 d 和水头 H。

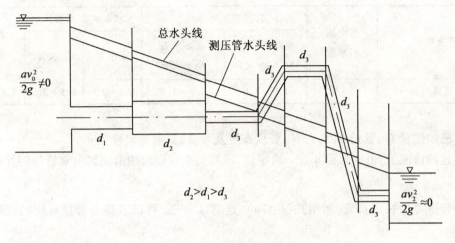

图 7-8　例 7-3 题图

根据连续性方程 $Q=Av$ 可知,当流量一定时,如果流速 v 大,则所需的管径较小;如果流速较小,则所需的管径较大。从材料上看,若管道系统选用较小的管径,则使用的管材较省,便于安装,造价较低;若管道系统选用较大的管径,则使用的管材较多,造价较高。又从阻力损失来看,由于管道水流大多数是在阻力平方区,即管道的阻力损失与水流流速的平方成正比。因此,若选定的管道的流速较大,则管道的阻力损失增加较多,管道系统克服损失所需的运行费用较大;反之,若选定的管道的流速较小,则管道的阻力损失小得多,管道系统克服损失所需的运行费用较小。

另外,从管道使用的技术要求来看,管道还有一个允许流速的问题。如果管道选用的管径较小,则流速过大,将会产生过大的水击压强,引起管道的破坏;如果管道选用的管径较大,则流速过小,将会使得水流中挟带的泥沙发生沉积。

由此可知,管径 d 和水头 H 的选定,是一个综合的技术和经济效益问题,需妥善考虑。对于重要的管道系统,应选择若干个方案进行技术经济比较,使管道系统的投资费用和运行费用的总和最小。一般称这样的流速为经济流速,其相应的管径为经济管径。

在具体进行水力计算时,首先根据已知的流量和选定的允许流速,按下式计算出管径

$$d=\sqrt{\frac{4Q}{\pi v_{允许}}} \tag{7-19}$$

然后按管道产品规格选用接近计算结果又能满足过水流量要求的管径,并按该管径计算管道所需的水头 H。

关于管道的允许流速值,对于水电站引水管,水电厂技术供水管道系统,以及民用给水管道,可以参考表 7-1。其他类型的管道系统的允许流速值,可以查阅相关的水力计算手册和设计手册。

表 7-1　　　　　　　　　　管道的允许流速

管道类型	水电站引水管	自流式供水系统		水泵式供水系统		一般给水管道
		电站水头在 15~60m 之间	电站水头小于 15m	吸水管	压水管	
允许流速/(m/s)	5~6	1.5~7.0	0.6~1.5	1.2~2.0	1.5~2.5	1.0~3.0

2. 已知流量 Q、管长 l、水头 H、管道布置及设备，要求选定管径 d。

在这种情况下，由于管径 d 为一确定值，因而完全可以应用前述的定常管流的计算成果来进行。

若管道可以视为长管，利用式(6-57a)，这时 $J = \dfrac{H}{l}$，可以求得与管径对应的流量模数 K 为

$$K = \frac{Q}{\sqrt{\dfrac{H}{l}}} \tag{7-20}$$

根据所求得的流量模数 K，由式(7-14)等可以确定所需的管径 d。

若管道属于短管，可以利用式(7-3)或式(7-7)得

$$\mu_c A = \frac{Q}{\sqrt{2gH}} \tag{7-21}$$

显然，在式(7-21)右端，当 Q、H 已知的情况下为一确定值，而左端 A 和 μ_c 则随管径 d 而变化。根据这种情况，可以用试算法来求解管径 d。即先假定一个管径 d，代入左端计算 $\mu_c A$，与右端 $\dfrac{Q}{\sqrt{2gH}}$ 相比较是否相等。若不相等，则重新假定管径 d，再进行试算，直至使两端相等为止。在计算出管径 d 后，还应根据管道产品规格，选择与计算值相近的管径 d，作为最后选定值。表 7-2 给出了部分管道的产品规格，供计算时参考。

表 7-2　　　　　　　　　　部分成品管道常用管径　　　　　　　　　　（单位：mm）

15	50	175	350	600	850	1200	1700
20	75	200	400	650	900	1300	1800
25	100	225	450	700	950	1400	1900
32	125	250	500	750	1000	1500	2000
40	150	300	550	800	1100	1600	

例 7-4 如图 7-9 所示为某水电站设备引水系统，电站水头 $H_1 = 54\text{m}$，引水管道全长 $l = 15\text{m}$，用水设备所需流量 $Q = 60\text{L/s}$，设备入口 B 点处的压强不得大于 2at，用水设备高度 $z_B = 8\text{m}$，其他条件如图所示。试设计引水管道 l 的管径。

解 根据表 7-1 选择 $v_{允许} = 5.5\text{m/s}$，管径初步计算为

$$d = \sqrt{\frac{4Q}{\pi v_{允许}}} = \sqrt{\frac{4 \times 0.06}{\pi \times 5.5}} = 0.118 \text{ m} = 118\text{mm}$$

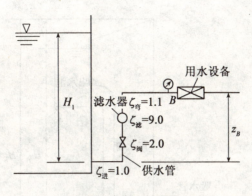

图7-9 例7-4题图

由表7-2按产品规格选用管径 $d = 125$ mm,同时选用糙率 $n = 0.0125$,这时相应沿程水头损失系数 $\lambda = 0.039$。管中实际流速为

$$v = \frac{4 \times 0.06}{\pi \times 0.125^2} = 4.9 \text{ m/s}$$

校核用水设备流量,由于

$$h_w = \left(\lambda \frac{l}{d} + \sum \zeta\right) \frac{v^2}{2g}$$

式中

$$\lambda \frac{l}{d} = 0.039 \times \frac{15}{0.125} = 4.68$$

$$\sum \zeta = \zeta_{进} + 2\zeta_{弯} + \zeta_{阀} + \zeta_{滤} = 1.0 + 2 \times 1.1 + 2.0 + 9.0 = 14.2$$

则

$$h_w = (4.68 + 14.2) \times \frac{4.9^2}{2g} = 23.13 \text{ m}$$

而由水库至 B 点之间的作用水头为

$$H = H_1 - \left(z_B + \frac{p_B}{\gamma}\right) = 54 - (8 + 20) = 26 \text{ m}$$

$H > h_w$,由此说明所设计的管径可以满足所要求的流量。

7.1.5 水泵装置的水力计算

水泵装置是一种液体输送设备,在现代社会各部门生产和生活中,有着广泛的应用。离心式水泵装置是水泵家族中常见的一种水泵装置,下面将对离心式水泵装置的水力计算问题进行讨论。水力计算的任务是,水泵安装高度的计算和水泵扬程的确定。

如图7-10所示,水泵装置是由吸水管、水泵、压水管以及管路上的附件所组成的。由于外界动力的输入,使得水泵叶轮转动,造成了水泵进口处的真空,形成与取水处水源之间的压强差,并使水流沿吸水管上升进入水泵。当水流经过水泵时,将获得水泵加给的能量,该能量可以使水流通过压水管送入离取水处较高或较远的用水处。

1. 水泵安装高度的计算

水泵的安装高度是指水泵的转轮轴线(截面2—2中心点)与取水处水面的高度差,以

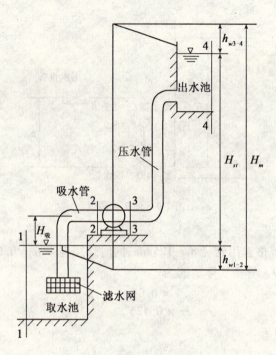

图 7-10 水泵装置示意图

$H_{吸}$ 表示。根据水泵的工作原理知,水泵的安装高度值太大,将使得水泵进口处出现很大的真空值,这对水泵的安全运行产生影响。因此,只有正确设计水泵的安装高度,才能保证水泵的正常工作。

如图 7-10 所示,若以取水池的水面为基准面,对取水池截面 1—1 水面点和水泵进口处 2—2 截面中心点,列能量方程得

$$0 = H_{吸} + \frac{p_2}{\gamma} + \frac{v^2}{2g} + h_{w1-2}$$

或

$$H_{吸} = -\frac{p_2}{\gamma} - \left(\frac{v^2}{2g} + h_{w1-2}\right) \tag{7-22}$$

式中:$H_{吸}$——水泵安装高度;

h_{w1-2}——1—1 截面至 2—2 截面的水头损失,$\alpha \approx 1$。

式中 $-\frac{p_2}{\gamma}$ 为水泵进口处的真空压强,在此以 h_v 表示,式(7-22)可以写成

$$H_{吸} = h_v - \left(\frac{v^2}{2g} + h_{w1-2}\right) \tag{7-23}$$

由式(7-23)可知,水泵安装高度 $H_{吸}$ 越大,则水泵进口处真空压强 h_v 也越大。过大的真空压强将会引起水泵内水流出现空化和空蚀现象,将不利于水泵的正常工作。一般来说水泵生产厂家对各种水泵有允许真空压强值 $h_{v允}$。水泵安装高度 $H_{吸}$ 的确定,应以 h_v 不超过水泵允许真空压强值 $h_{v允}$ 为准。当然也有水泵直接给出安装高度允许值。

2. 水泵扬程的确定

对于有能量输入的管道流动,总流能量方程可以修改为

$$z_1 + \frac{p_1}{\rho g} + \frac{\alpha_1 v_1^2}{2g} + H_m = z_2 + \frac{p_2}{\rho g} + \frac{\alpha_2 v_2^2}{2g} + h_w \qquad (7\text{-}24)$$

其中 H_m 就是水流经过水泵时,单位重量的液体从水泵获得的外加能量。一般称 H_m 为水泵的扬程,也称为水泵的水头。

根据水泵扬程的定义,H_m 为 2—2 截面和 3—3 截面的能量差。对于如图 7-10 所示的水泵装置,以过水泵进口截面和出口截面中心点的水平面为基准面,分别写出水泵进口截面 2—2 和出口截面 3—3 的总能量,即

$$E_2 = \frac{p_2}{\gamma} + \frac{v_2^2}{2g}, \qquad E_3 = \frac{p_3}{\gamma} + \frac{v_3^2}{2g}$$

水泵扬程 H_m 则为

$$H_m = E_3 - E_2 = \frac{p_3}{\gamma} - \frac{p_2}{\gamma} + \frac{v_3^2 - v_2^2}{2g} \qquad (7\text{-}25)$$

式(7-25)说明,水泵的扬程等于水泵的出口截面和进口截面的压强水头差加上这两处的流速水头差。如果水泵的进口和出口的管径相同,则 $v_2 = v_3$,式(7-25)变为

$$H_m = \frac{p_3}{\gamma} - \frac{p_2}{\gamma} \qquad (7\text{-}26)$$

式(7-26)说明,水泵的扬程 H_m 等于水泵的出口和进口截面的压强水头差。一般来说,水泵出口截面处安装有压力表,进口截面处安装有真空表。从这两表的读数差就可以求得水泵的扬程。实际工程中,水泵的扬程 H_m 一般由带动水泵运转的原动机的功率和流量来确定。

对于水泵装置来说,水流除了必须通过水泵本身外,水流还必须通过吸水管和压水管才能由取水处到达用水处。因此,水流从水泵获得的能量,一部分将用于克服水头损失;另一部分将使取水处的水送到较高较远的用水处。而取水处水面与用水处水面的高度差,称为静扬程或实际扬程。下面将根据有能量输入的总流能量方程(7-24),讨论水泵静扬程的确定的问题。

如图 7-10 所示,现以取水池水面为基准面,对取水池截面 1—1 和用水池截面写出能量方程,可得

$$0 + 0 + 0 + H_m = H_{st} + 0 + 0 + h_{w1\text{-}2} + h_{w3\text{-}4} \qquad (7\text{-}27)$$

式中:H_{st}——水泵的静扬程或实际扬程;

$h_{w1\text{-}2}$——吸水管中的水头损失;

$h_{w3\text{-}4}$——压水管中的水头损失。

对上式进行整理后可得

$$H_m = H_{st} + h_{w1\text{-}2} + h_{w3\text{-}4} \qquad (7\text{-}28\text{a})$$

或

$$H_{st} = H_m - h_{w1\text{-}2} - h_{w3\text{-}4} \qquad (7\text{-}28\text{b})$$

从式(7-28)可见,静扬程 H_{st} 的大小除了与水泵的扬程 H_m 有关外,还与水泵装置的水头损失有关。在确定了水泵的扬程 H_m 后,确定静扬程 H_{st} 的大小,主要在于水头损失的计算。而水头损失则随管线的布置而定,包括管道长度、管径和管壁糙率等。总之,实际使用时应尽可能地减少水泵装置的水头损失,以获得最大的水泵使用效率。

例 7-5 一离心泵管路系统如图 7-11 所示。供水池水位高程为 253.40m,取水池水位高程为 218.00m。水泵流量为 0.28m³/s;吸水管长为 6m,进口处安装一无底阀滤水网,管中

有一个90°弯头;压水管长为40m,管中安装逆止阀和闸阀各一个,有两个45°弯头。两管均为铸铁管材料。试确定水泵所需的扬程。

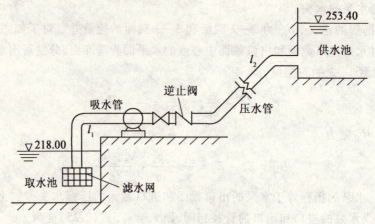

图 7-11　例 7-5 题图

解　先选择管径,对于吸水管,由表 7-1 选择 $v_{允许}=2.0\text{m/s}$,管径初步计算为

$$d_1 = \sqrt{\frac{4Q}{\pi v_{允许}}} = \sqrt{\frac{4\times 0.28}{\pi \times 2.0}} = 0.422\text{ m} = 422\text{mm}$$

由表 7-2 按产品规格选用管径 $d_1 = 450\text{mm}$,管中实际流速为

$$v_1 = \frac{4Q}{\pi d_1^2} = \frac{4\times 0.28}{\pi \times 0.450^2} = 1.76\text{ m/s}$$

对于压水管,由表 7-1 选择 $v_{允许}=2.5\text{m/s}$,管径初步计算为

$$d_1 = \sqrt{\frac{4Q}{\pi v_{允许}}} = \sqrt{\frac{4\times 0.28}{\pi \times 2.5}} = 0.378\text{ m} = 378\text{mm}$$

由表 7-2 按产品规格选用管径 $d_2 = 400\text{mm}$,管中实际流速为

$$v_2 = \frac{4Q}{\pi d_2^2} = \frac{4\times 0.28}{\pi \times 0.400^2} = 2.23\text{ m/s}$$

为求水泵扬程先计算水头损失。由表 4-3 可以查得各局部水头损失系数为

$$\zeta_{滤} = 2.0,\quad \zeta_{90} = 0.64,\quad \zeta_{45} = 0.30$$

$$\zeta_{闸阀} = 0.07,\quad \zeta_{逆阀} = 2.5,\quad \zeta_{出} = 1.0$$

并按旧铸铁管计算沿程水头损失系数,而且假定是粗糙紊流流动,则由式(7-21)有 $\lambda = \dfrac{0.0210}{d^{0.3}}$,得吸水管 $\lambda_1 = 0.0267$,压水管 $\lambda_2 = 0.0276$。

求得吸水管的水头损失为

$$h_{w1} = \left(\lambda_1 \frac{l_1}{d_1} + \sum \zeta\right)\frac{v_1^2}{2g} = \left(0.0267\,\frac{6}{0.45} + 2 + 0.64\right)\times \frac{1.76^2}{2g} = 0.47\text{ m}$$

以及压水管的水头损失为

$$h_{w2} = \left(\lambda_2 \frac{l_2}{d_2} + \sum \zeta\right)\frac{v_2^2}{2g} = \left(0.0276\,\frac{40}{0.40} + 0.07 + 2.5 + 2\times 0.3 + 1\right)\times \frac{2.23^2}{2g} = 1.76\text{m}$$

又由题意知水泵上、下游水位差即水泵静扬程 H_{st} 为

$$H_{st} = 253.4 - 218 = 35.4 \text{m}$$

为此由式(7-28a)求得水泵扬程 H_m 为

$$H_m = H_{st} + h_{w1} + h_{w2} = 35.4 + 0.47 + 1.76 = 37.63 \text{m}。$$

7.1.6 虹吸管的水力计算

如果输水管道的一部分高于供水水源的水面,如图 7-12 所示,这样的管道称为虹吸管。这种输水方式常用于发电厂内技术供水系统中。图 7-13 就是一种利用虹吸原理,给位置高于上游库水位的用水设备供水的管道系统。另外,这种虹吸管还常用于跨越河堤等障碍物向下游低处输水或泄水。

在使虹吸管工作前,先要排除管内的空气,使之形成真空。一般使用抽气泵类的装置将虹吸管顶部的空气抽出,这时水将沿管道上升到管道的顶部,并越过顶部,形成虹吸作用,使管道连续不断的输水。

虹吸管的水力计算,主要是虹吸管输水流量的确定和虹吸管安装高度的确定。

关于虹吸管输水流量的确定。其计算方法类似于前述淹没出流的水力计算方法。如图 7-12 所示,现以过下游水面的水平面为基准面,对上游截面 1—1 和下游截面 2—2 列能量方程得

$$H + 0 + \frac{v_1^2}{2g} = 0 + 0 + \frac{v_2^2}{2g} + \lambda \frac{l}{d} \frac{v^2}{2g} + \sum \zeta \frac{v^2}{2g}$$

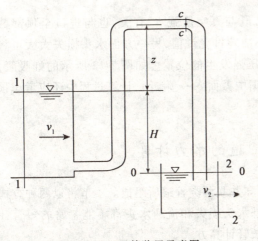

图 7-12 虹吸管装置示意图

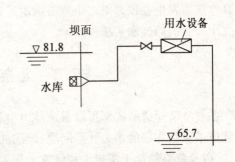

图 7-13 虹吸管工程实例示意图

式中:H——上、下游水位差;

v_1、v_2——上游截面 1—1、下游截面 2—2 的流速;

v——管内流速;

l——虹吸管全长。如果上、下游截面 1—1 和截面 2—2 很大,可以忽略 v_1 和 v_2,这时上式可以写成

$$H = \lambda \frac{l}{d} \frac{v^2}{2g} + \sum \zeta \frac{v^2}{2g} \tag{7-29}$$

由式(7-29)可以解出管内流速v,再乘以管道截面面积A,便可得虹吸管的输水流量Q。

从求解过程可见,管内流量Q与上、下游水位差和虹吸管的长度、管径、糙率以及局部阻力等因数有关,而与虹吸管顶部的高度及顶部的真空压强无关。但在实际使用时,虹吸管顶部的安装高度是有限的。因为顶部安装得太高,将会引起管内的真空值过大,产生气穴和空蚀现象,从而大大降低虹吸管的流量。

虹吸管安装高度的确定。此处的安装高度是指虹吸管的顶部截面距上游水面的高度差。

对于图 7-12,以过下游水面的水平面为基准面,对上游截面 1—1 和顶部截面 c—c 列能量方程

$$H + 0 + \frac{v_1^2}{2g} = H + z + \frac{p_c}{\gamma} + \frac{v^2}{2g} + \lambda \frac{l'}{d} \frac{v^2}{2g} + \sum \zeta \frac{v^2}{2g}$$

忽略截面 1—1 处的流速 v_1,整理后得

$$z = h_v - \left(1 + \lambda \frac{l'}{d} + \sum \zeta \right) \frac{v^2}{2g}$$

或

$$h_v = z + \left(1 + \lambda \frac{l'}{d} + \sum \zeta \right) \frac{v^2}{2g} \tag{7-30}$$

式中:l'——虹吸管进口至顶部截面 c—c 的长度,并令真空压强 $h_v = -\frac{p_2}{\gamma}$。

由式(7-30)可知,虹吸管的安装高度 z,既与真空压强 h_v 有关,也与进口至顶部截面 c—c 的水头损失有关。一方面真空压强 h_v 不能超过允许值,另一方面水头损失太大也将对安装高度产生影响。还必须注意,最大真空压强发生的位置。如图 7-12 所示的虹吸管,最大真空压强发生在顶部第二个弯头前附近(图中截面 c—c 附近),计算过程中还应考虑顶部第二个弯头的局部水头损失。

§7.2 复杂管道的水力计算

各种复杂管道系统都可以看成是由串联和并联两类管道所组成。本节将以两种方式讨论管道串联和并联的水力计算问题,即按局部水头损失和流速水头都不能忽略的短管计算方式,以及忽略局部水头损失和流速水头的长管计算方式。

7.2.1 串联管道水力计算

由不同管径的简单管道依次连接的管道系统,称为串联管道。如图 7-14 所示。在串联管道系统中,各管段之间可能有流量分出,也可能没有流量分出。下面主要讨论无流量分出的情况,对于有流量分出的情况将在管网中讨论。

对于无流量分出的串联管道,由连续性原理可知,通过各管段的流量应相等,即

$$Q_1 = Q_2 = Q_3 = Q \tag{7-31}$$

或

$$v_1 A_1 = v_2 A_2 = v_3 A_3 = vA$$

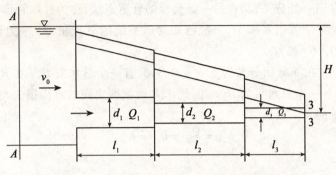

图 7-14 串联管道水力计算示意图

又如图 7-14 所示,以过出口截面的水平面为基准面,对进口上游截面 A—A 和出口截面 3—3 列能量方程

$$H = \sum h_f + \sum h_j + \frac{v_3^2}{2g} \tag{7-32}$$

式中:$\frac{v_3^2}{2g}$——出口截面 3—3 的流速水头;

$\sum h_f$——各管段沿程水头损失的总和;

$\sum h_j$——各管段局部水头损失的总和。

用类似于简单管道的计算方法,由式(7-32)以及式(7-31)可以求得通过串联管段的流量 Q 和作用水头 H。计算时应注意,尽管通过的流量是一样的,但由于串联管道中各管段的管径不同,各管段的流速将不一样,则各管段的水头损失不一样,应分段计算水头损失。

若按长管的概念来讨论串联管道的水力计算问题,也就是用忽略局部水头损失和流速水头的简化计算方式进行串联管道的水力计算。这种计算方式在实际工程中应用较多,如给水系统工程等。这时式(7-32)可以写成

$$H = \sum h_f$$

或

$$H = \sum h_{f1} + \sum h_{f2} + \sum h_{f3} \tag{7-33}$$

由式(7-12),任一管段的沿程水头损失可以写成

$$h_f = \frac{Q^2}{K^2} l$$

则式(7-33)可以写成

$$H = \sum h_f = \left(\frac{l_1}{K_1^2} + \frac{l_2}{K_2^2} + \frac{l_3}{K_3^2} \right) Q^2 \tag{7-34}$$

求解式(7-34)和式(7-31),可以得到按长管计算的有关串联管道的流量和作用水头。

从以上叙述中可以看出串联管道的特点:

(1)串联管道各管段的流量相等;
(2)串联管道总水头损失等于各管段的水头损失之和。

7.2.2 并联管道水力计算

若干条管道在同一处分叉,又在另一处会合的管道系统,称为并联管道系统。如图7-15所示的管道系统。并联管道系统中,一般已知管道系统的总流量 Q,水力计算则是求得各并联支管的流量 Q_1、Q_2 和 Q_3。

如图7-15所示,在 A 截面分叉为支管1、2、3,共有一个总水头 H_A;在 B 截面支管1、2、3会合在一起,也共有一个总水头为 H_B。因此 A、B 两截面之间的水头损失 $h_{wAB} = H_A - H_B$,同时也是支管1、2、3的水头损失,即

$$h_{w1} = h_{w2} = h_{w3} = h_{wAB} \tag{7-35}$$

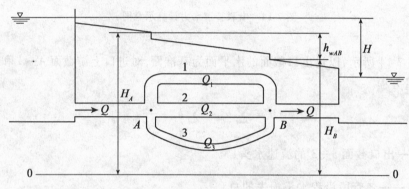

图 7-15 并联管道水力计算示意图

或

$$\begin{cases} h_{wAB} = h_{w1} = \left(\lambda_1 \dfrac{l_1}{d_1} + \sum \zeta_1\right) \dfrac{v_1^2}{2g} \\ h_{wAB} = h_{w2} = \left(\lambda_2 \dfrac{l_2}{d_2} + \sum \zeta_2\right) \dfrac{v_2^2}{2g} \\ h_{wAB} = h_{w3} = \left(\lambda_3 \dfrac{l_3}{d_3} + \sum \zeta_3\right) \dfrac{v_3^2}{2g} \end{cases} \tag{7-36}$$

式中下标"1"、"2"、"3"表示各支管的顺序号。

又根据连续性原理可知

$$Q = Q_1 + Q_2 + Q_3 \tag{7-37}$$

联立解式(7-36)和式(7-37),可以求得各并联支管的流量以及并联管道的水头损失 h_{wAB}。计算时应注意的是,各并联支管的水头损失相等,是指通过各支管单位重量流体的机械能损失相等,但由于各支管的长度、管径、管壁糙率以及局部阻力可能不同,则各支管通过的流量将不相同,各支管的总机械能损失也是不相等的。另外,尽管通过并联管道的总流量不变,但只要改变任一并联支管的长度、管径、管壁糙率以及局部阻力时,通过各支管的流量和作用水头将要进行新的调整。

若当局部水头损失和流速水头很小,可以忽略时,则可以按长管方式进行简化计算。这时式(7-35)可以写成

$$h_{f1} = h_{f2} = h_{f3} = h_{fAB} \tag{7-38}$$

或

$$\frac{Q_1^2}{K_1^2}l_1 = \frac{Q_2^2}{K_2^2}l_2 = \frac{Q_3^2}{K_3^2}l_3 = h_{fAB} \tag{7-39}$$

由式(7-39)和式(7-37)可以求得各并联支管的流量 Q_1、Q_2、Q_3 和并联管道的水头损失 h_{fAB}。

从以上叙述中可以看出并联管道的特点：
(1) 各并联支管的流量之和等于并联管道的总流量；
(2) 各并联支管的水头损失相等。

§7.3 管网的计算原理及方法

在给水排水及供热管道系统中，为满足生产和生活实际的需要，常常将许多管段组成管网。从管网的布置情况来看，可以分成树枝状管网和环状管网。树枝状管网是由干管和若干支管组成的树枝状的、支管末端互不相连的管道系统，如图 7-16 所示。水电站厂内机组冷却供水系统，居民的给水系统通常属于树枝状管网系统。环状管网的各支管末端互相连接，水流在一共同结点分流，又在另一共同结点汇合，也称为闭合管网，如图 7-17 所示。一般消防供水系统多采用环状管网。这是由于环状管网可以使得网内任一处实现多路供水，保证消防系统的安全性。当然，实际工程中也有同时使用树枝状管网和环状管网，如供热管网系统。下面将分别讨论树枝状和环状两种管网的水力计算问题。

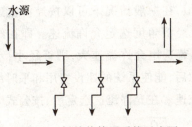
图 7-16 树枝状管网系统示意图

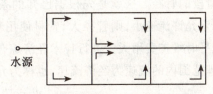
图 7-17 环状管网系统示意图

7.3.1 树枝状管网的水力计算

如图 7-18 所示为一种简单的树枝状管网输水系统。$ABCD$ 为干管，在结点 B 和 C 处各与一支管连接。由图 7-18 可见，从干管输送的水流，经每个结点的支管分流后，流量将减少。从管网形式上看，可以将干管视为有分流的、并由不同管径的管段组成的串联管道。

因此，在这种情况下，连续性方程可以表达为

$$Q_{i+1} = Q_i - q_i \tag{7-40}$$

式中：i ——管段的号数；

Q_i ——第 i 段干管的流量；

q_i ——与第 i 段干管末端连接的支管的流量。

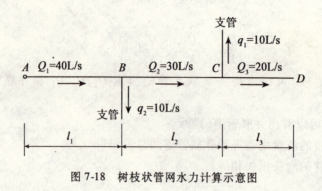

图 7-18 树枝状管网水力计算示意图

同时,在忽略局部水头损失和流速水头(即长管)的情况下,应满足的能量平衡关系为

$$H = \sum_{i=1}^{n} h_{fi} = \sum_{i=1}^{n} \frac{Q_i^2 l_i}{K_i^2} \tag{7-41}$$

式中:n ——干管总段数;

h_{fi} ——第 i 段干管的沿程水头损失;

其中的沿程水头损失引入式(7-12)。

树枝状管网系统的水力计算,主要是确定管段直径;根据水头损失的大小,确定总作用水头,计算和校核各管段的流量。计算时,主要出发点是上述的连续性原理式(7-40)和能量平衡关系式(7-41)。当然需根据实际工程的具体情况,给出具体的关系式进行计算。

1.已知系统的布置情况,各管段的流量和系统的总作用水头,确定系统各管段的管径。

与本章§7.1中关于管道管径的水力计算类似,在一般情况下可以按经济流速来确定系统各管段的管径。这就是先根据已知的条件从经济角度选定允许流速。即在给定流量下,若选定允许流速小,则管径大,管材使用量大;若选定允许流速大,则管径小,水头损失大,系统平时维护费用大。进行技术经济综合考虑后,能使系统的建设费用和平时维护费用处于合理范围内的流速为经济流速,也称为允许流速。在允许流速选定后,按公式

$$d = \sqrt{\frac{4Q}{\pi v_{允许}}} = 1.13\sqrt{\frac{Q}{v_{允许}}} \tag{7-42}$$

计算各管段的管径。然后按管道产品的规格选用接近计算成果而又能满足输水流量要求的管径。

2.已知系统的布置情况,各管段的管径和流量,确定系统的总作用水头。

为决定管网系统的水塔高度或水泵扬程,需要确定该系统的总作用水头。一般采用下列步骤计算和确定系统的总作用水头:

(1)根据系统的布置情况,选定干管(也称为设计管线)。一般来说,选由水塔或水泵至最远点通过流量最大的管线作为干管。也常把水头要求最高、通过流量最大的点作为控制点或最不利点。干管的选定也可以按最不利点来选定。

(2)从选定干管的最终点开始,由下而上计算各管段的水头损失。将各管段的水头损失加上终点处用户或用水设备所需的压强水头 h_e,则为整个干管输送一定流量下的总作用

水头 H。即

$$H = \sum_{i=1}^{i=n} h_{fi} + h_e = \sum_{i=1}^{i=n} \frac{Q_i^2 l_i}{K_i^2} + h_e \tag{7-43}$$

此处 H 也就是整个管网系统的总作用水头。

(3) 根据计算出的系统的总作用水头,以及实际地形确定水塔高度或水泵的扬程。如已知水塔地面高程和管网终点地面高程之差为 Δz,则由能量平衡关系式,可得水塔应有的高度为

$$H_{塔} = H - \Delta z \tag{7-44}$$

或

$$H_{塔} = \sum_{i=1}^{i=n} \frac{Q_i^2 l_i}{K_i^2} + h_e - \Delta z$$

式中 $\Delta z = z_{塔} - z_{终}$。

7.3.2 环状管网的水力计算

如图 7-19 所示为一种环状管网系统。水流由 A 点进入,经过组成两个闭合管环的管段,分别从 B、C、D、E、F 结点流出。从形式上看,相邻的管环有共同的结点和共同的管段,而且某管段的管径的变化以及某结点流量的变化将可能影响其他管段的流量。因此,在对环状管网进行水力计算时,必须同时考虑该环状管网的所有结点和所有管段。

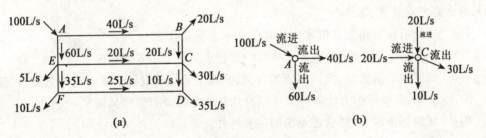

图 7-19 环状管网水力计算示意图

根据上述环状管网的管道特点和水流流动特点,在进行环状管网水力计算时,必须满足下列两个条件:

1. 任一结点处所有流入的流量应等于所有流出的流量,或者说任一结点处流量的代数和等于零。即

$$\sum Q_i = 0 \tag{7-45}$$

上述条件反映了水流流动的连续性原理。

2. 对于任一闭合管环,任意两个结点之间,沿不同的管线计算的水头损失相等。如图 7-20 所示,对于 A 点和 C 点,水流沿 A—B—C 方向流动的水头损失之和等于沿 A—E—C 方向流动的水头损失之和。即

$$h_{fAB} + h_{fBC} = h_{fAE} + h_{fEC}$$

或

$$h_{fAB} + h_{fBC} - h_{fAE} - h_{fEC} = 0$$

从上式可以看到,若以顺时针方向流动的水头损失为正,以逆时针方向流动的水头损失为负,那么沿同一指定的方向旋转一周计算的水头损失之和等于零。即为

$$\sum h_{fi} = 0 \tag{7-46}$$

对于如图 7-19 所示的环状管网系统,共有六个结点,结合独立性的考虑,可以利用式(7-45)写出五个独立的方程(6−1=5);两个闭合管环,可以利用式(7-46)写出两个独立的方程。这样,一共可以写出七个方程,可以联立求解七个管段的流量。如果还需求解管道的管径,可以根据连续性原理,按照经济流速与流量的关系来确定。

按照上述方式进行环状管网的水力计算,必须联立求解众多的代数方程。直接求解这些代数方程,理论上是可行的,但由于计算的繁杂性,实际工程中一般使用一些近似的方法求解,近年来随着计算机技术的普及与进步常使用计算机求解。

习题与思考题 7

一、思考题

7-1 什么是有压流和无压流?实际工程中,有压流、无压流一般各指哪些流动?

7-2 简单管道和复杂管道主要根据什么来区分,各指哪些管道?

7-3 何谓短管和长管?两者的判别标准是什么?如果某管道系统按短管计算,但欲采用长管计算方法计算,怎么办?

7-4 进行有压管道定常流水力计算的基本方程是什么?

7-5 什么是总水头线、测压管水头线?绘制水头线的主要目的是什么?

7-6 试简述经济管径、允许流速的含义,并指出管径 d 设计计算时应注意哪些问题。

7-7 水泵、虹吸管水力计算的主要内容是什么?两者有哪些异同?

7-8 试简述串联、并联管道系统的主要特性。

二、习题

7-1 如图所示,某混凝土坝内有一泄水钢管,管长 $l = 15\text{m}$,管径 $d = 0.5\text{m}$,进口为较平顺的喇叭口,还装有一闸阀,开度为 $\frac{3}{4}d$,钢管底部高程 ▽132m。坝上游水面高程 ▽148m,试分别计算坝下游水面高程为 ▽137m 和 ▽131m 时,通过泄水钢管的流量 Q。

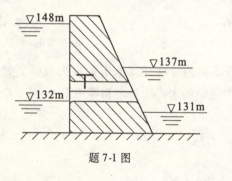

题 7-1 图

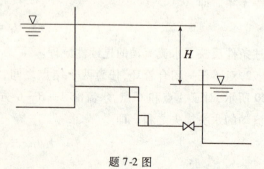

题 7-2 图

7-2 如图所示,用一钢管将一大水池中的水自流引入一小水池,钢管长度 $l = 200\text{m}$,管径 $d = 0.4\text{m}$,糙率 $n = 0.0125$,管上安装一闸阀,其开度为 $\dfrac{a}{d} = \dfrac{1}{4}$,有两个90°弯头。假定两水池水面恒定不变,试计算:(1)当钢管中通过流量 $Q = 0.2\text{m}^3/\text{s}$ 时,两水池的水面高差 H 应是多少? (2)当两水池水面差 $H = 3.0\text{m}$ 时,管中流量将是多少?

7-3 利用水电站水头从压力钢管取水,如图所示。已知 $z_1 = 1.5\text{m}$,压力表的读数为 382.2kN/m^2;取水管道中的流量 $Q = 0.065\text{m}^3/\text{s}$,$d = 150\text{m}$,取水处至用水设备处的管道长为 $l = 12\text{m}$,$z_2 = 7\text{m}$,试求用水设备处的压强 p。

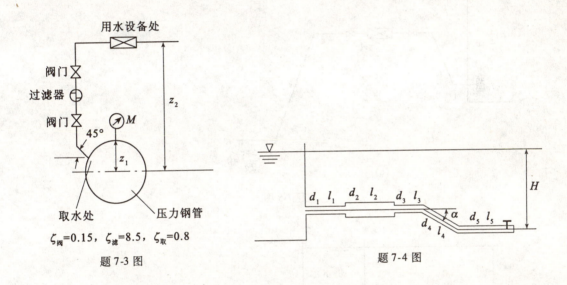

题 7-3 图   题 7-4 图

$\zeta_{阀}=0.15$,$\zeta_{滤}=8.5$,$\zeta_{取}=0.8$

7-4 一输水管道系统如图所示。试求要保持管道系统最大输水流量 $Q = 50\text{L/s}$ 时,管道系统所需的水头 H,并绘制总水头线和测压管水头线。其中 $d_1 = 125\text{mm}$,$d_2 = 175\text{mm}$,$d_3 = d_4 = d_5 = 150\text{mm}$,$l_1 = 2\text{m}$,$l_2 = 3\text{m}$,$l_3 = l_4 = 1.5\text{m}$,$l_5 = 2.5\text{m}$,折角 $\alpha = 30°$,管道材料为铸铁。

7-5 定性绘制出下列各图的总水头线和测压管水头线,并标出 A 点的压强水头。

7-6 一圆形有压供水涵管,管长 $l = 100\text{m}$,设计供水流量 $Q = 4\text{m}^3/\text{s}$,已知管道沿程水头损失系数 $\lambda = 0.03$,总的局部水头损失系数 $\sum \zeta = 3.0$。如果上、下游水位差为 $H = 4.0\text{m}$ 时,试问应选择多大的管径?

7-7 如图所示一抽水系统,流量 $Q = 100\text{L/s}$,吸水管管长 $l_1 = 30\text{m}$,压水管管长 $l_2 = 500\text{m}$,管径 $d = 300\text{mm}$,管道糙率 $n = 0.0125$,水泵允许真空度为6m水柱,局部水头损失系数 $\zeta_{滤} = 6.0$,$\zeta_{弯} = 0.4$,水泵的功率 $N_m = 103\text{kW}$,效率 $\eta_m = 0.75$,试计算:(1)水泵的提水高度 H;(2)水泵最大安装高度 z。

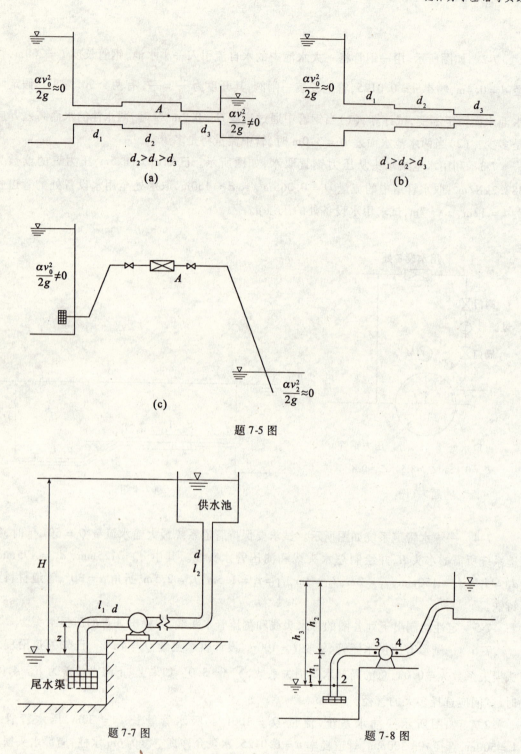

题 7-5 图

题 7-7 图

题 7-8 图

7-8 如图所示为一水泵式排水装置,吸水管和压水管管径沿程不变。水泵施加水流的单位能量为 H_m,试比较图示各点的动水压强的大小。

7-9 如图所示为一通过虹吸管从水井输水至集水池示意图。水井与集水池之间保持恒定水位差 $H = 1.80$m。已知虹吸管全长 80m,其中 AB 段 30m;管道直径 $d = 200$mm;管道

的沿程阻力系数 $\lambda=0.03$。管道按顺序有 120° 弯头和 90° 弯头各一个。试求：(1) 通过虹吸管的流量 Q；(2) 如果虹吸管顶部 B 点安装高度 $z=4.5\mathrm{m}$，试校核计算该处的真空度。

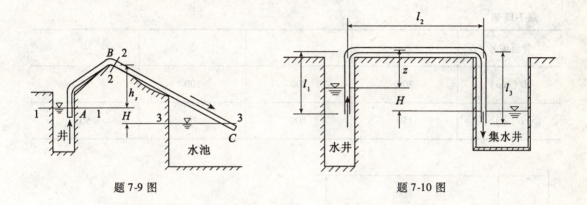

题 7-9 图　　　　　　　　　　　题 7-10 图

7-10　如图所示用虹吸管自水井输水至集水井。水井与集水井之间有恒定水位高差 $H=1.5\mathrm{m}$。虹吸管直径 $d=200\mathrm{mm}$，虹吸管三段长分别为 $l_1=5\mathrm{m}$，$l_2=40$，$l_3=8\mathrm{m}$。管道为钢管，有 90° 弯头两个。试求虹吸管的流量。如果管道内最大真空度为 7m 水柱，试求最大安装高度 z。

7-11　如图所示一串联管道系统，已知各管段的长度 $l_1=l_2=l_3=10\mathrm{m}$，各管段的直径 $d_1=200\mathrm{mm}$，$d_2=300\mathrm{mm}$，$d_3=100\mathrm{mm}$，沿程水头损失系数 $\lambda_1=0.016$，$\lambda_2=0.014$，$\lambda_3=0.02$。如果 $H_1=15\mathrm{m}$，$H_2=12\mathrm{m}$，试求管道系统的流量。

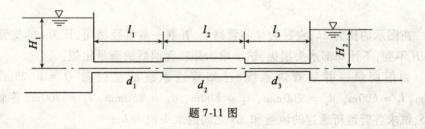

题 7-11 图

7-12　如图所示一水泵向由水平串联管道组成的管路系统供水。其中 D 点要求有自由水头 $h_D=10\mathrm{m}$，流量 $Q_D=5\mathrm{L/s}$；B 点和 C 点要求有支管流量分别为 $q_B=15\mathrm{L/s}$，$q_C=10\mathrm{L/s}$。管道的直径和长度分别为 $d_1=200\mathrm{mm}$，$l_1=500\mathrm{m}$；$d_2=150\mathrm{mm}$，$l_2=400\mathrm{m}$；$d_3=100\mathrm{mm}$，$l_3=300\mathrm{m}$。试求水泵所要求的最小扬程。

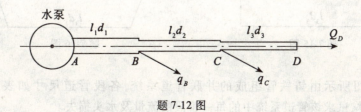

题 7-12 图

7-13 如图所示串联供水管路,各段管道尺寸如表所示,管道为正常铸铁管。在图示流量要求情况下,试求水塔高度 H。

题 7-13 表

管道编号	1	2	3	4
$d/(\text{mm})$	300	200	100	75
$l/(\text{m})$	150	100	75	50

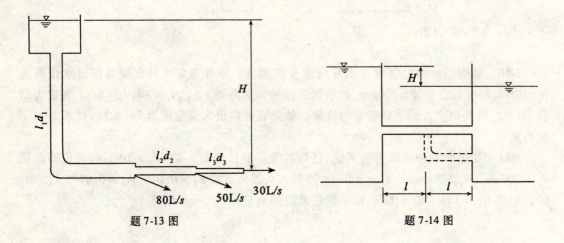

题 7-13 图   题 7-14 图

7-14 在图示的长为 $2l$、直径为 d 的管路上,并联一根直径相同、长为 l 的支管。若上、下游水头 H 不变,不计局部水头损失,试求增加并联管前后的流量比值。

7-15 如图所示一并联管道系统,已知管道系统的总流量 $Q = 0.25\text{m}^3/\text{s}$,并且 $d_1=150\text{mm}$,$l_1 = 600\text{m}$,$d_2 = 200\text{mm}$,$l_2 = 800\text{m}$,$d_3 = 250\text{mm}$,$l_3 = 700\text{m}$,各管的糙率 $n=0.0125$,试求各管道所通过的流量和 AB 之间的水头损失 h_f。

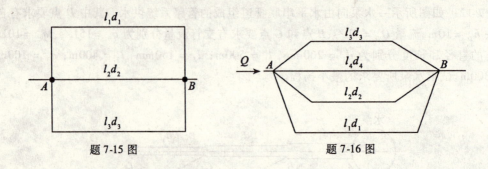

题 7-15 图   题 7-16 图

7-16 如图所示由铸铁管组成的并联管道系统,各段管道尺寸如表所示。当流量 $Q=0.32\text{m}^3/\text{s}$ 时,试求该管道系统中的每一管段的流量及水头损失。

题 7-16 表

管道编号	1	2	3	4
$d/(\text{mm})$	500	650	800	1 000
$l/(\text{m})$	300	250	200	150

第8章 流体在明渠中的流动

引 子

俗话说:"人往高处走,水往低处流",后一句话对管道流动虽然不合适,但对江河水流流动是适合的,生活中观察可见,所有的河流绝大部分区域都是上游至下游河道高程逐步降低,所有河流随地形蜿蜒起伏,河床断面时大时小。可以发现河流还有下列特点:

江河水位不停变化。在长江等江河乘轮渡过江时会发现,冬天枯水期江水水位较低,乘客上船、下船需走很长的堤岸;夏天丰水期则江水水位较高,乘客上船、下船需走的堤岸较短。大洪水到来时,江河水位很高,甚至超过堤防,而需要防洪抢险,同时水流流速也很高;当上游来水较少时,江河水位很低,甚至露出沙洲,形成浅滩,影响船舶航行,同时流速也很低。由此可以看到,河道、渠道内水流流动具有自由升降的水面,河道断面和水流所占区域也会发生变化,水流流速也会发生变化。

这是因为江河水流是具有自由水面的流动,也就是江河水流仅受河床的束缚,在水面方向是不受束缚的。这与完全受管道束缚的管道水流不同。当江河上游下泄的流量增大时,除了流速会相应增大,还需以增大的水流断面让其通过,这时江河水位就会上涨。当然江河上游下泄的流量减小时,流速会相应减小,所需的水流断面也将减少,这时江河水位就会下降。而管道水流由于受管道的束缚,当水流流量增加或减少时,仅仅在水流流速方面增大或减小。

有的河流悄无声息,有的河流声声震耳。在平原旅行时会发现,身旁的河流静静地流淌着,悄无声息,河面受风的影响荡漾着水波纹。若有雨点或小石子落入河中,可见椭圆形水波纹向四周散开。在山区旅行时会发现,路旁的河流湍急,冲击着岸边和岩石发出的声响不绝于耳,有时隔着很远也能听到。若有雨点或小石子落入河中,可见自落入点沿顺水流方向逐渐张开的锐角形扩散波纹。

这里反映了江河水流的另一特点,也就是江河水流中存在着两种不同的流态:缓流和急流。当然介于其中的还有临界流。这三种流态与空气动力学中的亚音速流、超音速流和音速流有部分相近的特点。

明渠也称为明槽,是一种用于输送具有自由面水流的水道。在自然界和实际工程中常见的明渠有人工渠道、天然河道以及未充满水流的管道(如输水隧洞、涵洞等)。由于明渠水流具有自由面,其表面上的压强为大气压强,相对压强为零,因此也称为无压流。由于自由面的存在,使得明渠水流状态完全不同于管道水流状态,再加上各种明渠受地形、土质等诸多因素的影响,水流流动的复杂性将大于管道水流的复杂性。也说明明渠水流的水力计算将不同于管道水流的计算。

同管道水流流动一样,明渠水流流动也可以分为恒定流和非恒定流,以及均匀流和非均匀流(其中非均匀流可以分为渐变流和急变流)。受篇幅的限制,本章将集中研究明渠恒定流,对于非恒定流,可以参阅其他相关文献。根据循序渐进的原则,本章首先讨论明渠恒定均匀流,然后是恒定非均匀渐变流。此外,还将介绍一些急变流动如水跃,这些流动主要以局部损失为主。由于实际工程中的明渠水流一般属于紊流,其流动结构接近和处于阻力平方区,本章所讨论的明渠流动均限于这种情况。

分析研究明渠水流流动按照一维流动法来进行,本章将根据明渠恒定流的特点使用一维总流的连续方程和能量方程对明渠恒定均匀流和恒定非均匀渐变流进行研究;使用一维总流的连续方程和动量方程对恒定非均匀急变流进行分析。研究和了解明渠水流运动规律的实际意义在于:明渠均匀流理论的学习将给出渠道设计的依据;明渠非均匀流水面曲线理论的学习将为确定渠道沿岸高程以及坝址上游淹没范围提供计算思路。

§8.1 明渠的几何特性

明渠的主要功能是输送水流。工程实践表明,明渠底坡的大小和横断面的形状及尺寸的几何特性对明渠水流状态和输送流量的大小有着重要的影响。因此在研究明渠水流运动规律之前,首先介绍明渠的底坡、横断面等几何特性。

8.1.1 明渠的底坡

在大多数情况下,明渠的渠底沿流向向下倾斜,其倾斜程度对明渠水流的状态是有影响的。一般将明渠渠底线在单位长度内的高程差(渠底倾斜程度),称为明渠的底坡,以符号 i 表示。如图8-1所示,设1—1和2—2两断面之间渠底线长度为 dx,两断面的渠底高程分别为 z_{01} 和 z_{02},则渠底高程差为

$$z_{01} - z_{02} = -(z_{02} - z_{01}) = -dz_0$$

根据底坡的定义,底坡 i 可以表示为

$$i = \frac{z_{01} - z_{02}}{dx} = -\frac{dz_0}{dx} = \sin\theta \tag{8-1}$$

式中 θ 为渠底线与水平线之间的夹角。当夹角 θ 较小($\theta = 6°$)时,渠底线长度 dx 近似等于水平距离 dl,则 $i \approx \tan\theta$。

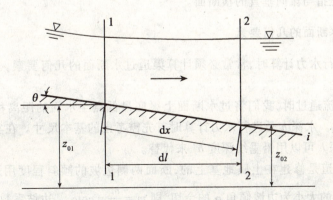

图8-1 明渠的底坡示意图

如图 8-2 所示,明渠底坡可能有三种情况:

渠底高程沿流程下降的底坡称为正坡,或称顺坡,这时 $dz_0 < 0, i > 0$;

渠底线高程沿流程不变的底坡称为平坡,这时 $dz_0 = 0, i = 0$;

渠底的高程沿流程上升的底坡称为负坡,或称逆坡,这时 $dz_0 > 0, i < 0$。

对于人工渠道上述三种底坡都可能出现,只是大多数情况下为正坡,负坡情况最为少见。由于天然河道的河底线为复杂的曲线,其底坡只能是某一河段的平均底坡。

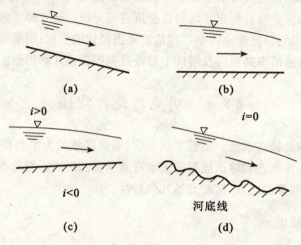

图 8-2 几种明渠底坡示意图

8.1.2 明渠的横断面

明渠的横断面有各种各样的形状。如图 8-3 所示。人工渠道的横断面均为规则形状。土渠大多为梯形断面;涵管、隧洞则多为圆形断面,也有采用马蹄形断面或蛋形断面;混凝土渠道或渡槽则可能采用矩形断面或半圆形断面。天然河道的横断面一般为不规则形状,同一条河道各个横断面的形状和尺寸差别较大。大多横断面的形状由主槽和滩地组成,流量小水位低时,水流集中在主槽内;流量大水位高时,主槽内的水流将漫至滩地。

需要注意的是,明渠的横断面与过水断面是有区别的。横断面一般泛指渠道的断面形状,而过水断面是指与流向垂直的横断面。

8.1.3 过水断面的几何要素

在对明渠进行水力计算时,常常必须计算渠道过水断面的几何要素。现以梯形过水断面为例,进行讨论。

当渠道有水流通过时,我们将过水断面上渠底最低点至水面的距离称为水深,以 h 表示,如图 8-3 所示。水深 h 是进行水力计算时首先需考虑的基本尺寸。在实际工程中,当夹角 θ 较小时,水深 h 可以用铅垂线深度 h' 来代替。

一般梯形渠道是修建在土质地基上的,断面两侧边坡的倾斜程度用边坡系数 m 来表示。边坡系数 m 的大小为边坡倾角 α 的余切,即 $m = \dfrac{m}{1} = \cot\alpha$。边坡系数 m 的取值应根据

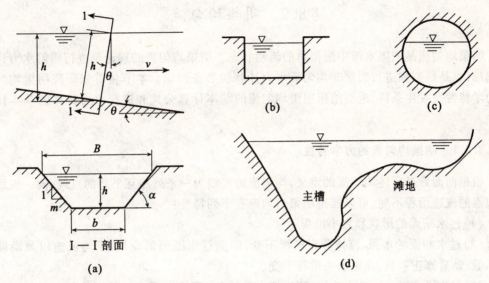

图 8-3 明渠的横断面示意图

土质的种类或边坡护面的情况而定。

关于过水断面面积、湿周、水力半径的计算,有以下公式:

过水断面面积
$$A = (b + mh)h \tag{8-2}$$

湿周
$$\chi = b + 2h\sqrt{1 + m^2} \tag{8-3}$$

水力半径
$$R = \frac{A}{\chi} = \frac{(b + mh)h}{b + 2h\sqrt{1 + m^2}} \tag{8-4}$$

其他形状的过水断面面积、湿周、水力半径等可以用相应的公式求得。

总的来说,可以按明渠底坡和横断面是否沿流程变化将明渠分为棱柱体明渠和非棱柱体明渠。对于横断面形状和尺寸以及底坡沿程不变的顺直明渠称为棱柱体明渠;而横断面形状和尺寸以及底坡沿流程有变化的明渠,或者弯曲的明渠称为非棱柱体明渠。如图 8-4 所示。

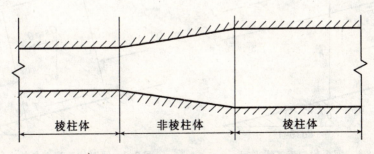

图 8-4 棱柱体明渠与非棱柱体明渠示意图

§8.2 明渠均匀流

明渠均匀流是明渠水流中最简单的流动状态。明渠均匀流的理论是进行明渠水力计算的基础,也是研究和进行明渠非均匀流水力计算的必备知识。本节将首先研究明渠均匀流的力学特性及发生条件,进而给出明渠均匀流的基本计算公式和进行水力计算的基本计算方法。

8.2.1 明渠均匀流的力学特性

根据前面章节所述均匀流的定义,均匀流的流线为一系列相互平行的直线,同一流线上相应点的流速沿程不变,可以推得明渠均匀流有下列特性:

(1)过水断面的形状和大小沿程不变。

(2)过水断面的水深、流速分布沿程不变,因而过水断面的流量、平均流速以及动能修正系数、动量修正系数、流速水头沿程不变。

(3)如图 8-5 所示。总水头线、测压管水头线(水面线)、渠底坡线三线相互平行。也就是说,这三线在单位流程内的降落值相等。那么反映总水头降落值的水力坡度 J、测压管水头降落值的水面坡度 J_p 以及渠底坡降落值的底坡 i 三者相等,即

$$J = J_p = i \tag{8-5}$$

由于明渠均匀流为一种等速直线流动,没有加速度的作用,那么作用在明渠均匀流水体上的各种外力将保持平衡。如图 8-6 所示,在明渠均匀流水流中,取过水断面 1—1 和 2—2 之间的水体为隔离体来加以分析。作用在该水体上的作用力有过水断面 1—1 和 2—2 上的动水压力 P_1 和 P_2,重力 G,渠壁的摩擦阻力 T。沿流动方向可以写出力的平衡方程

$$P_1 + G\sin\theta - T - P_2 = 0 \tag{8-6}$$

由于断面 1—1 和断面 2—2 完全相等,两断面的压强分布均符合流体静压强的分布,动水压力 P_1 和 P_2 大小相等方向相反。因此平衡方程式(8-6)可以写成

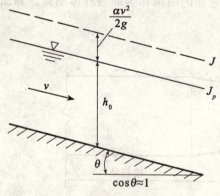

图 8-5 明渠均匀流三线平行

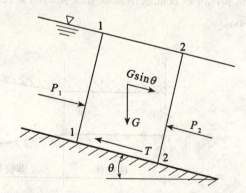

图 8-6 明渠均匀流上各外力保持平行

$$G\sin\theta = T \tag{8-7}$$

式(8-7)表明,明渠均匀流是水流的重力在流动方向上的分力与水流的摩擦阻力达到平衡时

的一种流动。从能量角度来看,在明渠均匀流中,对单位重量的水体,重力所做的功正好等于阻力所做的负功。从另一角度来说,水体的动能将沿流程不变,势能将沿程减少(即水面沿程下降),其减少值正好等于水流因克服阻力而损耗的能量。式(8-5)的物理意义也在于此。

从上面的分析可知,只有如下所述的水流和渠道才可能产生均匀流:水流必须是恒定的,流量保持不变,沿流程没有支流汇入和汇出;渠道必须是长而直的正坡棱柱体渠道,而且边壁粗糙情况沿程不变,没有建筑物的局部干扰。可见能产生明渠均匀流的条件是非常苛刻的。

在一般情况下,由于受各种因素的限制,明渠的水流和渠道是达不到上述要求的,因而渠道中大量存在着非均匀流。然而,对于顺直的正坡棱柱体渠道,只要有足够的长度,总是存在着非均匀流转化为均匀流趋势的。当明渠水流的水深大于均匀流的水深时,水流的平均流速将小于均匀流的平均流速,这时重力将增大,阻力将减小。因而将有重力沿流动方向的分量大于水流的阻力情况,使得水流作加速运动。由于明渠水流一般处于阻力平方区,水流阻力与流速的平方成正比。因此随着流速的增加,阻力也将增加,水深将不断减小。这样,经过一段流程,重力分量与阻力在新的状态下达到平衡,成为均匀流。又当明渠水流的水深小于均匀流的水深时,水流的平均流速将大于均匀流的平均流速,使得水流的阻力大于重力沿流动方向的分量,将使水流作减速运动。随着流速的减小,阻力相应减小,水深将不断增加,经过一段流程后,阻力与重力达到新的平衡,成为均匀流。总的来说,只要渠道足够长,同时没有其他干扰,由各种原因所产生的非均匀流总是向均匀流发展。

由于明渠均匀流是明渠水流中最基本的流动,是明渠非均匀流的发展趋势。对于人工渠道一般都是尽可能地使渠线顺直,底坡也尽量在长距离上保持不变,尽量采用同一种材料做成规则一致的横断面。这样的渠道是最有可能发生均匀流的。因此,在实际工程中一般情况下均按明渠均匀流来设计渠道。

8.2.2 明渠均匀流的计算公式

前面章节叙述的连续性方程(5-11)和谢才公式可作为明渠均匀流水力计算的基本公式

$$Q = Av \tag{5-11}$$

$$v = C\sqrt{RJ} \tag{6-56}$$

在均匀流情况下,水力坡度 J 等于渠道底坡 i,上述两式整理后得流量计算公式

$$Q = AC\sqrt{Ri} = K\sqrt{i} \tag{8-8}$$

式中 $K = AC\sqrt{R}$ 称为流量模数。当 $i = 1$ 时,$Q = K$,可知 K 的物理意义是底坡为 1 时的流量。当糙率 n 取为一定值时,K 值仅与渠道过水断面的形状、尺寸及水深有关。

明渠均匀流计算公式(8-8)中的谢才系数 C,常采用曼宁公式计算,即

$$C = \frac{1}{n} R^{\frac{1}{6}} \tag{8-9}$$

式中 R 是水力半径,n 为糙率。也可以采用巴甫洛夫斯基公式计算。谢才系数 C 是反映渠道水流阻力的系数,与渠道的水力半径 R 和糙率 n 有关。具体来说,水力半径 R 代表着渠道横断面的形状及尺寸,糙率 n 体现着渠道的粗糙程度。从工程实践来看,水力半径 R 和糙率 n 的取值和计算都直接影响水力计算的成果。特别是 n 值的影响比 R 值大得多。在设计渠

道时,如果 n 值选得偏小,计算所得的渠道过水断面偏小,渠道的过水能力将达不到设计要求,实际使用时容易发生渠道漫溢和泥沙淤积;如果 n 值选得偏大,计算所得渠道过水断面偏大,将增大施工工程量,造成浪费,实际使用时将因流速过大而引起冲刷。所以,根据实际情况正确地选定糙率 n ,是明渠的设计和计算的一个关键问题。

根据多年来的观测资料和工程经验,已分析和整理出了对于各种土质或衬砌材料的渠壁可选定糙率 n 的概略值。表 8-1 给出了部分情况下的糙率 n 值,可供计算时参考。我国相关部门也对全国的典型河道进行了广泛调查,整理了一系列糙率 n 值资料,可供查阅。

表 8-1　　　　　　　　各种材料人工渠道的糙率 n 值表

渠道表面的特性	n 值
1. 土　渠:坚实光滑的土渠	0.017
掺有少量粘土或石砾的沙土渠	0.020
砂砾底、砌石坡的渠道	0.020 ~ 0.022
细砾石(直径 10 ~ 30mm)渠道	0.022
中砾石(直径 20 ~ 60mm)渠道	0.025
粗砾石(直径 50 ~ 150mm)渠道	0.030
散布粗石块的土渠	0.033 ~ 0.04
野草丛生的砂壤土渠或砾石渠	0.04 ~ 0.05
2. 石　渠:中等粗糙的凿岩渠	0.033 ~ 0.040
细致爆开的凿岩渠	0.04 ~ 0.05
粗劣的极不规则的凿岩渠	0.05 ~ 0.065
3. 圬工渠:整齐勾缝的浆砌砖渠	0.013
细琢条石渠	0.018 ~ 0.024
细致浆砌碎石渠	0.013
一般浆砌碎石渠	0.017
粗糙的浆砌碎石渠	0.020
干砌块石渠	0.025
4. 混凝土渠:水泥浆抹光,水泥浆粉刷,钢模混凝土	0.01 ~ 0.011
模板较光、高灰粉的光混凝土	0.011 ~ 0.013
木模不加喷浆的混凝土	0.014 ~ 0.015
表面较光的夯打混凝土	0.0155 ~ 0.0165
表面干净的旧混凝土	0.0165
粗劣的混凝土衬砌	0.018
表面不整齐的混凝土	0.020

8.2.3 明渠均匀流的水力计算

鉴于均匀流为非均匀流的基础,也为了与非均匀流区别,通常称明渠内水流为均匀流时的水深为正常水深,以 h_0 表示。同时,相应于 h_0 的各种量都加上下标"0"。

使用均匀流计算公式(8-8),可以解决实际工程中常见的明渠均匀流的计算问题。分析式(8-8),可见式(8-8)中包含着流量 Q、底坡 i、糙率 n、断面要素 A 和 R 等变量。对于梯形渠道断面要素就是 h_0、b 和 m。 式(8-8)中的各变量可以写成下列函数关系

$$Q = f(m, b, h_0, i, n) \tag{8-10}$$

式(8-10)中共有六个变量,其中边坡系数 m 通常是根据土质或衬砌性质预先确定的。水力计算就是给定这六个变量中的五个,计算另一个。可能的计算类型列表如表 8-2 所示。表 8-2 中"√"表示已知量,"?"表示待求量。

表 8-2　　　　　　　　　　明渠均匀流水力计算类型

类 型	糙率 n	流量 Q	正常水深 h_0	底坡 i	断面尺寸 m、b
1	√	?	√	√	√
2	√	√	?	√	√
3	√	√	√	?	√
4	?	√	√	√	√
5	√	√	√	√	?

关于明渠均匀流水力计算的五种类型,可以分为两大基本情况。一种情况是对已建成的渠道,根据实际工程的需要,针对某些变量进行水力计算。如,校核流量 Q、流速 v,求某段渠道的底坡 i 以及糙率 n 的计算,等等。另一种情况是为设计渠道进行的水力计算,如确定正常水深 h_0,底宽 b,等等。

然而,在进行水力计算时,尽管只求解一个未知数,但有时计算很简单,有时则需求解复杂的高次方程。因此,从计算角度来说,一般有下列几种方法进行明渠均匀流的水力计算。

1. 直接求解法

对于表 8-2 中第 1、3、4 种类型,需求解流量 Q,或者底坡 i,或者糙率 n,只要根据式(8-8)和式(8-9),进行简单的代数运算,就可获得解答。

例 8-1　某水电站引水渠为梯形明渠,如图 8-7 所示。已知边坡系数为 $m = 1.5$,底宽为 $b = 40\text{m}$,糙率 $n = 0.03$,底坡 $i = 0.00015$,若测得均匀流时水深 $h_0 = 2.5\text{m}$,试问此时通过渠道的流量为多少?

解　当水深 $h_0 = 2.5\text{m}$ 时,各水力要素为:

断面面积　　$A = (b + mh_0)h_0 = (40 + 1.5 \times 2.5) \times 2.5 = 109.38\text{m}^2$

湿周　　　　$\chi = b + 2h_0\sqrt{1 + m^2} = 40 + 2 \times 2.5\sqrt{1 + 1.5^2} = 49.01\text{m}$

水力半径　　$R = \dfrac{A}{\chi} = \dfrac{109.38}{49.01} = 2.23\text{m}$

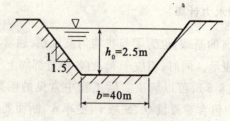

图 8-7 例 8-1 题图

谢才系数 $C = \dfrac{1}{n}R^{1/6} = \dfrac{1}{0.03} \times 2.23^{1/6} = 38.10 \text{m}^{0.5}/\text{s}$

代入式(8-8)可得通过的流量为

$$Q = AC\sqrt{Ri} = 109.38 \times 38.10\sqrt{2.23 \times 0.00015} = 76.22 \text{m}^3/\text{s}。$$

例 8-2 某地区干渠流量 $Q = 20\text{m}^3/\text{s}$,边坡系数 $m = 1.5$,底宽 $b = 5\text{m}$,水深 $h_0 = 3.00\text{m}$,底坡 $i = \dfrac{1}{6\,000}$,试求该干渠的糙率 n。

解 根据题给的数据,可得各水力要素为:

断面面积 $A = (b + mh_0)h_0 = (5 + 1.5 \times 3.00) \times 3.00 = 28.52 \text{m}^2$

湿周 $\chi = b + 2h_0\sqrt{1 + m^2} = 5 + 2 \times 3.00\sqrt{1 + 1.5^2} = 15.82 \text{m}$

水力半径 $R = \dfrac{A}{\chi} = \dfrac{28.52}{15.82} = 1.80 \text{ m}$

由式(8-8)可得干渠的糙率为

$$n = \dfrac{AR^{\frac{2}{3}}i^{\frac{1}{2}}}{Q} = \dfrac{28.52 \times 1.80^{\frac{2}{3}}}{20 \times 6\,000^{\frac{1}{2}}} = 0.0272。$$

2. 迭代试算法

对于表 8-2 中第 2、5 种类型,需求解正常水深 h_0,或者底宽 b,这时计算式为 h_0 或 b 的高次方表达式,不能直接求解,只能使用迭代试算法。一般有两种求解方法,一种是基于手工的试算法;另一种是基于计算机求解的迭代法。下面介绍试算法,关于迭代法可以参阅相关教材、文献。

假设若干个 h_0,代入计算式中求相应的 Q,并绘制成 $h_0 \sim Q$ 曲线,然后根据已知的 Q,从曲线图上定出 h_0。如果需求 b,则绘制 $b \sim Q$ 曲线,其他和求 h_0 一样。一般在绘制曲线时假设 3~5 个 h_0 或 b 值即可。这种方法也称为试算图解法。

例 8-3 水电站中有一梯形断面引水渠,浆砌块石衬砌,边坡系数为 $m = 1.0$,底坡为 $i = 0.00125$,底宽 $b = 7.0\text{m}$,在设计流量 $Q = 80\text{m}^3/\text{s}$ 情况下,试计算引水渠的堤顶高度(堤顶安全超高 0.5m)。

解 先求出正常水深 h_0,加上堤顶安全超高后可得堤顶高度。

由表 8-1 查得糙率 $n = 0.025$。分析式(8-8)可见,该式为 h_0 的高次方表达式,不能直接求解,将用试算图解法求解。使用列表法,表 8-3 给出在不同的 h_0 值时,由式(8-8)计算出各水力要素的值。

表 8-3　　　　　　　　　各水力要素计算值

h_0	A	χ	R	C	Q
2.0	18.00	12.657	1.422	42.418	32.192
2.5	23.75	14.071	1.688	43.647	47.614
3.0	30.00	15.485	1.937	44.661	65.933
3.5	36.75	16.899	2.174	45.529	87.236

将表 8-3 中 h_0 和 Q 的相应值绘制在方格坐标纸上，得 $h_0 \sim Q$ 曲线，如图 8-8 所示。由 $Q=80\text{m}^3/\text{s}$ 在 $h_0 \sim Q$ 曲线上查得相应的水深 $h_0=3.34\text{m}$。

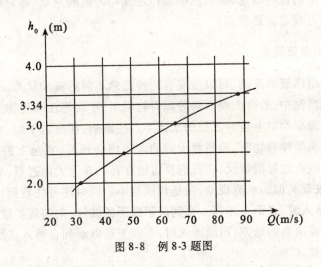

图 8-8　例 8-3 题图

3. 图解法、数表法

由于试算法工作量较大，国内外学者提出了许多简便的计算方法。一般为两类：一类是图解法，另一类是数表法。

关于图解法，在我国较通用的是使用一种关于梯形断面渠道均匀流水深或底宽的求解图，来计算梯形断面渠道均匀流水深 h_0 或底宽 b。图解法的优点是查找求解比较方便。其缺点是精度较差，有些结果可能查不到。这一类求解法在许多较早版的教材和设计计算手册中可见。

关于数表法，就是将计算结果用数值表表示出来，供设计计算时查用的一种方法。一些设计计算手册常给出这样的数值表。使用数表法的优点是查算方便，具有足够精度。其缺点是有时要使用内插法。

最后还应指出，在对明渠均匀流进行水力计算后，要对渠道中可能发生的流速进行分析。因为当渠道中的流速过大时，将会引起渠道冲刷，特别是对土渠尤应注意。而当流速过小时，将会引起渠道淤积。这两种情况均将导致渠道发生变形，影响渠道的过流能力。因此，渠道的断面平均流速 v 必须控制在一定的范围内，也就是应满足下列条件

$$v' > v > v''　　　　(8-11)$$

式中 v' 为不发生冲刷的允许（最大）流速，简称不冲流速；v'' 为不发生淤积的允许（最小）流速，简称不淤流速。不冲流速 v' 值主要与渠道土质、衬砌等材料有关，不淤流速 v'' 值主要与渠中水流的挟沙能力有关。v' 和 v'' 的取值可以参阅有关资料，并结合经验确定。

§8.3 缓流、急流、临界流

本节我们将开始研究明渠恒定非均匀流。明渠恒定非均匀流是与明渠均匀流不同的一种流动过程。本节首先根据自然现象引入缓流和急流的概念，然后根据水波的传播特点给出明渠中存在缓流、急流和临界流三种流态，以及这三种流态的判别原则，并且还从能量的观点分析缓流和急流的性质，同时引入临界水深的概念。最后介绍临界坡、缓坡和陡坡的概念。本节引入和介绍的这些概念，是研究明渠恒定非均匀流的基础，将对后面的明渠急变流和明渠渐变流的学习有着重要意义。

8.3.1 缓流和急流现象

有机会观察河道溪流的流动，可以发现有两种截然不同的流动状态。在底坡陡峻、水流湍急的山区河道或溪流中，若有大块石头等障碍物阻水，水面将在障碍物上隆起并跃过障碍物，同时激起浪花，障碍物对上游较远处的水流不产生影响；在底坡平坦、水流徐缓的平原河道中，若遇桥墩、石头等障碍物时，障碍物上游的水面将会壅高，直至上游较远处，在越过障碍物时水流将会下跌。这样的情况，在我们身边也存在。在下大雨过后，如果能注意一下路边的集沟，也可以发现类似的水流现象，只是规模较小。同时还可注意到，在水面宽阔，水流缓慢的地方，雨滴落入时，水面上出现一系列近乎圆形的波纹，向四周扩散并逐渐消逝；在水面狭窄，底坡大，水流湍急的地方，雨滴落入时，水面上可以看到自落入点顺水流方向逐渐张开的锐角形扩散波纹。

上述的两种水流状态说明，明渠水流存在着两种完全不同的流态。其中一种流态，水势平稳，流速低，若遇障碍物的干扰，其干扰可以向上游传播，越过障碍物时水流下跌；而另一种流态，水势湍急，流速高，若遇障碍物一跃而过，其干扰不向上游传播。前者称为缓流，后者称为急流。

下面将进一步讨论，明渠水流为什么会出现这两种状态，两者的实质以及判别标准。

8.3.2 微波的传播与三种流态

明渠水流遇到障碍物所受到的干扰与连续不断地扰动水流所形成的干扰在本质上是一样的。

如果在平静的湖水中同一点不断扔石子，湖水水面上将因这一干扰，不断产生微小的波，其波形犹如以干扰点为中心的同心圆，以一定的波速 c 向四周扩散。如图 8-9(a) 所示。如果在一等速流动的明渠水流中同一地点不断扔石子，则不断产生的干扰波，将随水流向上、下游传播。根据水流速度 v 的不同，将有三种情况：

（1）当 $v < c$ 时，干扰波以速度 $v - c$ 向上游传播，同时以速度 $v + c$ 向下游传播，干扰波的波形如图 8-9(b) 所示。

（2）当 $v = c$ 时，由于 $v - c = 0$，干扰波不向上游传播，而只以速度 $v + c = 2c$ 向下游传播，干扰波的波形如图 8-9(c)所示。

(3)当 $v > c$ 时,$v - c$ 和 $v + c$ 均大于零,干扰波以这两个速度向下游传播,干扰波的波形如图 8-9(d)所示。这是因为水流速度大于波速,将干扰所产生的影响完全带向下游。各时间干扰波波前所形成的外包线,组成了以干扰点为锥顶的锥形角 β,称为干扰角。干扰角内的水流受干扰波的影响,干扰角外的水流不受干扰波的影响。

我们把 $v < c$ 的水流称为缓流,这时干扰波既可以向上游传播也可以向下游传播;把 $v > c$ 的水流称为急流,这时干扰波只能向下游传播;把 $v = c$ 的水流称为临界流,这时只有一个向下游传播的干扰波。临界流是缓流和急流的分界点。

比较图 8-9 和图 7-4 至图 7-6,可见明渠水流中干扰波的传播与可压缩流体流动中微弱扰动的传播有相似之处。明渠水流中缓流、急流和临界流与可压缩流体流动中亚音速流动、超音速流动和音速流动也具有相似之处。但也要注意这两种流动的不同点。

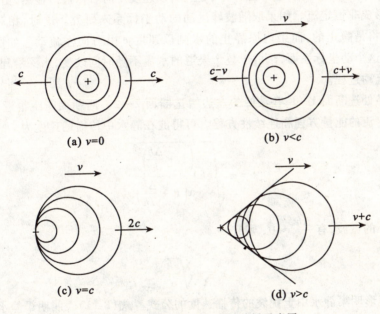

图 8-9　明渠水流中干扰波的传播示意图

8.3.3　三种流态的判别及佛汝德数

从前面讨论可见,缓流、急流以及临界流这三种流态与水流速度和波速的大小对比关系是紧密相关的。因此,要深入研究这三种流态,判别这三种流态,首先要确定干扰波的传播速度。

为确定干扰波的波速,可以通过分析渠道中产生的一个单一的孤立波的运动过程来进行。对于如图 8-10 所示的孤立波,形状简单,完全处于正常水面以上并且光滑地毫无干扰地移动。在无阻力的情况下,可以传到无穷远处,其形状和速度保持不变。然而,实际上由于阻力作用,波高将逐渐减小以至消失。

设想一平底矩形棱柱体明渠,渠内水体静止,水深为 h。用一直立平板以一定的速度由

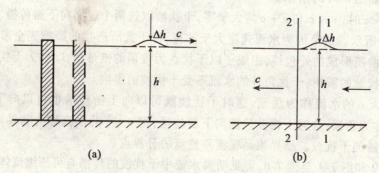

图 8-10 明渠干扰波的产生与传播示意图

左向右拨动一下,在平板的右边产生一个孤立波,以速度 c 向右传播。显然,由于波的传播,使得明渠中形成非恒定流。如果取随波峰运动的动坐标系来研究。这时,相对于这个动坐标系来说,波将是静止的,而渠内原静止的水则以速度 c 由右向左流动。如图 8-10(b) 所示。此时,就这个动坐标系而言,由于整个渠道的水流不随时间改变,水深沿程变化,则为恒定非均匀流流动过程。

现在波峰处选断面 1—1,在波峰的左边缘选断面 2—2。两断面间距很近,忽略能量损失。引入恒定流的能量方程和连续性方程。可得波在静水中传播的速度为

$$c = \pm \sqrt{gh \frac{\left(1 + \frac{\Delta h}{h}\right)^2}{\alpha \left(1 + \frac{\Delta h}{2h}\right)}} \tag{8-12}$$

对于波高较小的微波,有 $\frac{\Delta h}{h} \approx 0$,则有

$$c = \pm \sqrt{\frac{gh}{\alpha}} \tag{8-13}$$

式(8-13)为矩形明渠静水中干扰波的传播速度的公式。式(8-13)表明明渠静水中干扰波的传播速度与重力和波所在断面的水深有关。对于非矩形断面的棱柱体渠道,波速公式中水深 h 为断面平均水深。

若令 $\alpha = 1.0$,则式(8-13)可以写成

$$c = \pm \sqrt{gh} \tag{8-14}$$

式(8-13)和式(8-14)中的"+"、"-"号在静水中只有数学上的意义。在速度为 v 的明渠水流中,静水波速 c 称为相对波速,式中的"+"号适用于波的传播方向与水流方向一致的顺水波,"-"号适用于波的传播方向与水流方向相反的逆水波。这时渠道中干扰波的传播速度为相对波速和水流速度之和,称为绝对波速。其中,向下游的传播速度(顺水波)为 $v + \sqrt{gh}$,向上游的传播速度(逆水波)为 $v - \sqrt{gh}$。

由于缓流和急流主要取决于流速 v 和波速 c 的相对大小,因此可以将流速 v 和波速 c 的比值作为判别缓流和急流的标准。这个比值是一个无量纲数,一般以符号 Fr 表示,称为佛汝德数,即

$$\mathrm{Fr} = \frac{v}{c} = \frac{v}{\sqrt{\frac{g\bar{h}}{\alpha}}} = \frac{v}{\sqrt{\frac{gA}{\alpha B}}} = \sqrt{\frac{\alpha Q^2 B}{gA^3}} \tag{8-15}$$

令 $\alpha = 1.0$,则
$$\mathrm{Fr} = \sqrt{\frac{Q^2 B}{gA^3}} \tag{8-16}$$

对于临界流,有 $v = c = \sqrt{g\bar{h}}$,则 Fr=1.0;

对于缓流,有 $v < \sqrt{g\bar{h}}$,则 Fr<1.0;

对于急流,有 $v > \sqrt{g\bar{h}}$,则 Fr>1.0。

因此,若需判别某一实际水流所属的流态,只需测得平均流速 v,过水面积 A,水面宽度 B 或者水深 $\bar{h}$,算出 Fr 数。若 Fr<1,属缓流;若 Fr>1,属急流;若 Fr=1,则属临界流。

佛汝德数 Fr 是流体力学中重要的无量纲判别数,为探讨 Fr 数的物理意义,将式(8-15) 作下列变形

$$\mathrm{Fr} = \frac{v}{\sqrt{g\bar{h}}} = \sqrt{2\frac{\frac{v^2}{2g}}{\bar{h}}}$$

从上式可知,佛汝德数表示的是单位重量动能 $\frac{v^2}{2g}$ 与单位重量势能 $\bar{h}$ 的比值的二倍的开平方。也可以说,佛汝德数反映了水流中单位动能和单位势能的对比关系。对于某种流动,如果单位动能占优,Fr>1,则为急流;如果单位势能占优,Fr<1,则为缓流;如果两种能量所占比值相当,Fr=1,则为临界流。从力的角度还可以证明,佛汝德数反映了水流的惯性力与重力两种作用力的对比关系。两种作用力相等,则为临界流;惯性力作用大于重力作用,惯性力对水流起主导作用,则为急流;惯性力作用小于重力作用,重力对水流起主导作用,则为缓流。

由于临界流是缓流和急流之间的一种特殊的流动,在以后的叙述中,我们将属于临界流的各水力要素的符号均加以下标 k。如临界流的断面面积 A_k、水面宽度 B_k 等。临界流的水深称为临界水深,以 h_k 表示,相应的流速称为临界流速,以 v_k 表示。

8.3.4 断面比能,临界水深

前面从运动学的观点分析了缓流和急流的特性,下面将从能量方面进行分析,并引申出临界水深。

对于如图 8-11 所示的明渠渐变流,在图示的过水断面上某点 A,以 0—0 水平面为基准面,可以写出水流的单位总机械能 E 为

$$E = z + \frac{p}{\rho g} + \frac{\alpha v^2}{2g}$$

式中: z ——A 点的位置水头;

$\frac{p}{\rho g}$ ——压强水头;

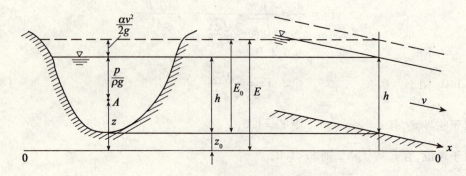

图 8-11 明渠渐变流的能量分析图

$\dfrac{\alpha v^2}{2g}$ ——流速水头；

E ——总水头。

由于渐变流过水断面上的压强分布近似按流体静压强分布，也就是该过水断面上各点的测压管水头为常数。如果同时还考虑该断面上最低点的测压管水头，有

$$z + \dfrac{p}{\rho g} = z_0 + h = 常数$$

式中 $z_0 + h$ 为该过水断面上最低点的测压管水头。其中 z_0 为断面最低点的高程即位置水头，h 为断面最大水深即最低点的压强水头。在计算过水断面上最低点的测压管水头时，假定渠道底坡较小，$\cos\theta \approx 1$，水深可以近似取做铅垂线。如图 8-11 所示。

于是，单位总机械能 E 可以写成

$$E = z_0 + h + \dfrac{\alpha v^2}{2g} \tag{8-17}$$

由于 z_0 只取决于基准面的位置与水流状态无关，而 h 与 $\dfrac{\alpha v^2}{2g}$ 却反映了水流的运动状态，因此我们单独考虑这两项。也就是将断面最大水深与平均流速水头之和定义为断面单位能量或断面比能，并以 E_s 表示，即

$$E_s = h + \dfrac{\alpha v^2}{2g} \tag{8-18}$$

由式(8-17)和式(8-18)可以看出，单位总机械能 E 与断面单位能量 E_s 仅相差 z_0，也可以说断面单位能量 E_s 是基准面建立在断面最低点的单位总机械能或总水头。两者的关系可以由下式表示

$$E = E_s + z_0 \tag{8-19}$$

或

$$E_s = E - z_0 \tag{8-20}$$

由于明渠水流存在能量损失，单位总机械能 E 总是沿流程 x 减少，即 $\dfrac{dE}{dx} < 0$。

对于断面单位能量 E_s 沿流程的变化，由式(8-20)有

$$\dfrac{dE_s}{dx} = \dfrac{dE}{dx} - \dfrac{dz_0}{dx} \tag{8-21}$$

其中
$$\frac{dE}{dx} = -J, \quad \frac{dz_0}{dx} = -i$$

因而式(8-21)可以写为

$$\frac{dE_s}{dx} = i - J \tag{8-22}$$

对于均匀流有 $i = J$，则 $\frac{dE_s}{dx} = 0$，即断面单位能量 E_s 沿程不变；对于非均匀流，有 $i \neq J$，则 $\frac{dE_s}{dx} \neq 0$，即断面单位能量 E_s 沿程变化表示了明渠水流的非均匀程度，从 i 的三种取值情况 ($i > 0, i = 0, i < 0$) 以及和 J 值的对比关系可见，E_s 可以沿流程减小，沿流程不变甚至沿流程增加。

对于断面单位能量 E_s 的表达式(8-18)，现将流速 $v = \frac{Q}{A}$ 代入，得

$$E_s = h + \frac{\alpha Q^2}{2gA^2} = f(h) \tag{8-23}$$

当渠道流量 Q、渠道断面形状尺寸给定后，过水断面面积 A 只是水深 h 的函数，式(8-23)为水深 h 的函数。按照该函数可以绘制出断面单位能量 E_s 随水深 h 变化的关系曲线，这个曲线称为比能曲线。

假定已给定渠道的流量和渠道断面形状尺寸，现根据式(8-23)定性地讨论比能曲线的特征。

当 h 趋近于 0 时，面积 A 趋近于 0，则式(8-23)右边第一项趋近于 0，第二项趋近于 ∞。有 E_s 趋近于 ∞。

当 h 趋近于 ∞ 时，面积 A 趋近于 ∞，则式(8-23)右边第一项趋近于 ∞，第二项趋近于 0。E_s 仍趋近于 ∞。

若以 h 为纵坐标，以 E_s 为横坐标，从上述讨论知，该比能曲线为一条二次抛物曲线，曲线的上端与坐标轴成 45°角，并以通过坐标原点的直线为渐近线，下端则以与横坐标重合的水平线为渐近线。当 h 由 0 到趋近于 ∞ 的变化过程中，E_s 值则相应地从 ∞ 逐渐变小，达到某个最小值 $E_{s\min}$ 后，又逐渐增大到 ∞。如图 8-12 所示。

从数学上说最小值 $E_{s\min}$ 处为极值点，该点也称为 K 点。由图 8-12 可见，K 点将比能曲线分成上、下两支。为分析上、下两支曲线变化规律及对应的流态，由式(8-23)，对 h 求导得

$$\frac{dE_s}{dh} = \frac{d}{dh}\left(h + \frac{\alpha Q^2}{2gA^2}\right) = 1 - \frac{\alpha Q^2}{gA^3}\frac{dA}{dh} \tag{8-24}$$

式中 dA 是水深增量 dh 而引起的面积的增量，以 B 表示对应于水深为 h 时的水面宽度，忽略两岸边坡的影响，则 $\frac{dA}{dh} = B$，如图 8-13 所示。代入上式，得

$$\frac{dE_s}{dh} = 1 - \frac{\alpha Q^2 B}{gA^3} = 1 - \frac{\alpha v^2}{g\bar{h}} = 1 - \text{Fr}^2 \tag{8-25}$$

式中取 $\alpha = 1.0$。式(8-25)说明，明渠水流的断面单位能量 E_s 随水深 h 的变化规律取决于断面上的佛汝德数 Fr。

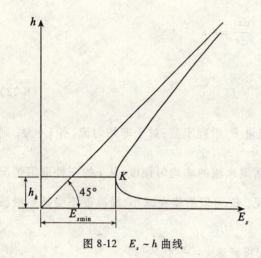 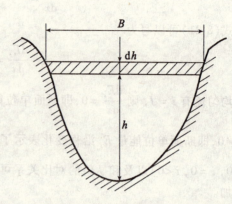

图 8-12　$E_s \sim h$ 曲线　　　　图 8-13　渠道断面各要素增量与水面宽的关系图

在极值点 K 点处,有 $\dfrac{dE_s}{dh}=0$,由式(8-25)得,$Fr^2=1$ 或 $Fr=1$,即该点代表水流为临界流的状态。因此相应于 K 点也就是相应于最小值 E_{smin} 的水深就是前述的临界水深 h_k。

对于缓流,$Fr<1$,由式(8-25)有 $\dfrac{dE_s}{dh}>0$,相当于比能曲线的上半支,断面单位能量 E_s 随水深 h 的增加而增加,同时有 $h>h_k$。

对于急流,$Fr>1$,由式(8-25)有 $\dfrac{dE_s}{dh}<0$,相当于比能曲线的下半支,断面单位能量 E_s 随水深 h 的增加而减小,同时有 $h<h_k$。

由 $E_s \sim h$ 曲线可见,当 $E_s \neq E_{smin}$ 时,同一个 E_s 值对应于两个不同的水深:一个是缓流 $h>h_k$;另一个是急流 $h<h_k$。由于确定的 E_s 对应于渠道中通过某一确定的流量,因此可以说,对于某一确定的流量渠道中既可能发生缓流也可能发生急流。

根据 E_s 最小值点 K 点是极值点的性质,应用式(8-25),可得临界水深应满足的条件

$$1-\dfrac{\alpha Q^2 B}{g A^3}=0 \tag{8-26}$$

在此将相应于临界流的水力要素加以下标 k,上式可以写为

$$\dfrac{\alpha Q^2}{g}=\dfrac{A_k^3}{B_k} \tag{8-27}$$

在流量和过水断面的形状及尺寸给定时,使用上式可以求解临界水深 h_k。由于式(8-27)为高次方程,在对不同的断面形状及尺寸的渠道,有不同的求解临界水深 h_k 的方法。

1. 对于矩形断面

如果渠道断面为矩形,其宽为 b,则 $B_k=b$,$A_k=bh_k$,代入式(8-27)可以解得

$$h_k=\sqrt[3]{\dfrac{\alpha}{g}\left(\dfrac{Q}{b}\right)^2}=\sqrt[3]{\dfrac{\alpha q^2}{g}} \tag{8-28}$$

式中 $q=\dfrac{Q}{b}$ 称为矩形渠道单宽流量。

例 8-4　有一底宽 $b=8\text{m}$ 的矩形断面渠道,当流量 $Q=40\text{m}^3/\text{s}$ 时,试求此时渠中的临界

水深。

解 由于 $q = \dfrac{Q}{b} = \dfrac{40}{8} = 5\text{m}^2/\text{s}$,代入式(8-28)得临界水深 h_k

$$h_k = \sqrt[3]{\dfrac{\alpha q^2}{g}} = \sqrt[3]{\dfrac{1.0 \times 5^2}{g}} = 1.366\text{m}。$$

2. 对于任意形状断面

如果渠道断面为梯形或其他任意形状,由于过水断面面积与水深之间的函数关系比较复杂,将这样的关系式代入式(8-27),不能得出临界水深 h_k 的直接解。在这种情况下,一般可以采用试算法或图解法,实际工程中也有一些近似计算法。

当临界水深 h_k 求出后,根据前面的分析,可以利用临界水深 h_k 作为水流流态的判别标准,即:

当 $h > h_k$ 时,Fr<1,为缓流。

当 $h = h_k$ 时,Fr=1,为临界流。

当 $h < h_k$ 时,Fr>1,为急流。

8.3.5 临界底坡、缓坡和陡坡

由明渠均匀流计算公式(8-8)

$$Q = AC\sqrt{Ri} = K\sqrt{i} \tag{8-29}$$

可见式中流量模数 K 为正常水深 h_0 的函数,即 $K = f(h_0)$。式(8-29)可以写为

$$Q = f(h_0)\sqrt{i} \tag{8-30}$$

由式(8-30)可见,底坡 i 与正常水深 h_0 成反比关系。当渠道的流量 Q、糙率 n 以及渠道断面形状尺寸一定的情况下,正常水深 h_0 与底坡 i 的关系如图8-14所示。由于曲线在 $0 < h_0 < \infty$ 之间为连续的,则必可在曲线上找出一个正常水深正好等于临界水深的 k 点。此时 k 点所对应的底坡称为临界底坡,以 i_k 表示。换句话说,临界底坡就是在一定流量下,水流可以形成均匀的临界流时的底坡。根据相关定义,临界底坡 i_k 可以由式(8-8)和临界流条件式(8-27)联解求得,即

$$i_k = \dfrac{Q^2}{C_k^2 A_k^2 R_k} = \dfrac{gA_k}{\alpha C_k^2 R_k B_k} \tag{8-31}$$

式中 C_k、A_k、R_k 分别为相应于临界水深的谢才系数、过水断面面积和水力半径。

由式(8-31)可见,明渠的临界底坡 i_k 与渠道断面的形状、尺寸、流量和糙率有关,而与渠道的实际底坡无关。这就是说,在流量、渠道断面形状、尺寸和糙率给定的棱柱体渠道中,当水流作均匀流时,一般存在一个与实际底坡无关的假想的底坡,即临界底坡。如果渠道的实际底坡正好等于该临界底坡,则渠道内发生均匀临界流。当渠道的水流条件如渠道断面的形状、尺寸、流量和糙率等其中某一项发生改变,则该渠道的临界底坡 i_k 将发生改变。临界底坡实际上反映了明渠水流为均匀流时内部隐含的水流流动特性。由于实际底坡 i 一般是不等于临界底坡 i_k 的,将实际底坡 i 与计算出的某种临界底坡 i_k 相比较可以将实际底坡分成三类:

当 $i < i_k$ 时,为缓坡;

当 $i = i_k$ 时,为临界坡;

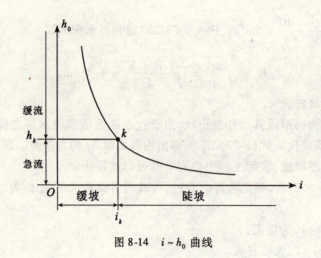

图 8-14 $i \sim h_0$ 曲线

当 $i > i_k$ 时,为陡坡。

注意,由于只有可产生均匀流的正坡渠道才可以分为三种底坡。同一个 i 在流量 Q、糙率 n 等不同的水流条件下,可能为不同性质的底坡。对于具有确定的流量 Q、糙率 n 等值的明渠水流,i 属于哪种性质的底坡则是确定的。

由图 8-14 可见,当明渠中水流为均匀流时,有下面三种情况:

(1)在缓坡($i < i_k$)上,$h_0 > h_k$,水流为缓流;
(2)在临界坡($i = i_k$)上,$h_0 = h_k$,水流为临界流;
(3)在陡坡($i > i_k$)上,$h_0 < h_k$,水流为急流。

图 8-15 给出了上述三种情况。图 8-15 中 $N-N$ 线表示正常水深线,$K-K$ 线表示临界水深线。对于平坡($i = 0$)和负坡($i < 0$)渠道,由于不可能出现均匀流,所以没有 $N-N$ 线,因为临界水深 h_k 与底坡 i 无关,故可以绘出 $K-K$ 线。图 8-15 也给出了后两种情况。

如果在缓坡、临界坡、陡坡上发生非均匀流,则缓流、急流和临界流都有可能发生。具体研究将在本章 §8.5 中进行。

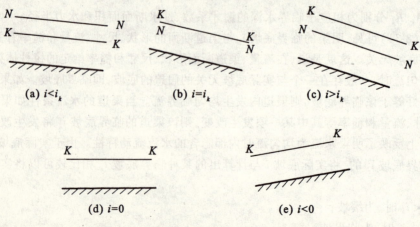

图 8-15 各种底坡明渠的 $N-N$、$K-K$ 参考线

§8.4 水　跃

当渠道中的水流受某种水工建筑物的影响,由急流状态向缓流状态过渡时,将会产生一种水面突然跃起的局部水流现象。也就是在一段短距离的渠段内,水深由小于临界水深急剧地跃至大于临界水深。对于这种特殊的水流现象称为水跃。如图 8-16 所示。一般在闸、坝等水工建筑物以及陡坡明渠(也称陡槽)的下游产生水跃。

观察水跃的流动状况,可见在短距离内,水深急剧上升,水面不连续,上部有一个作剧烈运动的表面旋滚,并使水面剧烈波动和翻腾,掺入大量气泡。下部则是急剧扩散的主流。整个区域水流剧烈紊动和混掺,上部和下部之间能量不断交换,产生较大的能量损失。可见这样的流动属于明渠非均匀急变流。由于闸、坝等泄水建筑物下泄的水流带有很大的能量,对下游河床造成冲刷等危害,常使用水跃作为消能的主要措施。

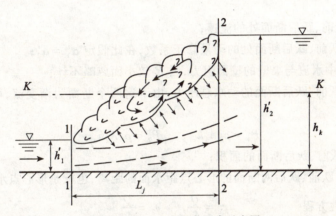

图 8-16　水跃及水跃各要素示意图

表面旋滚起点即水面开始变化处的过水断面 1—1 称为跃前断面,该断面处的水深称为跃前水深 h'。表面旋滚终点的过水断面 2—2 称为跃后断面,该断面处的水深称为跃后水深 h''。跃前断面至跃后断面的距离为水跃长度 L_j。

本节将运用动量方程推导描述水跃跃前水深和跃后水深关系的水跃基本方程,并根据水跃基本方程进行跃前水深和跃后水深的计算,以及水跃长度的计算。

8.4.1　水跃的基本方程

从水跃的流动状况来看,水跃流动属于恒定总流流动,跃前、跃后两个断面为渐变流断面,可以用能量方程或动量方程来推导水跃基本方程。然而,水流经过水跃过程后,将有较大的能量损失,这个损失是不能忽略的,但又是未知的。因此一般不用能量方程求解水跃问题。而用动量方程来解决这一问题。

为简化起见,假设一水跃发生在棱柱体水平明渠中,如图 8-17 所示。以跃前断面 1—1 和跃后断面 2—2 之间的水体为隔离体,对该隔离体写出动量方程

$$\rho Q(\alpha'_1 v_1 - \alpha'_2 v_2) = P_1 - P_2 - T \tag{8-32}$$

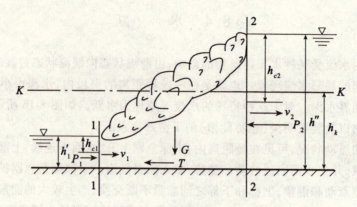

图 8-17 水跃受力分析图

式中:Q——流量;

v_1、v_2——跃前、跃后断面处的流速;

α_1'、α_2'——跃前、跃后断面处的动量修正系数,在此假定 $\alpha_1' = \alpha_2'$;

T——水跃中水流与渠壁的壁面阻力,因 L_j 较小而忽略不计;

P_1、P_2——跃前、跃后断面的动水总压力,由于这两个断面为渐变流,可以按流体静压力公式计算,即

$$P_1 = \rho g A_1 h_{c1}, \quad P_2 = \rho g A_2 h_{c2}$$

式中:A_1、A_2——跃前、跃后断面的面积;

h_{c1}、h_{c1}——跃前、跃后两断面的形心点距水面的距离,也就是形心点水深。

再考虑连续性方程
$$v_1 = \frac{Q}{A_1}, \quad v_2 = \frac{Q}{A_2}$$

代入式(8-32),并化简整理后得

$$\frac{\alpha' Q^2}{g A_1} + A_1 h_{c1} = \frac{\alpha' Q^2}{g A_2} + A_2 h_{c2} \tag{8-32a}$$

式(8-32a)为所求的水跃基本方程。当明渠断面形状、尺寸和流量一定时,断面面积 A、形心点水深 h_c 均为水深 h 的函数,因此方程左、右两边都是水深 h 的函数。由于两边函数形式完全一样,称该函数为水跃函数,以 $J(h)$ 表示,即

$$J(h) = \frac{\alpha' Q^2}{g A} + A h_c \tag{8-33}$$

于是,式(8-32a)可以写成

$$J(h') = J(h'') \tag{8-34}$$

式(8-34)说明,尽管跃前水深 h' 与跃后水深 h'' 不相等,但两者的水跃函数值是相等的。具有这种性质的两个水深也称为共轭水深。

类似于断面单位能量 E_s 曲线,在给定流量 Q 和渠道断面形状及尺寸的情况下,可以绘制出水深 h 与水跃函数 $J(h)$ 的关系曲线,即水跃函数曲线。如图 8-18 所示。该曲线存在一极小值 $J_{\min}$,可以证明与极小值对应的水深为临界水深 h_k。水跃函数曲线极值点将该曲线分成上、下两支曲线,下支曲线为急流区,对应的水深为跃前水深 h',有 $h' < h_k$;上支曲线

为缓流区,对应的水深为跃后水深 h'',有 $h''>h_k$。从曲线图 8-18 可见,对于同一个水跃函数 $J(h)$,有相应的两个水深 h' 和 h''。跃前水深 h' 越小,则跃后水深 h'' 越大,反之亦然。理解了上述这些水跃函数曲线的性质,有助于水跃的水力计算。

尽管上述推导的水跃基本方程是基于水平底坡渠道的,但对于底坡不大的棱柱体明渠也可以近似应用。

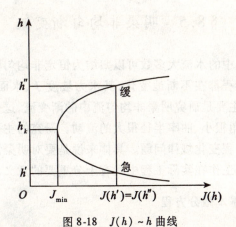

图 8-18 $J(h) \sim h$ 曲线

8.4.2 水跃的水力计算

进行水跃水力计算,就是根据已知的渠道断面形状、尺寸、流量 Q 和其中一个共轭水深,从水跃基本方程求解另一个共轭水深。由于水跃基本方程中的面积 A 和形心点水深 h_c 均为共轭水深的复杂函数,共轭水深一般不易直接由方程解出。除了断面形状为简单的矩形可以用直接法求解外,其余的只能用试算法、图解法等方法求解。

对于矩形断面的渠道,可以用直接法求解共轭水深。如果矩形断面渠道的底宽为 b,单宽流量 $q = \dfrac{Q}{b}$,水跃基本方程可以写为

$$\frac{\alpha' q^2}{g h'} + \frac{1}{2} h'^2 = \frac{\alpha' q^2}{g h''} + \frac{1}{2} h''^2$$

整理后,可得

$$h' h'' (h' + h'') = \frac{2\alpha' q^2}{g}$$

分别以跃后水深 h'' 或跃前水深 h' 为未知数,解上述一元二次方程,得

$$h'' = \frac{h'}{2}\left[\sqrt{1 + \frac{8\alpha' q^2}{g h'^3}} - 1\right] = \frac{h'}{2}\left[\sqrt{1 + 8\mathrm{Fr}_1^2} - 1\right] \tag{8-35}$$

$$h' = \frac{h''}{2}\left[\sqrt{1 + \frac{8\alpha' q^2}{g h''^3}} - 1\right] = \frac{h''}{2}\left[\sqrt{1 + 8\mathrm{Fr}_2^2} - 1\right] \tag{8-36}$$

式中 $\mathrm{Fr}^2 = \dfrac{\alpha q^2}{g h^3} \approx \dfrac{\alpha' q^2}{g h^3}$,$\mathrm{Fr}_1$、$\mathrm{Fr}_2$ 分别为水跃跃前断面和跃后断面的佛汝德数。

经过实验验证,式(8-35)、式(8-36)给出的计算成果在一定的佛汝德数范围内

（1.7<Fr_1<9）与实验结果是吻合的。

由于水跃内部的紊动机制和产生消能的机理的研究还不充分,至今为止,还没有关于水跃长度计算的可以应用的理论公式。目前,实际工程中大多使用通过实验得到的经验公式来近似估算水跃长度。关于平底矩形明渠水跃长度经验公式很多,可以查阅相关教材和文献。

§8.5 明渠非均匀渐变流

天然河道或人工渠道中的水流大多数可以归结为恒定非均匀流。明渠恒定非均匀流的主要特点是水深和流速沿程都在不断地变化,其水力坡度 J、水面坡度 J_p 和底坡 i 互不相等,即 $J \neq J_p \neq i$。本节主要是研究明渠非均匀流中的渐变流,这是一种流线接近相互平行的直线,或流线之间的夹角很小、曲率半径很大的流动。研究的主要问题是明渠渐变流的基本特性及其水力要素的沿程变化规律问题。具体来说是要对明渠渐变流的水面曲线进行形状分析和坐标计算。这些工作在实际工程中具有十分重要的意义。

8.5.1 明渠渐变流基本微分方程

对于如图 8-19 所示的明渠非均匀渐变流水流过程,在渠道沿水流方向任取相距 dx 的 1—1 和 2—2 两断面。设 1—1 断面的水位为 z,断面流速为 v;2—2 断面的水位为 $z + dz$,断面流速为 $v + dv$。以 0—0 为基准面,对 1—1 和 2—2 断面列能量方程,即

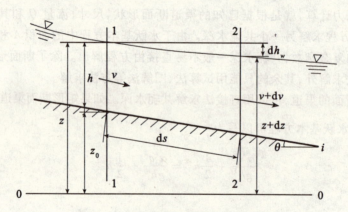

图 8-19 明渠非均匀渐变流分析示意图

$$z + 0 + \frac{\alpha v^2}{2g} = (z + dz) + 0 + \frac{\alpha (v + dv)^2}{2g} + dh_w \tag{8-37}$$

式中 $\alpha_1 \approx \alpha_2 = \alpha$。$dh_w = dh_f + dh_j$ 为水流在 1—1 和 2—2 两断面之间发生的能量损失,为沿程水头损失和局部水头损失之和,引入谢才公式表示沿程水头损失。可以推得明渠恒定渐变流的基本微分方程

$$\frac{dz}{dx} + (\alpha + \zeta) \frac{d}{dx}\left(\frac{v^2}{2g}\right) + \frac{Q^2}{K^2} = 0 \tag{8-38}$$

方程(8-38)表示了水位沿程变化的情况,是实际液体总流能量方程在明渠水流中的具

体表达式。与连续性方程配合,可以用于分析天然河道与人工渠道的能量变化情况和水面曲线的变化情况。

8.5.2 人工渠道渐变流基本微分方程

对于有固定底坡 i 的人工渠道,一般需了解水深沿程变化规律。因此为今后讨论方便,应将基本微分方程式(8-38)转化为水深沿流程变化关系的形式。即

$$\frac{dh}{dx} = \frac{i - \dfrac{Q^2}{K^2} + (\alpha + \zeta)\dfrac{Q^2}{gA^3}\dfrac{\partial A}{\partial s}}{1 - (\alpha + \zeta)\dfrac{Q^2 B}{gA^3}} \tag{8-39}$$

式(8-39)就是表示水深沿程变化的人工渠道恒定非均匀渐变流基本微分方程式。式(8-39)可以用于棱柱体和非棱柱体渠道。

对于棱柱体渠道,则 $\dfrac{\partial A}{\partial x} = 0$,同时由于棱柱体渠道渐变流中局部水头损失很小,一般可以忽略不计,即 $\zeta = 0$。因此式(8-39)可以简化为

$$\frac{dh}{dx} = \frac{i - \dfrac{Q^2}{K^2}}{1 - \dfrac{\alpha Q^2 B}{gA^3}} = \frac{i - J}{1 - \mathrm{Fr}^2} \tag{8-40}$$

式(8-40)主要用于分析棱柱体明渠恒定渐变流水面线的变化规律。

需要说明的是,上述基本微分方程是从能量平衡的观点出发,又考虑了各明渠水力要素之间的相互关系推导出来的。尽管推导过程中,依据的是正坡渠道情况,但对平坡、负坡等情况依然适用。

8.5.3 水面曲线形状的分析

由于明渠渐变流水面曲线比较复杂,因此首先需要对水面曲线进行定性分析,然后再进行水面曲线的计算。下面针对棱柱体渠道水面曲线进行定性分析。对于非棱柱体渠道由于影响因素较多,一般都是通过定量计算直接得到结果。

已知棱柱体明渠渐变流基本微分方程为

$$\frac{dh}{dx} = \frac{i - J}{1 - \mathrm{Fr}^2} \tag{8-41}$$

由式(8-41)可知,水深 h 沿流程 x 的变化是与渠道底坡 i 及实际水流状态有关。式(8-41)等号右边项分子反映了水流的非均匀程度,即实际水深 h 与正常水深 h_0 的偏离程度;分母反映了水流的缓急程度,即实际水深 h 与临界水深 h_k 的相对位置。这样,在对水面曲线进行定性分析时,水面线的形式和划分将根据渠道底坡 i 的实际情况和水流实际水深 h 的变化范围来进行。

对于渠道底坡 i:

1. 正坡渠道 $i > 0$,有三种情况:

第 I 种:缓坡,$i < i_k$,缓坡上水面曲线以 M 表示(Mild slope)。

第 II 种:陡坡,$i > i_k$,陡坡上水面曲线以 S 表示(Steep slope)。

第Ⅲ种：临界坡，$i = i_k$，临界坡上水面曲线以 C 表示（Critical slope）。

2. 平坡，$i = 0$，平坡上水面曲线，以 H 表示（Horizontal slope）。

3. 负坡，$i < 0$，负坡上水面曲线，以 A 表示（Adverse slope）。

由于实际水深 h 的变化与渠道的底坡和水流流态有关，因此将正常水深 h_0 和临界水深 h_k 所处的位置作为参考线，给出实际水深的变化范围或区域。如图 8-20 所示，在渠道中绘制出一条距渠底铅垂距离为正常水深 h_0 的平行线，即正常水深参考线 $N—N$；再绘制一条距渠底铅垂距离为临界水深 h_k 的平行线，即临界水深参考线 $K—K$。将实际水深 h 或实际水面线在既大于 $N—N$ 线也大于 $K—K$ 线范围内变化的区域称为第 1 区；在 $N—N$ 线和 $K—K$ 线之间范围内变化的区域称为第 2 区；在既小于 $N—N$ 线也小于 $K—K$ 线范围内变化的区域称为第 3 区。对于实际发生在某区的水面线，其区域号以下标表示。如发生在缓坡第 1 区的水面曲线以 M_1 表示，其他类型曲线见图 8-20。从图 8-20 可见，缓坡和陡坡各有 1、2、3 三个区域，临界坡因正常水深和临界水深重合只有 1、3 两个区域，平坡和负坡因不发生均匀流只有 2、3 两个区域。五种底坡共有 12 个区域，也就是相应有 12 条水面曲线。

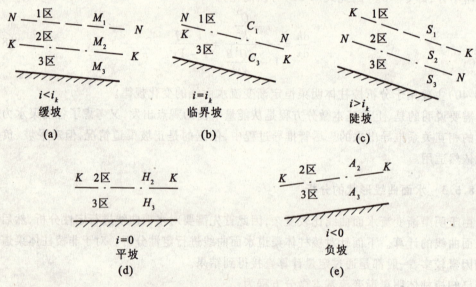

图 8-20 明渠水面线可能发生的 12 个区域

在利用式（8-41）进行水面线的分析时，水深沿程变化率 $\dfrac{dh}{dx}$ 可能出现以下几种情况，分别表示实际水深不同的变化趋势：$\dfrac{dh}{dx} \to 0$，水面线以 $N—N$ 为渐近线，水流趋于均匀流；$\dfrac{dh}{dx} = (+)$，即 $\dfrac{dh}{dx} > 0$，水深沿程增加，水面线为壅水曲线；$\dfrac{dh}{dx} = (-)$，即 $\dfrac{dh}{dx} < 0$，水深沿程减小，水面线为降水曲线；$\dfrac{dh}{dx} \to i$，水面线趋于水平线；$\dfrac{dh}{dx} \to \pm \infty$，此时 $Fr \to 1$，水面线垂直趋于临界水深参考线 $K—K$，在 $K—K$ 线附近，水流属于急变流，一般用虚线表示。

现根据棱柱体明渠渐变流水深沿程变化的基本微分方程式（8-41）来定性分析棱柱体

明渠渐变流在各区水面线的性质。分析时主要给出水面线的总体变化趋势是壅水还是降水,曲线两端的衔接及发生场合。

对于正坡渠道 $i>0$,可以产生均匀流,将 $Q = K_0\sqrt{i}$ 代入基本方程式(8-41),可以化为

$$\frac{dh}{dx} = i\frac{1 - \dfrac{K_0^2}{K^2}}{1 - \mathrm{Fr}^2} \tag{8-42}$$

式中:K_0——相应于正常 h_0 的流量模数。

当渠道为缓坡明渠,$i < i_k$ 时,有 $h_0 > h_k$,N—N 线在 K—K 线之上如图 8-21 所示。

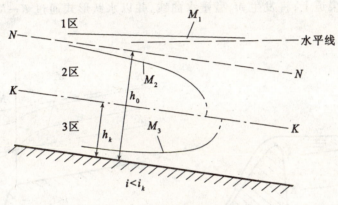

图 8-21 缓坡明渠水面线

在 1 区,$h > h_0 > h_k$。由于 $h > h_0$,则 $K > K_0$,又因 $h > h_k$,则 $\mathrm{Fr}<1$,并且 $i>0$,因此有 $\dfrac{dh}{dx} = (+)\dfrac{(+)}{(+)} = (+)$,水面线为壅水曲线。对曲线上端,$h \to h_0$,$K \to K_0$,$\mathrm{Fr}\to$定值,故 $\dfrac{dh}{dx} \to i\dfrac{1-1}{1-\mathrm{Fr}^2} \to 0$,即曲线上端以 N—N 线为渐近线,上游水流为均匀流。对曲线下端,$h \to \infty$,$K \to \infty$,$\mathrm{Fr}\to 0$,故 $\dfrac{dh}{dx} \to i\dfrac{1-\dfrac{K_0^2}{\infty}}{1-0} \to i$,即曲线下端以水平线为渐近线。该曲线称为缓坡 1 区壅水曲线——M_1 型壅水曲线。

在 2 区,$h_0 > h > h_k$。由于 $h < h_0$,则 $K < K_0$,又因 $h > h_k$,则 $\mathrm{Fr}<1$,并且 $i>0$,因此有 $\dfrac{dh}{dx} = (+)\dfrac{(-)}{(+)} = (-)$,水面线为降水曲线。对曲线上端,$h \to h_0$,$K \to K_0$,$\mathrm{Fr}\to$定值,故 $\dfrac{dh}{dx} \to 0$,即曲线上端以 N—N 线为渐近线,上游水流为均匀流。对曲线下端,$h \to h_k$,$K \to K_k$,$\mathrm{Fr}\to 1$,又因 $h_0 > h_k$,有 $K_0 > K_k$,故 $\dfrac{dh}{dx} = (+)\dfrac{(-)}{0} \to -\infty$,即曲线下端水深垂直趋近 K—K 线。该曲线称为缓坡 2 区降水曲线——M_2 型降水曲线。

在 3 区,$h < h_k < h_0$。由于 $h < h_0$,则 $K < K_0$,又因 $h < h_k$,则 $\mathrm{Fr}>1$,并且 $i>0$,因此有 $\dfrac{dh}{dx} = (+)\dfrac{(-)}{(-)} = (+)$,水面线为壅水曲线。对曲线上端,根据某种边界情况,h 为一定值。

对曲线下端，$h \to h_k$，$K \to K_k$，$\text{Fr} \to 1$，故 $\dfrac{dh}{dx} \to +\infty$，即曲线下端水深垂直趋近 $K-K$ 线。该曲线称为缓坡 3 区壅水曲线——M_3 型壅水曲线。

M_1、M_2、M_3 型三种水面曲线，在实际水利工程中常常遇到。当明渠中建有闸、坝、桥墩等阻水建筑物时，有可能在建筑物的上游产生 M_1 型壅水曲线。如图 8-22 所示。在缓坡渠道末端有跌坎处或下游端与陡坡相连接处，以及下游与水库、湖泊相连接处，并且水库、湖泊的水位低于渠道末端的 $N-N$ 线的高度时，将发生 M_2 型降水曲线，并以水跌形式平滑通过 $K-K$ 线。如图 8-23 所示。如果水库、湖泊的水位高于渠道末端的 $N-N$ 线高度时，则出现 M_1 型壅水曲线。缓坡渠道中当闸孔开启高度为 $e < h_k$ 时的闸下出流，或者在与陡坡、跌坎的下游连接的缓坡渠道上，将发生 M_3 型壅水曲线，并以水跃形式通过 $K-K$ 线。如图 8-24 所示。

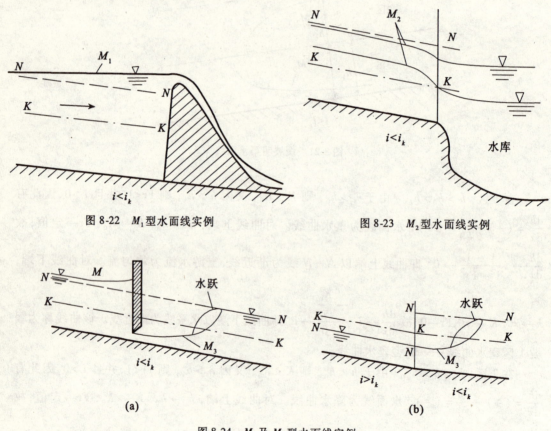

图 8-22　M_1 型水面线实例　　　　图 8-23　M_2 型水面线实例

图 8-24　M_3 及 M_1 型水面线实例

当渠道为陡坡明渠 $i > i_k$ 时，有 $h_0 < h_k$，$N-N$ 线在 $K-K$ 线之下。如图 8-25 所示。分析方法与缓坡渠道分析方法相同，在此不再详述。通过分析，可知在 1 区为 S_1 型壅水曲线；在 2 区为 S_2 型降水曲线；在 3 区为 S_3 型壅水曲线。S_1 型、S_2 型曲线的上游端与 $K-K$ 线垂直，S_3 型曲线的上游端由具体边界条件决定。S_1 型曲线下游端以水平线为渐近线，S_2 型、S_3 型曲线以 $N-N$ 线为渐近线。S_1 型壅水曲线一般发生在陡坡渠道的急流突遇障碍物时或下游渠道

坡度突然变缓时的情况,如图 8-26 所示。当相连接的两段渠道,其中下游段渠道为陡坡,上游段渠道底坡小于下游端底坡,常常在下游陡坡渠道上发生 S_2 型降水曲线,如图 8-27 所示。如果连接的两段渠道都为陡坡,下游段渠道底坡小于上游段渠道底坡,则下游段将发生 S_3 型壅水曲线。如图 8-28 所示。

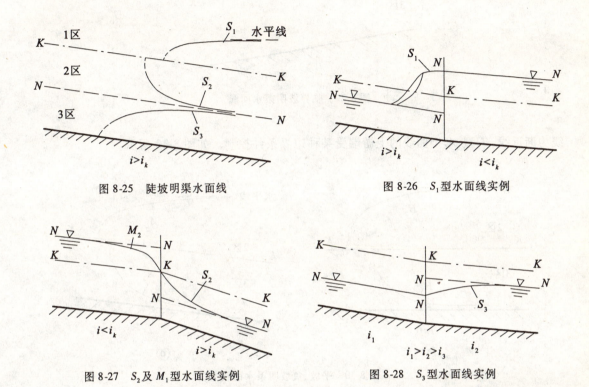

图 8-25　陡坡明渠水面线　　　　　　　图 8-26　S_1 型水面线实例

图 8-27　S_2 及 M_1 型水面线实例　　　图 8-28　S_3 型水面线实例

当渠道为临界坡明渠时,N—N 线与 K—K 线重合。不存在第 2 区。分析可知 1 区、3 区分别为 C_1 型壅水曲线和 C_3 型壅水曲线,还可以推得这两种曲线的下游端或上游端以水平线为渐近线,因此这两种曲线在形式上基本是水平线。实际上当水深接近 K—K 线(即 N—N 线)时,水面是比较平滑的,水面坡度近似为 i,如图 8-29 所示。C_3 型曲线上游随边界而定。C_1 型壅水曲线发生在临界坡渠道与水库、湖泊连接处,下游边界水深大于临界水深。C_3 型壅水曲线一般发生在急流水流的下游为临界坡的情况。

对于平坡渠道 $i=0$,基本方程式(8-41),可以化为

$$\frac{dh}{dx} = \frac{-J}{1-\mathrm{Fr}^2} \tag{8-43}$$

以及负坡渠道 $i<0$,令 $i'=|i|$,表示底坡 i 的绝对值。基本方程式(8-41),可以化为

$$\frac{dh}{dx} = -\frac{i'+J}{1-\mathrm{Fr}^2} \tag{8-44}$$

由于平坡渠道和负坡渠道不发生均匀流,只有 K—K 线。水面曲线变化区域只有 2 区和 3 区。根据式(8-43)和式(8-44)分析得出,2 区、3 区分别为 H_2 型、A_2 型降水曲线和 H_3 型、A_3 型壅水曲线。这四种曲线的下游端均垂直趋近 K—K 线,H_2 型、A_2 型曲线的上游端以水平

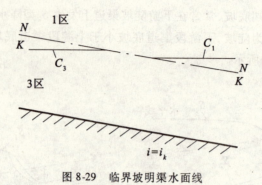

图 8-29 临界坡明渠水面线

线为渐近线，H_3 型、A_3 型曲线的上游端受某种边界条件控制。如图 8-30 所示。

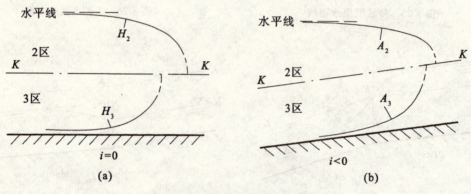

图 8-30 平坡、负坡明渠水面线

根据上述定性分析，棱柱体明渠中可能发生的恒定渐变流水面曲线共有 12 条。分析这些水面曲线的形状可以得出下列规律，供分析和绘制水面曲线时参考：

1. 每一个区域只可能有一种形式确定的水面曲线，不可能有其他形式的水面曲线。
2. 全部 1 区和 3 区都是壅水曲线，2 区是降水曲线。
3. 长而直的正坡渠道，在非均匀流影响不到的地方，水流为均匀流，实际水面曲线就是 $N—N$ 线即均匀流水面曲线。
4. 水面曲线接近临界水深即 $K—K$ 线时，垂直趋近 $K—K$ 线。只是在 $K—K$ 线附近水面曲线已不是渐变流，而属于急变流。绘制时用虚线。
5. 水流从缓流过渡到急流时，水面曲线以水跌形式平滑通过 $K—K$ 线与渠道突变断面的交点。水流从急流过渡到缓流时，除临界底坡渠道外，将发生水跃。
6. 建筑物处的上、下游水深已知的断面以及其他处水深已知的断面，称为控制断面，相应的水深称为控制水深。水面曲线的分析和绘制应从控制断面处开始或结束。
7. 根据明渠中干扰波的传播性质，若是缓流，则绘制和计算水面曲线时，应从下游控制断面向上游进行。若是急流，则应从上游控制断面向下游进行。

例 8-5 图 8-31 为某水库输水渠道，渠道各断面位置、底坡情况如图 8-31 所示，并且渠道为断面形式一致,糙率沿程不变的棱柱体渠道,试分析水面曲线的形式。

解 先对渠道各变化处作细垂线,再根据渠底性质绘制出各渠段的 K—K 参考线和 N—N 参考线,然后标出各已知水深的控制断面和控制水深。并从该控制断面起,根据各段渠道底坡情况绘制出各段水面曲线。

注意,图 8-31 中绘制出的水面曲线只是所有可能中的一种。实际水面曲线必须通过计算才能确定。

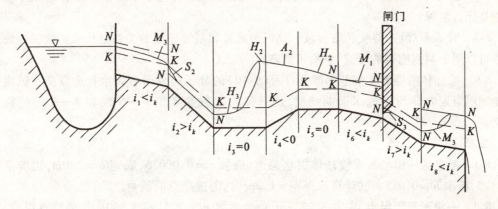

图 8-31 例 8-5 题图

8.5.4 水面曲线的计算

从水利工程来说,需要确切知道水深和水位沿流程的变化。这就是在对水面曲线进行定性分析后,还需要对水面曲线进行定量的计算。关于水面曲线计算的方法很多,在此只介绍逐段试算法。这种方法的特点是,对于棱柱体渠道和非棱柱体渠道都适用;适合于计算机编程求解,对于简单情况也可以进行手工求解。

具体计算的思路可以参考相关教材和文献。

至于天然河道水面曲线的计算,由于天然河道的复杂性,一般不易用水深 h 为自变量的方程进行计算,而采用水位 z 表示的方程式(8-38)进行计算。计算方法和思路类似于人工渠道水面曲线的计算。只是在面积要素的计算,计算断面的划分,水头损失的估算等方面与进行人工渠道水面曲线计算时不同。详细方法可以参见相关资料。

习题与思考题 8

一、思考题

8-1 试述明渠均匀流的力学特性和发生条件,并说明实际工程中在一般情况下为什么均按明渠均匀流来设计渠道。

8-2 明渠均匀流是哪些力作用相互平衡时的流动?是以什么能量转化为什么能量来维持流动?试论证之。

8-3 只要渠道是足够长的正坡棱柱体渠道,在没有其他干扰情况下,各种原因产生的非均匀流,总是向均匀流发展。试说明之。

8-4 在设计渠道时,糙率 n 的取值非常关键,试说明糙率 n 取值过大或过小会造成什么后果?

8-5 什么是缓流、急流和临界流?这三种流态在自然界和生活环境中是否可以观察到?这三种流态的判别方法有哪些?

8-6 佛汝德数 Fr 的物理意义是什么?为什么可以用于判别明渠的缓流、急流等流态?

8-7 断面单位能量 E_s 与单位总机械能 E 有何区别?相应于断面单位能量 E_s 最小值的水深是什么水深?

8-8 什么是缓坡、陡坡和临界坡?这三种底坡和实际底坡的关系是什么?这三种底坡是否可以用于判别明渠的缓流、急流等流态?

8-9 棱柱体明渠渐变流基本微分方程(8-40)的分子和分母各表示什么意义?试说明在绘制明渠定常非均匀流水面曲线时,所选择的两条参考线 $N—N$ 线和 $K—K$ 线的物理意义。

二、习题

8-1 某灌区一梯形断面棱柱体引水渠道,底坡 $i = 0.00026$,底宽 $b = 2.0 \text{m}$,边坡系数 $m = 1.5$,糙率 $n = 0.025$。试计算水深 $h_0 = 1.2 \text{m}$ 时,通过渠道的流量。

8-2 一梯形灌溉渠道,底宽 $b = 2.2 \text{m}$,边坡系数 $m = 1.5$,在 1 800m 长的顺直渠段,测得水面落差 $\Delta h = 0.6 \text{m}$,此时水深 $h = 2.2 \text{m}$,流量 $Q = 8.55 \text{m}^3/\text{s}$,试按均匀流计算渠道的糙率 n。

8-3 某水电站引水渠道,为梯形断面,底宽 $b = 3.5 \text{m}$,边坡系数 $m = 2$,渠道糙率 $n = 0.025$,底坡 $i = 0.00012$,设计流量 $Q = 30 \text{m}^3/\text{s}$,最大不冲流速为 $v' = 0.8 \text{m/s}$,试计算相应的水深。

8-4 某土质明渠,通过流量 $Q = 15 \text{m}^3/\text{s}$,相应水深 $h_0 = 1.8 \text{m}$,渠道断面底宽 $b = 5.5 \text{m}$,边坡系数 $m = 2.5$,糙率 $n = 0.025$,试求底坡 i 及流速 v。

8-5 某矩形输水明渠,通过流量 $Q = 20.1 \text{m}^3/\text{s}$,渠道断面底宽 $b = 4.0 \text{m}$,糙率 $n = 0.02$,底坡 $i = 0.001$,要求流速 v 不超过 2.0m/s,试求渠道的水深 h_0。

8-6 某渠道由混凝土衬砌,糙率 $n = 0.017$,底坡 $i = 0.00014$,水深 $h = 4 \text{m}$,边坡系数 $m = 2.0$,流量 $Q = 31.0 \text{m}^3/\text{s}$,试求渠道底宽 b。

8-7 某矩形断面明渠,通过流量 $Q = 11 \text{m}^3/\text{s}$,平均水深 $h = 1.6 \text{m}$,渠道底宽 $b = 1.7 \text{m}$,试问此时渠道波速为多少?并判别流态是缓流还是急流。

8-8 某供水渠道,断面为矩形,底宽 $b = 4 \text{m}$,糙率 $n = 0.023$,底坡 $i = 0.00045$,输水流量 $Q = 5.6 \text{m}^3/\text{s}$,试从不同角度判别渠道内水流流态。

8-9 试求通过底宽为 $b = 3.4 \text{m}$ 的矩形渠道输送流量为 $Q = 6.3 \text{m}^3/\text{s}$ 时的临界水深 h_k。

8-10 某梯形断面渠道,底宽 $b = 8 \text{m}$,边坡系数 $m = 1.5$,糙率 $n = 0.023$,底坡 $i = 0.00045$,流量 $Q = 18 \text{m}^3/\text{s}$,试分别用绘制 $h \sim E_s$ 曲线、试算法和计算机编程等方法求解临界水深 h_k。

8-11 某梯形断面棱柱体渠道,底宽 $b = 1.5 \text{m}$,边坡系数 $m = 1.5$,糙率 $n = 0.0275$,底坡 $i = 0.00025$,流量 $Q = 6 \text{m}^3/\text{s}$,试判断此时渠道底坡为缓坡还是陡坡。

8-12 某矩形断面棱柱体平底明渠,底宽 $b=4.0$m,通过流量 $Q=14\text{m}^3/\text{s}$ 时,渠道发生水跃,已知跃前水深 $h'=0.65$m,试计算跃后水深 h'' 及水跃长度 L_j。

8-13 根据式(8-40)或式(8-41),分析说明 $i>i_k$、$i=0$ 和 $i<0$ 三种底坡情况下,水面曲线沿流程的变化趋势。

8-14 如图所示,试定性分析和绘制下列图示中渠道底坡变化时,可能发生的水面曲线。已知各渠段的断面形状、尺寸及糙率相同,均为长直棱柱体明渠。

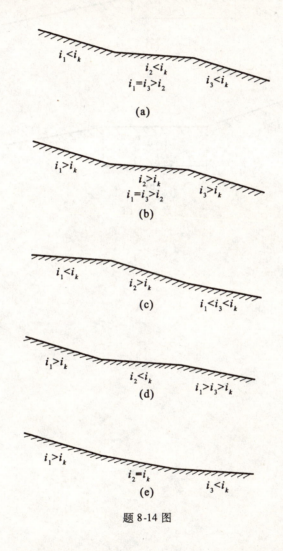

题 8-14 图

8-15 如图所示,下列渠道,有关数据条件见图,试定性绘制 L 较长、较短和适中时可能发生的水面曲线。其中各渠段的断面形状、尺寸及糙率相同,均为长直棱柱体明渠。

8-16 某一由两段渠道构成的矩形渠道,上游段底坡 $i_1=0.01$,下游段底坡 $i_2=0.0009$,两渠段底宽 $b=10$m,糙率 $n=0.015$。当通过流量 $Q=43\text{m}^3/\text{s}$ 时,是否有可能发生水跃?若发生水跃,试说明是在上游段还是在下游段发生水跃。

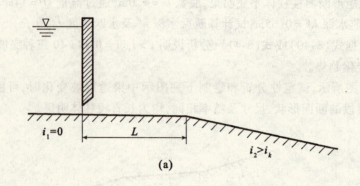

(a)

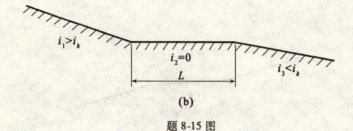

(b)

题 8-15 图

第 9 章　气体的流动

引　子

关于温度测量。生活中要测量房间的温度或窗口、通道的温度,只要将温度计放置在所测地点,直接读出即可。如果要测量通道或管道中高温高压高速流动的气体温度,可能会有两个测量结果。一个是将管壁打一个洞,把温度传感器直接插入管道中,可以获得一个温度测量值,这时温度计静止;另一个是温度计随气流运动,这时也可以获得一个温度测量值。这两个温度测量值是相同的吗?答案是否定的。这两个测量值是不同的。

其原因在于,生活中空气的流动是低速的,属于不可压缩流体流动。在不可压缩流体流动中,流体的密度和温度是不变化的,因此无论怎样测量,只能得到一个温度值。而气体在高速流动中,流体的密度、温度和压强相互之间发生变化,而且这三个变量也随流速的变化而变化。这就是说静止的温度计可以得到一个温度值,但这不是气流的实际温度。要得到真正的气流温度,必须将温度计随气流运动。这种流动属于可压缩流动。这种情况反映了可压缩流动的魅力和特点,是和我们日常生活经验不相符的。

飞机怎么没有声音。飞机在天上飞行时,大多数情况下可以听见飞机的声音,引起我们目睹飞机由远至近,又由近至远,远离我们而去。我们还发现,有一类飞机在较远时,没有声音,直到临近头顶或跨过头顶时,才开始听到声音。能老远听到声音的飞机,是以亚音速速度飞行的;开始听不到声音、到头顶才听到声音的飞机,是以超音速速度飞行的。

如果以动坐标分析飞机的飞行,则飞机不动,静止的气体则以飞机的速度流动。这时可以将前一类的飞行归为气体的亚音速流动,后一类的飞行归为气体的超音速流动。这两类流动都属于可压缩气体的流动。

前面几章讨论的是不可压缩流体的流动。可压缩流体流动的特点是流体的密度、温度变化很小,可以视为常数。除了通常情况下的液体流动以外,还有流速较低、压强变化较小的气体流动也可以假定为不可压缩流体流动。将流动假定为不可压缩流体流动,可以对许多流动问题进行简化分析和计算。

然而,当气体流速较高时,气体的密度和温度等参数将发生较大变化,明显影响流体的流动特性和热力学特性,如果以不可压缩流体流动的假定来描述这样的流动,将对实际情况产生较大的偏差。而且,流速越高,其偏差越大。因此对于较高流速的气流流动,必须将密度、温度作为变量,整个流动按可压缩流体来研究。

本章将讨论以气体为代表的可压缩流体的流动问题,即气体动力学问题。气体动力学主要研究气体等可压缩流体的运动规律及其在实际工程中的应用。

本章主要介绍气体动力学的一些基本知识,如微弱扰动在气体中的传播,音速和马赫数,可压缩流体的一维等熵定常流动,激波的特性,流体在变截面管内及各种喷管内流动的特性等。

§9.1 音速与马赫数

一般情况下,影响可压缩流体流动的因素是很多的。例如管道内可压缩气体的流动,就有诸如管道截面的变化、与外界的热能交换(包括换热、燃烧等)、流量的变化以及压强的变化等因素都会对流动产生影响。这些影响并不是同时作用到整个流场,而是逐步向其他区域传播,进而影响整个流场(如亚音速流动)和整个流动过程。这个影响因素就是一个微弱扰动,这个过程就是一个微弱扰动波的传播过程。在微弱扰动波的传播过程中,微弱扰动波所到之处的流速、压强、密度和温度等物理量都将发生变化。

下面通过一个实验,了解微弱扰动的一维传播过程,以及反映微弱传播特性的音速(微弱扰动波波速)、马赫数等相关物理量。

在一截面积为 A,足够长的直圆管中充满了压强为 p、密度为 ρ、温度为 T 的静止气体,如图 9-1 所示。将圆管左端的活塞以微小速度 dv 向右轻微推一下,然后活塞保持 dv 速度向右运动。由于活塞的运动,使紧贴活塞右侧的一层气体获得大小为 dv 的速度,同时气体的体积受到压缩,气体的压强、温度相应升高,也就是活塞的运动给这一层的气体一个微弱扰动。已受到扰动的第一层气体,紧接着对与此相邻的第二层气体产生扰动,使该层的气体获得大小为 dv 的速度,气体的体积受到压缩,气体的压强、温度相应升高。以此类推,每一层受到扰动的气体,都将所受到的扰动传至下一层,也就是一层一层地将活塞产生的微弱扰动向右作用而传播。

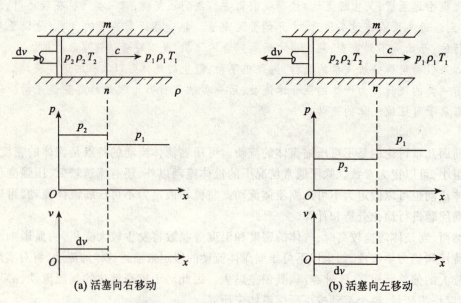

图 9-1 微弱扰动的一维传播示意图

这样一层一层地传播,使直圆管中形成一个不连续的微弱的压强突跃,即微弱扰动波

mn。这个微弱扰动波 mn 以速度 c 向右推进。微弱扰动波面 mn 是受活塞运动的影响而被扰动过的气体与未被扰动过的静止气体的分界面。需要指出的是,微弱扰动波的传播,是波面一层一层以速度 c 向前推进,而质点只在波面附近以速度 dv 作微小移动。这是两种不同的运动形态,前者为波动,其速度是扰动信号(或能量)在流体介质中的传播速度;后者为质点的机械运动,其速度是质点本身的运动速度。

我们把微弱扰动波在流体介质中的传播速度 c 称为音速。从物理学中可知,音速就是声音传播的速度,而声音是由微弱压缩波和微弱膨胀波交替组成的。在上述微弱扰动的实验中,当活塞向右运动使气体体积有微小压缩,压强等有微小升高,这时产生的微弱扰动波为压缩波,如图 9-1(a)所示;当活塞向左运动使气体体积有微小膨胀,压强等有微小降低,这时产生的微弱扰动波为膨胀波,如图 9-1(b)所示。

为推求微弱扰动波在直圆管中的传播速度即音速 c,现分析移动的微弱扰动波面 mn 以及波面 mn 前后的气体状况。由于微弱扰动波面 mn 以速度 c 向前传播,波前未被扰动的气体为静止气体,波后已被扰动过的气体以与活塞作微小运动时同样的微小速度 dv 向右运动,若以静坐标系观察,则为一非定常流动。为方便分析,选用与微弱扰动波面 mn 一起运动的动坐标系来观察,这时波面 mn 静止不动,波前未被扰动的气体以速度 c 向左运动,波后已被扰动过的气体以速度 $c-dv$ 向左运动,为一定常流动,如图 9-2 所示。

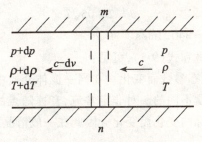

图 9-2 音速推导示意图

如图 9-2,设在波面 mn 前未被扰动过的气体的压强为 p,密度为 ρ,温度为 T;波面 mn 后已被扰动过的气体的压强、密度、温度相应增加到 $p+dp$, $\rho+d\rho$, $T+dT$。现在波面 mn 前后相邻区域各取一控制面,组成包围波面 mn 的控制体,参见图 9-2。根据连续方程,即在 dt 时间内流入、流出该控制体的气体质量应该相等,即

$$c\rho A dt = (c-dv)(\rho+d\rho)A dt$$

化简,并略去高阶微量

$$c d\rho = \rho dv \tag{9-1}$$

又在该控制体上取动量方程,即沿气流的方向,质量为 $c\rho A dt$ 的气体的动量变化率等于作用在该气体上的压力之和

$$c\rho A dt \frac{[(c-dv)-(c)]}{dt} = [p-(p+dp)]A$$

由于微弱扰动波很薄,式中还忽略了作用在气体上的摩擦力。对上式化简得

$$c\rho dv = dp \tag{9-2}$$

由式(9-1)和式(9-2)得

$$c = \sqrt{\frac{\mathrm{d}p}{\mathrm{d}\rho}} \tag{9-3}$$

式(9-3)与物理学中声音在弹性介质中传播速度(即音速)的计算公式完全一致。

由于微弱扰动波的传播过程进行得非常快,与外界来不及进行热交换,气体的压强、密度、温度的变化也很微小,因此这个传播过程可以近似地认为是一个可逆的绝热过程,即等熵过程。

现假定气体为完全气体,有等熵过程关系式

$$\frac{p}{\rho^\gamma} = \mathrm{const} \tag{9-4}$$

对式(9-4)微分,并考虑完全气体状态方程 $p = \rho RT$,可得

$$\frac{\mathrm{d}p}{\mathrm{d}\rho} = \gamma \frac{p}{\rho} = \gamma RT$$

代入式(9-3)得音速计算公式

$$c = \sqrt{\gamma \frac{p}{\rho}} = \sqrt{\gamma RT} \tag{9-5}$$

其中,R 为气体常数,γ 为比热容比或绝热指数。对于空气(20℃),$R = 287\mathrm{J/kg \cdot K}$,$\gamma = 1.4$,得

$$c = 20.05\sqrt{T} \tag{9-6}$$

当 $T = 288.2\mathrm{K}$ 时,音速为 $c = 340.3\mathrm{m/s}$。

分析音速表达式式(9-3)和式(9-5),可见:

流体的音速随气体的状态参数而变化。在同一流体介质中,各个点的瞬时状态参数是不同的,因而各个点的音速是不同的。对非定常流,音速随点的坐标和时间的变化而变化;对定常流,音速则随点的坐标的变化而变化。因此在一般情况下,所提到的音速都是指当地音速。

流体的音速可以作为判别气体的压缩性标准。在相同的温度下,不同的介质有不同的音速。流体可压缩性大的,微弱扰动波传得慢,音速低;流体可压缩性小的,微弱扰动波传得快,音速高。

在同一流体介质中,音速随着介质温度的升高而加快,并与温度的平方根成正比。

在气体流动中,音速是气体动力学中一个重要的界限参数。当流速低于音速时,为亚音速流动;当流速等于音速时,为音速流动;当流速高于音速时,为超音速流动。

一般情况下可以用无量纲数 Ma 作为具体流动判别标准。Ma 称为马赫数,其定义是气体在某点的流速与当地音速之比。即

$$\mathrm{Ma} = \frac{v}{c} \tag{9-7}$$

以当地音速为标准,可以将气流的流动分为:

$v < c$ 或 Ma<1,亚音速流动;

$v = c$ 或 Ma=1,音速流动;

$v > c$ 或 Ma>1,超音速流动。

对于完全气体,将式(9-5)代入式(9-7),得

$$\mathrm{Ma}^2 = \frac{v^2}{c^2} = \frac{v^2}{\gamma RT} \tag{9-8}$$

从式(9-8)可见马赫数 Ma 的物理意义:分子中的 v^2 表示气体宏观运动的动能大小;分母中的气体温度 T 表示气体的内能大小;马赫数 Ma 则表示气体的宏观运动的动能与气体的内能之比。马赫数 Ma 小,则气体的内能大而气体的宏观动能小,流速的变化不会引起温度等状态参数的显著变化;马赫数 Ma 大,则气体的宏观动能大而气体的内能小,流速的变化将会引起温度等状态参数的显著变化。

例 9-1 有一喷气发动机,其尾部喷管出口处,气流的速度为 $v = 556\text{m/s}$,气流的温度为 $T = 860\text{K}$,气流的绝热指数 $\gamma = 1.33$,气体常数 $R = 287\text{J/(kg·K)}$,试求喷管出口处气流的音速和马赫数。

解 由式(9-5)得气流的音速 c

$$c = \sqrt{\gamma RT} = \sqrt{1.33 \times 287 \times 860} = 573 \text{ m/s}$$

马赫数为
$$\mathrm{Ma} = \frac{v}{c} = \frac{556}{573} = 0.97。$$

§9.2 微弱扰动在可压缩流体中的传播

上节通过研究微弱扰动在长直圆管中的一维传播过程,初步探讨了微弱扰动波的传播特征,给出了微弱扰动波波速—音速的计算公式,给出了马赫数及亚音速、音速和超音速流动的概念。本节将进一步研究微弱扰动波在可压缩流体空间中的传播规律,讨论马赫数及亚音速、音速和超音速流动的特性。

假定空间中某点有一个微弱扰动源,在气体等静止的可压缩流体中静止不动或作直线等速运动时,所发出的微弱扰动波在空间传播过程中,将反映不同的流动特性。下面分四种情况予以讨论。

9.2.1 微弱扰动源静止不动($v=0$)

这时,静止的微弱扰动源所发出的微弱扰动波是以球面波的形式向四周传播,也就是说受扰动的气体与未受扰动的气体的分界面是一个球面,波速为音速 c,如图 9-3 所示。图 9-3 中圆心为静止的微弱扰动源,三个同心圆分别表示微弱扰动波在第一秒末、第二秒末和第三秒末所到达的位置。如果不考虑气体的粘性损耗,随着时间的延续,这个扰动波将传遍整个流场。图 8-9(a)也给出了这种情况的示意图。

9.2.2 微弱扰动源以亚音速作直线等速运动($v<c$)

如图 9-4 所示,微弱扰动源以 v 的速度向左移动。这时,移动的微弱扰动源发出的微弱扰动波仍然是一系列的球面,以音速 c 向四周传播,球面中心是微弱扰动源发出扰动波瞬间所处的位置。由于扰动波已离开了扰动源,这个瞬时中心是静止的,不随微弱扰动源的移动而改变位置。如图 9-4 给出了 $t=3\text{s}$ 末时扰动波的传播图。图中圆心 0、1、2、3 为时间 $t=0\text{s}$、1s、2s、3s 末,微弱扰动源所处的位置。在 $t=0\text{s}$ 末,处于圆心 0 处的微弱扰动源发出的扰动波,在 $t=3\text{s}$ 时,到达了以圆心 0 为中心、半径 $r=3c$ 的球面处;在 $t=1\text{s}$ 末,微弱扰动源移动到了圆心 1 的位置,此时微弱扰动源发出的扰动波在 $t = 3s$ 末时,到达了以圆心 1 为中心、半径 $r = 2c$ 的球面处;在 $t = 2s$ 末,微弱扰动源移动到了圆心 2 的位置,此时微弱扰动源发出的扰动波在 $t = 3s$ 末时,到达了以圆心 2 为中心、半径 $r = 1c$ 的球面处;在 $t = 3s$ 末,微弱扰动源移动到了圆心 3 的位置。从图 9-4 可见,扰动波始终走在扰动源的前面,也就是说在扰动源还没有到达以前,气体就已被扰动了。如果不考虑气体的粘性损耗,在一定的时间后,这个扰动波将传遍整个流场。因此,当物体以亚音速运动时,该物体所产生的微弱扰动波可以到达空间中的任何一点。

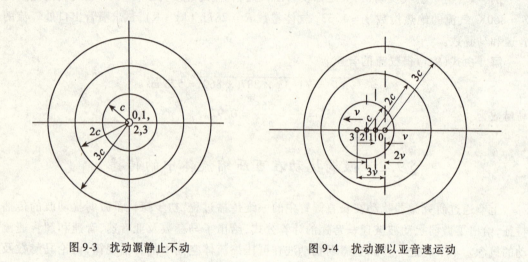

图 9-3 扰动源静止不动　　　　图 9-4 扰动源以亚音速运动

如果采用动坐标,即坐标建立在微弱扰动源上,图 8-9(b)可以看作微弱扰动源不动,气体以 $v < c$ 的速度自左向右流动的扰动波传播图。由于气体具有速度 v,则扰动波在顺流和逆流方向上不对称。顺流方向微弱扰动波的绝对速度为 $v + c$;逆流方向微弱扰动波的绝对速度为 $v - c < 0$,即扰动波仍可逆流传播。从扰动波传播图 8-9(b)来看,点 3 为微弱扰动源所在的位置,微弱扰动源所产生的扰动波,部分被运动的气体带向下游,即形成一整套偏心圆簇。这种气体的流动为亚音速流动。

9.2.3　微弱扰动源以音速作直线等速运动($v=c$)

如图 9-5 所示,微弱扰动源移动到了圆心 3 的位置,微弱扰动源以 $v = c$ 的速度向左移动。这时,移动的微弱扰动源发出的微弱扰动波以音速 c 向四周传播,形成一系列的球面。同前述的亚音速运动,球面瞬时中心是微弱扰动源发出扰动波的瞬间所处的位置,如图 9-5 的圆心 0、1、2 等。由于 $v = c$,则微弱扰动源和向左运动的波以相同的速度前进,微弱扰动波到达的地方也是微弱扰动源到达的地方。如图 9-5 所示,在 $t = 0s$ 末时,处于圆心 0 处的微弱扰动源发出的扰动波,在 $t = 3s$ 末时形成了以圆心 0 为中心、半径 $r = 3c$ 的球面,左边的球面到达了点 3 的位置;在 $t = 1s$ 末,移动到圆心 1 处的微弱扰动源发出的扰动波,在 $t = 3s$ 末时形成了以圆心 1 为中心、半径 $r = 2c$ 的球面,左边的球面也正好到达了点 3 的位置;以此类推,在 $t = 2s$ 末,移动到圆心 2 处的微弱扰动源发出的扰动波,在 $t = 3s$ 末时形成了以圆心 2 为中心、半径 $r = c$ 的球面,左边的球面也刚好到达了点 3 的位置。另一方面,移动的微弱扰动源经过圆心 0、1、2 等,在 $t=3s$ 末也正好到达了点 3 的位置。若延长观测时间,点 3 处则为无数扰动波球面的相切点,在该切点将出现一个分界面。该分界面前面的气体是未被扰动的,称为寂静区域;而分界面后面的气体则是被扰动的。可以说当物体以音速运动时,该物体所产生的微弱扰动波只能向下游传播,不能向上游传播。

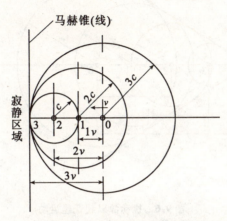

图 9-5 扰动源以音速运动

当采用动坐标,微弱扰动源静止不动,气体以 $v=c$ 的速度自左向右流动。这时,顺流方向微弱扰动波的绝对速度为 $v+c=2c$;逆流方向微弱扰动波的绝对速度为 $v-c=0$,即扰动波在逆流方向的传播速度为零。这就是说,处于点 3 的微弱扰动源发出的微弱扰动波只向下游方向传播,完全不向上游方向传播,这就形成了如图 8-9(c)所示的传播图。这种气体的流动为音速流动。

9.2.4 微弱扰动源以超音速作直线等速运动($v>c$)

如图 9-6 所示,微弱扰动源以 $v>c$ 的速度向左移动。这时,移动的微弱扰动源发出的微弱扰动波以音速 c 向四周传播,也形成一系列的球面。同前述的亚音速运动,球面瞬时中心是微弱扰动源发出扰动波的瞬间所处的位置,如图 9-6 中的圆心 0、1、2、3 等。由于 $v>c$,微弱扰动源向左移动的速度大于扰动波向左运动的速度,也就是微弱扰动源将走在所发出的微弱扰动波前面。如图 9-6 中,圆心 0、1、2、3 和点 4 为微弱扰动源在 $t=0s$、$1s$、$2s$、$3s$、$4s$ 末所处的位置,在这些位置所发出的扰动波分别为以上述圆心为中心大小不一的球面。由图 9-6 可见,在 $t=4s$ 末时,微弱扰动源在 $t=0s$、$1s$、$2s$、$3s$ 末时所发出的扰动波的球面均未到达点 4。这就是说,点 4 前面的(左边)气体是未被扰动区域,微弱扰动波的影响范围只在点 4 的后面(右边)。注意到不同时间扰动波的传播界面——球面,将形成一个公切圆锥面。这个公切圆锥面,将成为一个被扰动与未被扰动的分界面。圆锥面外为不受微弱扰动波扰动影响的寂静区域,圆锥面内则为受微弱扰动波扰动影响的区域。这个分界面被称为微弱扰动波面,又称马赫锥,$t=4s$ 末扰动源所在的点 4 为锥顶。马赫锥的顶角,即圆锥的母线与运动方向的夹角称为马赫角,用 α 表示。即

$$\sin\alpha = \frac{c}{v} = \frac{1}{\text{Ma}}, \quad \alpha = \sin^{-1}\left(\frac{1}{\text{Ma}}\right) \tag{9-9}$$

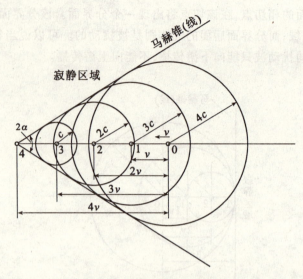

图 9-6 扰动源以超音速运动

由式(9-9)可见,马赫角 α 的大小由马赫数 Ma 所决定。马赫数 Ma 越大,则马赫角 α 越小;反之马赫数 Ma 越小,则马赫角 α 越大。当 Ma=1 时,$\alpha=90°$,为马赫锥的极限位置,就是图9-5 所示的分界面,所以该切面也可以称为马赫锥。当 Ma<1 时,微弱扰动波的传播已无界,不存在马赫锥,则式(9-9)无意义。

现采用动坐标,即微弱扰动源静止不动,气体以 $v>c$ 的速度自左向右流动。这时,顺流方向微弱扰动波的绝对速度为 $v+c>2c$;逆流方向微弱扰动波的绝对速度为 $v-c>0$。这就是说,微弱扰动源发出的微弱扰动波全部向下游方向传播。如图 8-9(d)所示的传播图,处于点 4 处的微弱扰动源,所发出的球面波,整体向下游传播,随着时间的推移,球面波的影响范围越来越大,这就形成了如图 9-6 所示马赫锥形的影响区域。也就是说,在超音速流场中,微弱扰动只能在马赫锥内部传播,绝不可能传播到扰动源的上游或马赫锥以外的区域。这种气体的流动称为超音速流动。

总的来说,亚音速流动和超音速流动的主要区别在于:在亚音速流场中,微弱扰动波可以逆流向上游传播,扰动可以达到全流场,扰动区域是无界的;在超音速流场中,微弱扰动波不能逆流向上游传播,扰动只能在马赫锥内传播,扰动区域是有界的。由于两者的流动有本质的不同,它们的解法有本质的区别。

日常生活中有类似例子。老远能听到嗡嗡声的飞机一定是亚音速飞机。超音速飞机只有在掠过观察者的头顶后才可以听到。幸亏汽车的速度远低于音速,如果汽车的速度达到或超过音速,则汽车撞上行人之前,行人是绝对不知道的。

§9.3 气体的一维等熵定常流动

本节将讨论气体等可压缩流体一维定常等熵流动。这是由于实际工程中,喷管、扩压管等管道内的可压缩流体在流动中,如果管道中心线的曲率不大,有效截面的形状和面积沿管道中心线的变化不大,则可以认为这些管道有效截面上的各点流动要素近似相等,则可以用有效截面上的平均流动要素代替有效截面上各点的流动要素。因此,再结合本章§9.1中的假定,用一维等熵定常流动来处理管道内的气体流动,既反映了流动的本质,又使流动的研究大大地简化。

9.3.1 气体一维定常流动的基本方程

1. 连续性方程

在管道中任取一由相距 dx 的两个有效截面 1—1、2—2 和管壁组成的微元控制体,如图9-7 所示。由第 3 章给出的一维定常可压缩流体的连续方程(3-45)

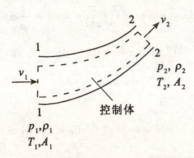

图 9-7 连续性方程推导示意图

$$\rho_1 v_1 A_1 = \rho_2 v_2 A_2 \quad \text{或} \quad \rho v A = Q = C \tag{9-10}$$

即对一维定常可压缩流体,通过流管的任意有效截面的质量流量 Q 为常数。对于积分形式的式(9-10),两边取对数,得

$$\ln\rho + \ln v + \ln A = C$$

两边微分得

$$\frac{d\rho}{\rho} + \frac{dv}{v} + \frac{dA}{A} = 0 \tag{9-11}$$

式(9-11)为连续性方程的微分形式。式(9-10)、式(9-11)为一维定常可压缩流体流动的基本方程。

2. 运动方程

应用理想流体的运动方程(3-50)第一式

$$\frac{\partial u_x}{\partial t} + u_x \frac{\partial u_x}{\partial x} + u_y \frac{\partial u_x}{\partial y} + u_z \frac{\partial u_x}{\partial z} = -\frac{1}{\rho} \frac{\partial p}{\partial x} + f_x$$

由于流动为一维定常流,质量力忽略,有 $u_x = v$, $u_y = u_z = 0$,则可以写成

$$v \frac{dv}{dx} = -\frac{1}{\rho} \frac{dp}{dx}$$

或

$$v dv + \frac{1}{\rho} dp = 0 \tag{9-12}$$

将上式沿流线积分,得

$$\int \frac{dp}{\rho} + \frac{v^2}{2} = \text{const} \tag{9-13}$$

式(9-13)为一维定常可压缩流体流动的基本方程之一。只要知道了 ρ、p 的关系,就可求得式(9-13)的积分,进而求解该方程。

由式(9-12)可见,压强增量 dp 为正值时,速度增量 dv 为负值;反之亦然。也就是说,气流压强增大之处,则为流速减小之处;或者,气流压强减小之处,则为流速增大之处。

3. 能量方程

由热力学第一定律即能量守恒定律

$$dq = du + pd\bar{V}$$

其中 q 为热量、u 为内能、$\bar{V}$ 为体积。现引入焓 h 的表达式有 $h = u + p\bar{V}$,两边进行微分,可得

$$dh = du + pd\bar{V} + \bar{V}dp = dq + \frac{1}{\rho}dp$$

其中 $\bar{V} = \frac{1}{\rho}$。将上式代入式(9-12),得 $vdv + dh - dq = 0$,移项可得用于流动的能量关系式

$$dq = dh + vdv \tag{9-14}$$

对于绝热流动,有 $dq = 0$,则有

$$dh + vdv = 0 \quad \text{或} \quad dh + d\left(\frac{v^2}{2}\right) = 0 \tag{9-15}$$

进行积分可得能量方程的一种表达式

$$h + \frac{v^2}{2} = \text{const} \tag{9-16}$$

式(9-16)可以用于可逆或不可逆的绝热流动,也就是在熵增加的情况下也是正确的。

由物理学及热力学可知,对于完全气体,有

$$h = c_p T = \frac{c_p}{R} \frac{p}{\rho} = \frac{\gamma}{\gamma - 1} \frac{p}{\rho} \tag{9-17}$$

则式(9-16)可以写成完全气体的能量方程

$$\frac{\gamma}{\gamma - 1} \frac{p}{\rho} + \frac{v^2}{2} = \text{const} \tag{9-18}$$

注意到,$\frac{\gamma}{\gamma - 1} \frac{p}{\rho} = \frac{1}{\gamma - 1} \frac{p}{\rho} + \frac{p}{\rho}$。由物理学及热力学可知,其中第一项有

$$\frac{1}{\gamma - 1} \frac{p}{\rho} = \frac{c_v}{c_p - c_v} \frac{p}{\rho} = \frac{c_v}{R} \frac{p}{\rho} = c_v T = u$$

即第一项为单位质量气体所具有的内能。因此,改写能量方程(9-16)

$$\frac{1}{\gamma - 1} \frac{p}{\rho} + \frac{p}{\rho} + \frac{v^2}{2} = \text{const} \tag{9-19}$$

可以说明,能量方程(9-19)的物理意义为:在完全气体的一维定常流中,流管内任意有效截面(或流线上任一点)上的单位质量气体的内能 u、压强势能 $\frac{p}{\rho}$ 和速度动能 $\frac{v^2}{2}$ 三项之和保持不变。

9.3.2 完全气体一维定常等熵流动的基本方程

根据前面的推导,下列方程

第 9 章 气体的流动

$$\rho v A = Q = \text{const} \tag{9-20}$$

$$\int \frac{\mathrm{d}p}{\rho} + \frac{v^2}{2} = \text{const} \tag{9-21}$$

$$\frac{\gamma}{\gamma - 1} \frac{p}{\rho} + \frac{v^2}{2} = \text{const} \tag{9-22}$$

$$\frac{p}{\rho} = RT \tag{9-23}$$

为一维定常理想可压缩流体(完全气体)流动的基本方程组。方程组有 p、ρ、T、v 4 个未知数,共有四个方程,方程组是封闭的。

为计算式(9-13)中的积分,需要知道 p 与 ρ 的关系式。针对一维定常等熵流动,有等熵过程关系式 $\frac{p}{\rho^\gamma} = C\,(\text{const})$。对该式微分得

$$\mathrm{d}p = C\gamma\rho^{\gamma-1}\mathrm{d}\rho$$

代入式(9-13)第一个积分,得

$$\int \frac{C\gamma\rho^{\gamma-1}}{\rho}\mathrm{d}\rho = C k \int \rho^{\gamma-2}\mathrm{d}\rho = C\frac{\gamma}{\gamma-1}\rho^{\gamma-1} = \frac{\gamma}{\gamma-1}\frac{C\rho^\gamma}{\rho} = \frac{\gamma}{\gamma-1}\frac{p}{\rho}$$

即

$$\frac{\gamma}{\gamma - 1} \frac{p}{\rho} + \frac{v^2}{2} = \text{const} \tag{9-24}$$

式(9-24)与能量方程式(9-22)完全相同。这就是说,在等熵的条件下,能量方程式(9-22)与运动方程式(9-13)完全一致。但是在非可逆的绝热过程条件下,或者说在非等熵的条件下,由运动方程式(9-13)是推导不出能量方程式(9-22)的。

这样,在等熵的条件下,能量方程与运动方程重合,其基本方程只有三个独立方程。为使基本方程封闭,需增加等熵过程方程式(9-4)。则有下列方程

$$\rho v A = Q = \text{const} \tag{9-25}$$

$$\frac{\gamma}{\gamma - 1} \frac{p}{\rho} + \frac{v^2}{2} = \text{const} \tag{9-26}$$

$$\frac{p}{\rho} = RT \tag{9-27}$$

$$\frac{p}{\rho^\gamma} = \text{const} \tag{9-4}$$

为一维定常等熵流动的基本方程组,该方程组只能用于可逆的绝热流动。

9.3.3 气流的三种参考状态

根据前面的叙述,已知在求解一维定常等熵流动中某一有效截面上的未知流动参数时,需要知道流动中的另一个有效截面上的有关已知参数。对这个具有已知参数的有效截面,在前面方程推导时,并没有规定必须是什么截面。如果能找到一些参考截面,在该截面上的参数在整个流动过程中是不变的,则对一维定常等熵流动的计算和讨论将带来方便。这种参考截面上的参数,就是下面要讨论的气流参考状态。

1. 滞止状态

如果在一维定常等熵流动中,对于气流速度不为零的某截面或某点的压强 p、密度 ρ 和温度 T 等参数,可以称为静参数。如静压 p、静温 T 等。如果当某截面或某点的气流速度等

于零时，这个截面或这个点上的气流状态称为滞止状态。滞止状态下相应的参数称为滞止参数或总参数。如驻点处就是滞止状态，该处的参数为滞止参数。

对于一维定常等熵流动，滞止参数可以从流动中存在的滞止点得到，也可以通过设想气流速度等熵地滞止到零而得到。也就是说，滞止参数在一些流动中，可以是存在于流动中的，也可以是隐含在整个流动过程中的。因此可以作为一种参考状态的参数，在计算和分析中使用。

滞止参数以下标为"0"来表示，如 p_0，ρ_0，T_0，c_0 等。

对能量方程式(9-16)，并考虑式(9-17)、式(9-5)，有下列能量方程式

$$h + \frac{v^2}{2} = c_p T + \frac{v^2}{2} = \frac{c_p}{R}\frac{p}{\rho} + \frac{v^2}{2} = \frac{\gamma}{\gamma-1}\frac{p}{\rho} + \frac{v^2}{2} = \frac{c^2}{\gamma-1} + \frac{v^2}{2} = \text{const} \quad (9\text{-}28)$$

令 $v = 0$，得用滞止参数表示的常数

$$h_0 = \frac{\gamma}{\gamma-1}\frac{p_0}{\rho_0} = \frac{\gamma}{\gamma-1}RT_0 = C_p T_0 = \frac{c_0^2}{\gamma-1} = \text{const} \quad (9\text{-}29)$$

这样能量方程可以写成常数中含有滞止参数的方程，如

$$h + \frac{v^2}{2} = h_0 = \text{const} \quad (9\text{-}30)$$

或

$$T + \frac{v^2}{2C_p} = T_0 \quad (9\text{-}31)$$

注意方程(9-30)，在滞止状态下，动能全部转变为其他的能量，这时候，h 可以取最大值 h_0，称为总焓、驻点焓、滞止焓。方程(9-31)中 T 可以取最大值 T_0，称为滞止温度、总温，比气流的温度（静温）高 $\frac{v^2}{2C_p}$。因此，测量温度时应注意，静止的温度计只能测出气流的总温。只有以气流速度相同速度运动的温度计才可以测出静温。

在滞止时的压强 p_0，称为总压，滞止压强。对应于滞止温度 T_0，有滞止音速 $c_0 = \sqrt{\gamma R T_0}$。这些都是常用的参考参数。

例 9-2 有一一维定常等熵气流，测得其中一截面上压强为 $p = 1.67 \times 10^5 \text{Pa}$，温度为 $T = 25℃$，速度为 $v = 167\text{m/s}$。试给出该气流的滞止压强、滞止温度和滞止密度。其中气体为空气，$\gamma = 1.4$，$R = 287\text{J/(kg·K)}$。

解 已知温度 $T = 25 + 273 = 298\text{K}$。由能量方程(9-28)

$$\frac{\gamma}{\gamma-1}RT + \frac{v^2}{2} = \frac{\gamma}{\gamma-1}RT_0$$

得

$$T_0 = T + \frac{v^2}{2}\frac{\gamma-1}{\gamma R} = 25 + 273 + \frac{167^2}{2} \times \frac{1.4-1}{1.4 \times 287} = 312 \text{ K}$$

由状态方程(9-27)和等熵过程关系式(9-4)得

$$\frac{p}{p_0} = \left(\frac{\rho}{\rho_0}\right)^\gamma = \left(\frac{T}{T_0}\right)^{\frac{\gamma}{\gamma-1}}$$

即

$$p_0 = p\left(\frac{T_0}{T}\right)^{\frac{\gamma}{\gamma-1}} = 1.67 \times 10^5 \left(\frac{312}{298}\right)^{\frac{1.4}{1.4-1}} = 1.96 \times 10^5 \text{ Pa}$$

再由状态方程可得

$$\rho_0 = \frac{p_0}{RT_0} = \frac{1.96 \times 10^5}{287 \times 312} = 2.19 \text{ kg/m}^3 \text{。}$$

2. 极限状态

如果在一维定常等熵气流的某一截面上,气流的温度 $T = 0$,即焓 $h = 0$,则根据能量方程式(9-28),在该截面上气流的速度可以达最大值 v_{max}。这个最大值 v_{max} 称为最大速度或极限速度,这时的状态称为极限状态。也就是说在这个状态中,等熵气流随着气体的膨胀、加速,分子无规则运动的动能全部转换成宏观运动的动能,这时气流的静温和静压均降低到零,气流速度达到极限速度 v_{max}。由式(9-29)、式(9-30)可得

$$v_{max} = \sqrt{2h_0} = \sqrt{\frac{2\gamma R}{\gamma - 1} T_0} \tag{9-32}$$

由于实际气体在达到这个速度之前已经液化了,因此极限速度 v_{max} 仅仅具有理论上的意义。但由于极限速度 v_{max} 在等熵气流中不变,是个常数,因此常用做参考速度。另外由式(9-28)还可以得出下列极限速度 v_{max} 关系式

$$\frac{c^2}{\gamma - 1} + \frac{v^2}{2} = \frac{c_0^2}{\gamma - 1} = \frac{v_{max}^2}{2} \tag{9-33}$$

式(9-33)说明,沿流程单位质量气体所具有的总能量等于极限速度的速度动能。

3. 临界状态

当一维定常等熵气流的某一截面上的速度等于当地音速时的状态称为临界状态。可以说临界状态是处于滞止状态和极限状态之间的一种状态。注意式(9-33)以及表示该式的图9-8 中 $c \sim v$ 曲线平面图,可以看出,当气流速度 v 被滞止到零时,当地音速 c 则上升到滞止音速 c_0;当地音速 c 下降到零时,气流速度 v 则被加速到极限速度 v_{max}。因此,在气流速度 v 由小变大和当地音速 c 由大变小的过程中,必定会出现气流速度 v 恰好等于当地音速 c 的状态,即 $v = c$ 或 $Ma = 1$ 的状态,即为临界状态。临界状态下的气流参数称为临界参数,出现临界状态的截面称为临界截面。临界状态用下标 cr 表示之。

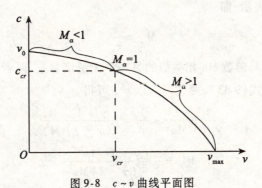

图 9-8 $c \sim v$ 曲线平面图

在临界状态下,$v_{cr} = c_{cr}$,由式(9-33)可得

$$c_{cr} = \sqrt{\frac{2}{\gamma + 1}} c_0 = \sqrt{\frac{\gamma - 1}{\gamma + 1}} v_{max} \tag{9-34}$$

或
$$c_{cr} = \sqrt{\gamma R T_{cr}} = \sqrt{\frac{2\gamma R}{\gamma + 1} T_0} \tag{9-35}$$

可见,对于给定的气体,临界音速也只决定于总温,在绝热流中 c_{cr} 是常数,在气体动力学中 c_{cr} 是一个重要的参考速度。

应注意区别当地音速 c 与临界音速 c_{cr}:当地音速是指气体所处状态下实际存在的音速;而临界音速则是与气流所处状态相对应的临界状态下的音速。然而,当 $Ma = 1$ 时,当地音速便是临界音速。对于气体的某种实际流动状态,有与之相对应的滞止参数,也有与之相对应的临界参数。

9.3.4 一维定常等熵气流中各参数关系式

1. 以马赫数 Ma 为变量的各参数关系式

利用关系式 $C_p = \frac{\gamma}{\gamma - 1} R$、$\gamma R T = c^2$、$Ma^2 = \frac{v^2}{c^2} = \frac{v^2}{\gamma R T}$ 和等熵过程关系式(9-4),可以由能量方程式(9-31)等推得马赫数 Ma 为变量的各参数关系式

$$\frac{T_0}{T} = \frac{c_0^2}{c^2} = 1 + \frac{\gamma - 1}{2} Ma^2 \tag{9-36}$$

$$\frac{p_0}{p} = \left(1 + \frac{\gamma - 1}{2} Ma^2\right)^{\frac{\gamma}{\gamma - 1}} \tag{9-37}$$

$$\frac{\rho_0}{\rho} = \left(1 + \frac{\gamma - 1}{2} Ma^2\right)^{\frac{1}{\gamma - 1}} \tag{9-38}$$

从上述各参数关系式可见,只要知道气流的马赫数 Ma 和滞止参数,就可以求解一维定常等熵流动的 T、p、ρ 等流动参数。

2. 速度系数 M_* 为变量的各参数关系式

在分析气流各参数的关系时,还使用另一个无量纲参数,即表示气流速度与临界音速之比的速度系数,用 M_* 表示,即

$$M_* = \frac{v}{c_{cr}} \tag{9-39}$$

速度系数 M_* 是与马赫数 Ma 相类似的另一个无量纲参数,两者有确定的对应关系。从式(9-34)解出 c_0,代入式(9-33),两边同除以 v^2,可得

$$\frac{1}{\gamma - 1} \frac{1}{Ma^2} + \frac{1}{2} = \frac{\gamma + 1}{2(\gamma - 1)} \frac{1}{M_*^2} \tag{9-40}$$

整理,可得

$$M_*^2 = \frac{(\gamma + 1) Ma^2}{2 + (\gamma - 1) Ma^2} \tag{9-41}$$

$$Ma^2 = \frac{2 M_*^2}{(\gamma + 1) - (\gamma - 1) M_*^2} \tag{9-42}$$

式(9-40)所表示的速度系数 M_* 与马赫数 Ma 的关系曲线如图 9-9 所示。

另将式(9-42)代入式(9-36)~式(9-38),可得速度系数表示的表达式

$$\frac{T}{T_0} = \frac{c^2}{c_0^2} = 1 - \frac{\gamma - 1}{\gamma + 1} M_*^2 \tag{9-43}$$

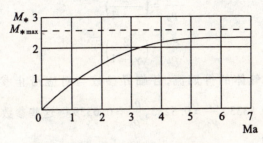

图 9-9 M_* 与 Ma 的关系曲线

$$\frac{p}{p_0} = \left(1 - \frac{\gamma-1}{\gamma+1}M_*^2\right)^{\frac{\gamma}{\gamma-1}} \tag{9-44}$$

$$\frac{\rho}{\rho_0} = \left(1 - \frac{\gamma-1}{\gamma+1}M_*^2\right)^{\frac{1}{\gamma-1}} \tag{9-45}$$

从上述各参数关系式可见,对于一维定常等熵流,速度系数的增大,气流的温度、音速、压强和密度都将降低。只要知道气流的速度系数 M_* 和滞止参数,就可以求解一维定常等熵流动的 T、p、ρ 等流动参数。

引用速度系数的意义:

(1)应用速度系数 M_* 计算气流速度 v 比应用马赫数 Ma 计算方便。

在等熵流动中临界音速 c_{cr} 是个常数,根据速度系数的定义,在已知速度系数 M_* 计算气流速度 v 时,只需用 M_* 乘以常数 c_{cr} 即可;而等熵流动中的当地音速 c 是随当时当地的气流参数 T 等变化的,在应用马赫数 Ma 计算气流速度 v 时,则要通过气流参数 T 求出当地音速 c,然后才能求出气流速度 v,比应用 M_* 计算要麻烦许多。

(2)在极限状态中,马赫数 Ma 趋于无穷大,速度系数 M_* 则为一常数。

在等熵流中,当气流速度 v 趋于极限速度 $v_{\max}$ 时,当地音速 c 趋于零,则 Ma 趋于无穷大,因而在极限状态附近无法利用马赫数为变量的参数关系式计算有关气流参数。该处如果利用速度系数 M_* 为变量的参数关系式,则无上述困难,因为当 $v = v_{\max}$ 时,有

$$M_{*\max} = \frac{v_{\max}}{c_{cr}} = \sqrt{\frac{\gamma+1}{\gamma-1}} \tag{9-46}$$

极限状态下的速度系数 $M_{*\max}$ 为一有限量。例如对于 $\gamma = 1.4$ 的气体,$M_{*\max} = 2.4495$。

(3)可以作为流动类型的判别标准

M_* 与 Ma 之间有确定的对应关系,如式(9-41)、式(9-42),并参见图 9-9,可得

当 Ma=0 时,$M_* = 0$,不可压缩流;

当 Ma<1 时,$M_* < 1$,亚音速流;

当 Ma=1 时,$M_* = 1$,音速流;

当 Ma>1 时,$M_* > 1$,超音速流。

3. 临界参数与滞止参数的关系式

在以马赫数 Ma 为变量的参数关系式(9-36)~式(9-38)中,令式中的 Ma=1,有

$$\frac{T_{cr}}{T_0} = \frac{c_{cr}^2}{c_0^2} = \frac{2}{\gamma+1} \tag{9-47}$$

$$\frac{p_{cr}}{p_0} = \left(\frac{2}{\gamma+1}\right)^{\frac{\gamma}{\gamma-1}} \tag{9-48}$$

$$\frac{\rho_{cr}}{\rho_0} = \left(\frac{2}{\gamma+1}\right)^{\frac{1}{\gamma-1}} \tag{9-49}$$

从上式可见,对于气体的等熵流,各临界参数与对应滞止参数的比值是常数。当 $\gamma = 1.4$ 时,$\frac{T_{cr}}{T_0} = \frac{c_{cr}^2}{c_0^2} = 0.8333$,$\frac{p_{cr}}{p_0} = 0.5283$,$\frac{\rho_{cr}}{\rho_0} = 0.6339$。这些参数还可以作为一维定常等熵气流流动的判别准则:

若 $\frac{T_{cr}}{T_0} > 0.8333$,$\frac{p_{cr}}{p_0} > 0.5283$,$\frac{\rho_{cr}}{\rho_0} > 0.6339$,则为亚音速流;

若 $\frac{T_{cr}}{T_0} < 0.8333$,$\frac{p_{cr}}{p_0} < 0.5283$,$\frac{\rho_{cr}}{\rho_0} < 0.6339$,则为超音速流。

例 9-3 气体在一无摩擦的渐缩管道中流动,已知截面 1 的压强为 $p_1 = 2.67 \times 10^5 \text{Pa}$,温度为 $T_1 = 330\text{K}$,流速为 $v_1 = 157\text{m/s}$,并且在管道出口截面 2 达到临界状态。试求气流在出口截面的压强、密度、温度和速度。假定气体为空气,$\gamma = 1.4$,$R = 287\text{J}/(\text{kg}\cdot\text{K})$。

解 首先利用式(9-5)、式(9-36)和式(9-37),计算截面 1 的音速、马赫数、滞止压强和滞止温度

$$c_1 = \sqrt{\gamma R T_1} = \sqrt{1.4 \times 287 \times 330} = 364.1 \text{ m/s}$$

$$\text{Ma}_1 = \frac{v_1}{c_1} = \frac{157}{364.1} = 0.4312$$

$$p_0 = p_1\left(1 + \frac{\gamma-1}{2}\text{Ma}_1^2\right)^{\frac{\gamma}{\gamma-1}} = 2.67 \times 10^5 \times \left(1 + \frac{1.4-1}{2}0.4312^2\right)^{\frac{1.4}{1.4-1}} = 3.034 \times 10^5 \text{ Pa}$$

$$T_0 = T_1\left(1 + \frac{\gamma-1}{2}\text{Ma}_1^2\right) = 330\left(1 + \frac{1.4-1}{2} \times 0.4312^2\right) = 342.3 \text{ K}$$

然后利用式(9-47)、式(9-48)、式(9-5)以及状态方程计算截面 2 处于临界状态的临界压强、临界温度、临界密度以及临界流速。

$$p_2 = p_{cr} = \left(\frac{2}{\gamma+1}\right)^{\frac{\gamma}{\gamma-1}} p_0 = \left(\frac{2}{1.4+1}\right)^{\frac{1.4}{1.4-1}} \times 2.67 \times 10^5 = 1.411 \times 10^5 \text{ Pa}$$

$$T_2 = T_{cr} = \frac{2}{\gamma+1}T_0 = \frac{2}{1.4+1} \times 342.3 = 285.25 \text{ K}$$

$$\rho_2 = \rho_{cr} = \frac{p_{cr}}{RT_{cr}} = \frac{1.411 \times 10^5}{287 \times 342.3} = 1.436 \text{ kg/m}^3$$

$$v_2 = c_{cr} = \sqrt{\gamma R T_{cr}} = \sqrt{1.4 \times 287 \times 285.25} = 338.5 \text{ m/s}。$$

§9.4 正 激 波

当超音速气流绕流通过较大的物体(如在空中飞行的超音速飞机、炮弹和火箭等)时,在物体前的流动区域将出现突跃的强压缩波。在气流通过这种压缩波时,气流受到突然的压缩,其压强、温度和密度等都将突跃地升高,而速度则突跃地降低。这种突跃变化的强压

缩波称为激波。

激波是超音速气流中经常出现的重要物理现象。例如，当超音速飞机飞过时，我们听到的爆震声便是掠过我们耳朵的空气密度有很大变化的激波；超音速气流绕过叶片、叶栅或其他物体流动时，还有超音速风洞启动时，都会出现激波；缩放喷管在非设计工况运行时，喷管内的超音速流中也可能出现激波；煤粉在煤粉炉中爆燃时产生的高压强火焰锋面也是激波。

按照激波的形状，可以将激波分为以下三种情况：

(1) 正激波。波面与气流方向相垂直的平面激波，气流通过波面后，不改变流动方向。如图 9-10(a) 所示。

(2) 斜激波。波面与气流方向不垂直的平面激波，气流通过波面后，要改变流动方向。如图 9-10(b) 所示。一般在超音速气流流过楔形物体时，物体的前缘将产生斜激波。

(3) 脱体激波。波形是弯曲的，也称为曲激波，如图 9-10(c) 所示。当超音速气流流过钝头物体时，物体的前面将产生脱体激波。

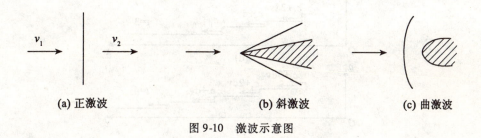

(a) 正激波　　　　　　(b) 斜激波　　　　　　(c) 曲激波

图 9-10　激波示意图

本章只介绍正激波，后两种激波不作介绍。本节将讨论正激波的产生原理及激波前后各参数的变化关系和特征。

9.4.1　激波的形成

应用本章 §9.2 中所述的气体的微弱扰动波以音速在长直圆管中传播的情况来说明正激波形成的物理过程。

现有一个充满静止气体的长直圆管，圆管中有一活塞，该活塞向右作突然加速运动，活塞的速度由零加速到某一速度 v，之后活塞以速度 v 匀速运动。如图 9-11 所示。这是一个由于活塞的扰动使活塞右侧的静止气体获得了持续压缩、压强被升高的过程，这个压缩扰动的影响逐渐向右展开。

为分析方便，把这个扰动过程分成无数个微小的阶段，如图 9-11 所示，每个微小阶段为一个微弱压缩扰动。设每一个微弱压缩扰动产生微小压强增量 $\mathrm{d}p$，每个微小阶段活塞的速度增加 $\mathrm{d}v$，则整个扰动过程中产生的有限的压强增量 Δp 就是无数个微小的压强增量 $\mathrm{d}p$ 的总和。这样，活塞的压缩扰动将产生一系列微弱扰动波向右运动，每一个微弱扰动波都使气体的压强增加了 $\mathrm{d}p$，同时每一次微弱扰动阶段活塞的速度增加 $\mathrm{d}v$。

如表 9-1 所示，在活塞开始运动前，气体是静止的，气体的压强、密度和温度分别为 p_1、ρ_1 和 T_1。当活塞开始运动时，产生的第一个微弱扰动波以音速 c_1 在未被扰动的静止气体中传播，扰动后气体获得与活塞相同的速度 $\mathrm{d}v$，气体压强获得的增量为 $p_1 + \mathrm{d}p = p_2$，密度、温度也有类似的增加；紧接着产生了第二个微弱扰动波，并在被第一个微弱扰动波已扰动过的

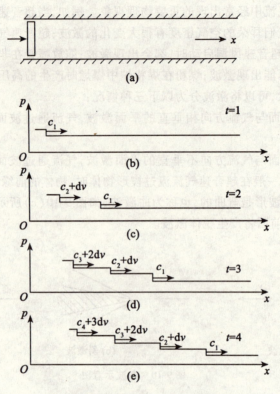

图 9-11 长直圆管中激波的形成过程

气体中传播,这时第二个微弱扰动波的音速为 c_2,气体已有速度 dv,则扰动波传播速度为 c_2+dv,由于这次扰动活塞速度又增加了 dv,那么扰动后气体速度为 $2dv$,气体的压强获得的增量为 $p_2+dp=p_3$,密度、温度也有类似的增加;接着第三个微弱扰动波产生,并在被第二个微弱扰动波已扰动过的气体中传播,同理第三个扰动波的传播波速为 c_3+2dv,……。

表 9-1

	扰动前	扰动后	音速	波速
第一个波	$p_1\ \rho_1\ T_1$	$\overset{p_2}{p_1+dp}\ \overset{\rho_2}{\rho_1+d\rho}\ \overset{T_2}{T_1+dT}$ dv	$c_1=\sqrt{kRT_1}$	c_1
第二个波	$p_2\ \rho_2\ T_2$ dv	$\overset{p_3}{p_2+dp}\ \overset{\rho_3}{\rho_2+d\rho}\ \overset{T_3}{T_2+dT}$ $2dv$	$c_2=\sqrt{kRT_2}$	c_2+dv
第三个波	$p_3\ \rho_3\ T_3$ $2dv$	$\overset{p_4}{p_3+dp}\ \overset{\rho_4}{\rho_3+d\rho}\ \overset{T_4}{T_3+dT}$ $3dv$	$c_3=\sqrt{kRT_3}$	c_3+2dv
⋮	⋮	⋮	⋮	⋮

由表 9-1 可见,由于

第9章 气体的流动

$$p_1 < p_2 < p_3 < \cdots, \quad \rho_1 < \rho_2 < \rho_3 < \cdots, \quad T_1 < T_2 < T_3 < \cdots$$

则音速有
$$c_1 < c_2 < c_3 < \cdots$$

波速也有
$$c_1 < c_2 + \mathrm{d}v < c_3 + 2\mathrm{d}v < \cdots$$

可见,第二个微弱扰动波波速大于第一个微弱扰动波波速,第三个微弱扰动波波速大于第二个微弱扰动波波速,……,这就是说在整个活塞压缩过程中,管道内将产生并形成若干道微弱压缩波,每个波的传播速度不一样,后一时刻产生的微弱扰动波的传播速度将大于前一时刻产生的微弱扰动波的传播速度。经过一段时间后,后产生的微弱扰动波将逐渐接近先产生的微弱扰动波,波与波之间的距离逐渐缩小,波形越来越陡。最后,后面的波终于赶上前面的波,所有的微弱扰动波聚集在一起,迭加成一个垂直于流动方向的具有压强不连续面的强压缩波,也就是正激波,如图9-6所示。往后,随着活塞以不变的速度 v 继续移动,则管道内能维持一个强度不变的正激波。

正激波前面是未扰动的气体,正激波后面是已受正激波扰动的气体。可以看见,正激波前后的气体压强、密度、温度突跃地增加;正激波传播速度大于未受扰动气体的音速 c_1;正激波后面受到扰动的气体,其速度由扰动前的零增加到与活塞相同的速度 v。

正激波的这种突跃变化是不连续的,是在与气体分子平面自由行程同一数量级内完成的(空气为 3×10^{-4} mm 左右),也可以说是在厚度极小的激波内部连续地进行变化的。由于激波的厚度极其薄,宏观上可以认为是在一个几何面上突然变化的。这些也说明激波是不连续的间断面,气流通过激波的变化是突然的、不连续的。

9.4.2 正激波的基本方程

图9-12(a)为前述的正激波在静止的气体中传播的状况,其中 v_s 为激波的传播速度,传播方向为由左向右, v_g 为激波扰动后气体的速度,方向也为向右。由于这种流动为非定常流动,进行分析时不方便。在此引入相对坐标,即把参考坐标系固连在运动的激波上,这样相对于该坐标系激波不动,激波前后的气体则以定常的速度流动。如图9-12(b)所示,激波左边的气流是未受激波影响的,即激波波前状态;激波右边的气流是已受激波影响的,即激波波后状态。设激波波前气流速度为 v_1,波前气流的压强、密度和温度分别为 p_1、ρ_1 和 T_1;波后气流速度为 v_2,波后气流的压强、密度和温度分别为 p_2、ρ_2 和 T_2。

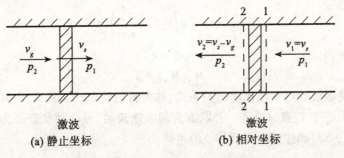

图9-12 正激波基本方程推导示意图

比较图9-12(a)和图9-12(b),显然有

$$v_1 = v_s, \quad v_2 = v_s - v_g \tag{9-50}$$

选取激波两侧的 1—1、2—2 两个平面和 1~2 两个端面组成控制体,如图 9-12(b) 所示。

对该控制体建立连续方程,有

$$\rho_1 v_1 = \rho_2 v_2 \tag{9-51}$$

对该控制体建立动量方程(忽略摩擦的影响),有

$$p_1 - p_2 = \rho_1 v_1 (v_2 - v_1)$$

考虑连续性方程(9-51),可以写为

$$p_1 + \rho_1 v_1^2 = p_2 + \rho_2 v_2^2 \tag{9-52}$$

对该控制体建立能量方程

$$h_1 + \frac{v_1^2}{2} = h_2 + \frac{v_2^2}{2} \tag{9-53}$$

由这组方程可以确定激波的性质及激波前后的各种关系式。式(9-53)就是本章§9.3 中已推出的能量方程(9-16)。

9.4.3 正激波前后气流参数的关系

利用正激波基本方程式(9-51)~式(9-53),可以导出激波前后气流参数之间的关系式。下面针对完全气体进行讨论。

将连续性方程(9-51)代入动量方程(9-52),并考虑到式(9-5),$c^2 = \dfrac{\gamma p}{\rho}$,有

$$v_1 - v_2 = \frac{c_2^2}{\gamma v_2} - \frac{c_1^2}{\gamma v_1} \tag{9-54}$$

考虑气流通过激波为绝热的不可逆熵增加过程,又引入临界状态参数,则能量方程(9-53)还可以写成

$$\frac{v_1^2}{2} + \frac{\gamma}{\gamma - 1} \frac{p_1}{\rho_1} = \frac{v_2^2}{2} + \frac{\gamma}{\gamma - 1} \frac{p_2}{\rho_2} = \frac{\gamma}{\gamma - 1} \frac{p_0}{\rho_0} = \frac{\gamma + 1}{\gamma - 1} \frac{c_{cr}^2}{2}$$

或

$$\frac{v_1^2}{2} + \frac{c_1^2}{\gamma - 1} = \frac{v_2^2}{2} + \frac{c_2^2}{\gamma - 1} = \frac{c_0^2}{\gamma - 1} = \frac{\gamma + 1}{\gamma - 1} \frac{c_{cr}^2}{2} \tag{9-55}$$

由式(9-55)可以解出 $c_1^2 \cdot c_2^2$,并将 $c_1^2 \cdot c_2^2$ 代入式(9-54),可得

$$\frac{\gamma + 1}{2\gamma} (v_2 - v_1) \left(1 - \frac{c_{cr}^2}{v_1 v_2}\right) = 0$$

由于 $v_2 \neq v_1$,所以

$$v_2 v_1 = c_{cr}^2 \tag{9-56}$$

或

$$M_{*1} M_{*2} = 1 \tag{9-57}$$

式(9-57)为反映激波前后气流速度的关系式,称为普朗特公式。从式(9-57)可知,激波前后速度系数的乘积等于1,意味着若一种状态为超音速流动,另一种状态必为亚音速流动。另外由动量方程(9-52)和连续性方程(9-51)可得

$$p_2 - p_1 = \rho_1 v_1^2 - \rho_2 v_2^2 = \rho_1 v_1^2 \left(1 - \frac{v_2^2}{v_1^2}\right)$$

由于激波为压缩波,即 $p_2 > p_1$,则有 $\dfrac{v_2}{v_1} < 1$ 或 $v_2 < v_1$。由此可以从普朗特公式得到一重要

结论:正激波前气流一定为超音速,正激波后气流一定为亚音速。

由速度系数与马赫数的关系式(9-40)和普朗特公式(9-56),可得激波前后马赫数之间的关系式

$$\frac{v_1}{v_2} = M_{*1}^2 = \frac{(\gamma+1)\mathrm{Ma}_1^2}{2+(\gamma-1)\mathrm{Ma}_1^2} \tag{9-58}$$

再根据连续性方程(9-51),动量方程(9-52),以及音速式(9-5),可得激波前后各参数之间的关系式

$$\frac{\rho_2}{\rho_1} = \frac{v_1}{v_2} = \frac{(\gamma+1)\mathrm{Ma}_1^2}{2+(\gamma-1)\mathrm{Ma}_1^2} \tag{9-59}$$

$$\frac{p_2}{p_1} = \frac{(\gamma+1)M_{*1}^2 - (\gamma-1)}{(\gamma+1) - (\gamma-1)M_{*1}^2} = \frac{2\gamma}{\gamma+1}\mathrm{Ma}_1^2 - \frac{\gamma-1}{\gamma+1} \tag{9-60}$$

$$\frac{T_2}{T_1} = \frac{1}{M_{*1}^2}\frac{(\gamma+1)M_{*1}^2 - (\gamma-1)}{(\gamma+1) - (\gamma-1)M_{*1}^2} = \frac{2+(\gamma-1)\mathrm{Ma}_1^2}{(\gamma+1)\mathrm{Ma}_1^2}\left(\frac{2\gamma}{\gamma+1}\mathrm{Ma}_1^2 - \frac{\gamma-1}{\gamma+1}\right) \tag{9-61}$$

$$\frac{p_{02}}{p_{01}} = (M_{*1}^2)^{\frac{\gamma}{\gamma-1}}\left[\frac{(\gamma+1) - (\gamma-1)M_{*1}^2}{(\gamma+1)M_{*1}^2 - (\gamma-1)}\right]^{\frac{1}{\gamma-1}}$$

$$= \left[\frac{(\gamma+1)\mathrm{Ma}_1^2}{2+(\gamma-1)\mathrm{Ma}_1^2}\right]^{\frac{\gamma}{\gamma-1}}\left(\frac{2\gamma}{\gamma+1}\mathrm{Ma}_1^2 - \frac{\gamma-1}{\gamma+1}\right)^{-\frac{\gamma}{\gamma-1}} \tag{9-62}$$

上式推导中还使用式(9-37)、式(9-44)、式(9-58)和式(9-60),以及完全气体状态方程等。

从以上各式可以看出,激波前后气流参数的关系比都决定于波前的无量纲速度——马赫数 Ma_1 或速度系数 M_{*1} 以及完全气体的比热容比 γ。从式(9-60)还可以看出,若不考虑较小的常数 $\frac{\gamma-1}{\gamma+1}$,衡量激波强度的压强比几乎与波前马赫数的平方成正比。这就是说,波前气流马赫数的高低也可以作为激波强弱的重要标志。波前气流马赫数越高,产生的突跃变化越大,激波越强;反之亦然。

例 9-4 如图 9-12 所示的长管中,用活塞压缩气体产生激波。已知长管中激波前静止气体的压强 $p_1 = 1.162 \times 10^5\mathrm{Pa}$,温度 $T_1 = 292\mathrm{K}$,激波后气体的压强 $p_2 = 1.281 \times 10^5\mathrm{Pa}$。试求激波后气体的密度 ρ_2、温度 T_2 以及激波前后的音速 c_1 和 c_2。设气体为空气, $\gamma = 1.4$, $R = 287\mathrm{J/(kg \cdot K)}$。

解 由题给条件知,激波前后气体的压强比为 $\frac{p_2}{p_1} = \frac{1.281}{1.162} = 1.102$。利用状态方程可得波前气体的密度为

$$\rho_1 = \frac{p_1}{RT_1} = \frac{1.162 \times 10^5}{287 \times 292} = 1.387\ \mathrm{kg/m^3}$$

利用式(9-59),可得激波后气体的密度 ρ_2

$$\frac{\rho_2}{\rho_1} = \frac{\frac{(\gamma+1)}{(\gamma-1)}\frac{p_2}{p_1} + 1}{\frac{(\gamma+1)}{(\gamma-1)} + \frac{p_2}{p_1}} = \frac{\frac{(1.4+1)}{(1.4-1)} \times 1.102 + 1}{\frac{(1.4+1)}{(1.4-1)} + 1.102} = 1.072$$

$$\rho_2 = 1.072\rho_1 = 1.072 \times 1.387 = 1.487\ \mathrm{kg/m^3}$$

利用式(9-61),可得激波后气体的温度 T_2

$$\frac{T_2}{T_1} = \frac{\frac{(\gamma+1)}{(\gamma-1)}\frac{p_2}{p_1} + \left(\frac{p_2}{p_1}\right)^2}{\frac{(\gamma+1)}{(\gamma-1)}\frac{p_2}{p_1} + 1} = \frac{\frac{(1.4+1)}{(1.4-1)} \times 1.102 + 1.102^2}{\frac{(1.4+1)}{(1.4-1)} \times 1.102 + 1} = 1.028$$

$$T_2 = 1.028 T_1 = 1.028 \times 292 = 300.2 \text{ K}$$

由式(9-5)得激波前后的音速 c_1、c_2

$$c_1 = \sqrt{\gamma R T_1} = \sqrt{1.4 \times 287 \times 292} = 342.5 \text{ m/s}$$

$$c_2 = \sqrt{\gamma R T_2} = \sqrt{1.4 \times 287 \times 300.2} = 347.3 \text{ m/s}。$$

§9.5 截面面积变化的管流

前面讨论了气体等可压缩流体速度发生变化时,相应的压强、密度和温度等气流参数的变化规律。本节将讨论管道截面面积变化对气流流动的影响。

9.5.1 气流速度与通道截面的关系

气体在变截面管道中流动时的速度与通道截面的关系,在与不可压缩流体在变截面通道中的流动相比较有着不一样的地方。

一般来说,在实际工程中可压缩气流在管道中流动时,需要解决如何最大限度地提高气流的速度;如何达到所需要的速度、压强等;如何实现超音速流动等问题,这些都需要了解气流速度与通道截面的关系。

首先讨论不可压缩流体的速度与通道截面的变化规律。对于不可压缩流体的流动,有连续性方程

$$vA = C \tag{9-63}$$

取对数后微分

$$\frac{\mathrm{d}v}{v} + \frac{\mathrm{d}A}{A} = 0, \quad \frac{\mathrm{d}v}{v} = -\frac{\mathrm{d}A}{A}$$

从上式可见, $\frac{\mathrm{d}v}{v}$ 与 $\frac{\mathrm{d}A}{A}$ 异号,这意味着不可压缩流体流动时,流速与截面面积的关系是:面积增加,流速减小;面积减小,流速增加。

下面我们讨论气体流动时,流速与通道截面面积的关系。

设气体作一维定常等熵流动,有连续性方程和欧拉运动微分方程

$$\frac{\mathrm{d}\rho}{\rho} + \frac{\mathrm{d}v}{v} + \frac{\mathrm{d}A}{A} = 0 \tag{9-64}$$

$$v\mathrm{d}v + \frac{1}{\rho}\mathrm{d}p = 0 \tag{9-65}$$

加上马赫数关系式(9-7)和音速式(9-5),有

$$v = \text{Ma} \cdot c = \text{Ma}\sqrt{\gamma \frac{p}{\rho}} \tag{9-66}$$

以及音速定义式

$$c^2 = \frac{\mathrm{d}p}{\mathrm{d}\rho} \tag{9-67}$$

第9章 气体的流动

现将式(9-65)整理、并考虑式(9-67),得

$$\frac{dv}{v} + \frac{1}{v^2}\frac{dp}{d\rho}\frac{d\rho}{\rho} = \frac{dv}{v} + \frac{1}{v^2}c^2\frac{d\rho}{\rho} = \frac{dv}{v} + \frac{1}{\mathrm{Ma}^2}\frac{d\rho}{\rho} = 0 \tag{9-68}$$

又将式(9-64)整理为 $\frac{d\rho}{\rho} = -\frac{dv}{v} - \frac{vA}{A}$,并代入式(9-68),整理得气流速度变化与通道截面变化的关系式

$$\frac{dv}{v} = \frac{1}{\mathrm{Ma}^2 - 1}\frac{dA}{A} \tag{9-69}$$

将式(9-71)代入式(9-70)、式(9-65)和式(9-66)整理所得表达式,以及式(9-14)和式(9-17)整理所得表达式,可得压强、密度和温度变化与通道截面变化的关系式

$$\frac{dp}{p} = \frac{\gamma \mathrm{Ma}^2}{1 - \mathrm{Ma}^2}\frac{dA}{A} \tag{9-70}$$

$$\frac{d\rho}{\rho} = \frac{\mathrm{Ma}^2}{1 - \mathrm{Ma}^2}\frac{dA}{A} \tag{9-71}$$

$$\frac{dT}{T} = \frac{(\gamma - 1)\mathrm{Ma}^2}{1 - \mathrm{Ma}^2}\frac{dA}{A} \tag{9-72}$$

由气流速度、压强、密度以及温度的变化与通道截面变化的关系式(9-69)~式(9-72)可得三个重要结论:

(1)对于亚音速流动,Ma<1。由式(9-69)可见,$\frac{dv}{v}$ 与 $\frac{dA}{A}$ 异号;由式(9-70)~式(9-72)可见,$\frac{dp}{p}$、$\frac{d\rho}{\rho}$、$\frac{dT}{T}$ 与 $\frac{dA}{A}$ 同号。这就是说:

dA>0,即通道面积增加时,气流速度减小(dv<0),压强升高(dp>0),密度升高(dρ>0),温度升高(dT>0),这种通道为亚音速扩压管。

dA<0,即通道面积减小时,气流速度增加(dv>0),压强降低(dp<0),密度降低(dρ<0),温度降低(dT<0),这种通道为亚音速喷管。

这种情况的流动规律与不可压缩流体的流动规律相似。

(2)对于超音速流动,Ma>1。由式(9-69)可见,$\frac{dv}{v}$ 与 $\frac{dA}{A}$ 同号;由式(9-70)~式(9-72)可见,$\frac{dp}{p}$、$\frac{d\rho}{\rho}$、$\frac{dT}{T}$ 与 $\frac{dA}{A}$ 异号。这就是说:

dA>0,即通道面积增加时,气流速度增加(dv>0),压强降低(dp<0),密度降低(dρ<0),温度降低(dT<0),这种通道为超音速喷管。

dA<0,即通道面积减小时,气流速度减小(dv<0),压强升高(dp>0),密度升高(dρ>0),温度升高(dT>0),这种通道为超音速扩压管。

超音速流动的流动规律完全不同于不可压缩流体的流动规律。

(3)对于音速流动,Ma=1。由式(9-69)、式(9-70)

$$\frac{dA}{A} = \frac{1 - \mathrm{Ma}^2}{\gamma \mathrm{Ma}^2}\frac{dp}{p} = (\mathrm{Ma}^2 - 1)\frac{dv}{v}$$

当 Ma=1 时,有 $\frac{dA}{A} = 0$,即音速流动可能发生在通道截面无变化的地方。

又将式(9-69)变形为

$$\text{Ma}^2 = \frac{dA}{dv}\frac{v}{A} + 1 \tag{9-73}$$

当 $dA \to \pm 0$ 时，$\text{Ma} \to 1$，可见，无论通道是由大到小还是由小到大，在通道截面无变化处，流速有变成音速的趋势。下面分析说明，只有在最小截面上，才可能发生音速流动。这个截面可以称为临界截面，一般简称为喉部。

对于先收缩后扩大的通道，即缩放管或缩扩管，收缩通道有 $dA<0$，扩大通道有 $dA>0$，中间有 $dA=0$ 的最小截面，即喉部，由式(9-73)可知：

对于 $dv>0$，即流速增加的情况。收缩通道有 $\frac{dA}{dv}\frac{v}{A} < 0$；扩大通道有 $\frac{dA}{dv}\frac{v}{A} > 0$。当气体在收缩通道流向喉部时，$dA$ 由小于 0 处趋近于 0，Ma 由小于 1 处趋近于 1；当气体在由喉部流向扩大通道时，dA 由 0 逐渐增大而大于 0，Ma 由 1 逐渐增大并大于 1。这就是说，当亚音速的气流流过通道时，在喉道之前，气流随面积减小而速度增加，压强下降；到达喉部时，$dA=0$，$\text{Ma}=1$，速度增大成音速；过喉部后，成为超音速流动，随着通道面积增加，速度继续增加，压强继续下降。

对于 $dv<0$，即流速减小的情况。收缩通道有 $\frac{dA}{dv}\frac{v}{A} > 0$；扩大通道有 $\frac{dA}{dv}\frac{v}{A} < 0$。当气体在收缩通道流向喉部时，$dA$ 由小于 0 处趋近于 0，Ma 由大于 1 处趋近于 1；当气体在由喉部流向扩大通道时，dA 由 0 逐渐增大而大于 0，Ma 由 1 逐渐减小并小于 1。这就是说，当超音速流动通过通道时，在喉道之前，气流随面积减小而速度下降，压强升高；在喉部时，速度降为音速；过喉部后，成为亚音速流，随着通道面积增加，速度继续减小，压强继续升高。

又对于先扩大后收缩的通道，中间有 $dA=0$ 的最大截面：

当亚音速的气流流过通道时，在喉道之前，气流随面积逐渐增加，速度逐渐下降，在最大截面处不可能达到音速。

当超音速的气流流过通道时，在喉道之前，气流随面积逐渐增加，速度逐渐增加，在最大截面处也不可能达到音速。

在喉部或临界截面上的相应参数，就是临界参数。

根据式(9-69)和式(9-71)，可以整理为

$$\frac{d\rho}{\rho} = -\text{Ma}^2\frac{dv}{v} \tag{9-74}$$

由式(9-74)可以分析在扩大通道和收缩通道内所产生相应流动特性的原因。在 $\text{Ma}>1$ 的条件下，密度 ρ 的下降率大于速度 v 的上升率，因此要通过相同的流量 ρvA 需要更大的截面面积 A，所以只有在 $dA>0$ 的扩大通道内才能使超音速流动加速；而在 $\text{Ma}<1$ 的条件下，密度 ρ 的下降率小于速度 v 的上升率，因此要通过相同的流量 ρvA 需要较小的截面面积 A，所以只有在 $dA<0$ 的收缩通道内才能使亚音速流动加速。

总的来说，变截面通道可以按功能的不同分为喷管和扩压器。

1. 喷管

喷管的作用是将高温、高压气体经降压加速转换为高速气流。

对于亚音速气流，喷管的形状为截面面积逐渐收缩，即 $\frac{dA}{A} < 0$，也就是收缩喷管；

对于超音速气流,喷管的形状为截面面积逐渐扩大,即 $\dfrac{\mathrm{d}A}{A} > 0$,也就是扩大喷管;

对于需将亚音速气流加速到超音速气流,其喷管的形状为截面面积先收缩后扩大,即先有 $\dfrac{\mathrm{d}A}{A} < 0$,经过喉部后,$\dfrac{\mathrm{d}A}{A} > 0$,也就是缩放喷管或超音速喷管,也称为拉伐尔喷管。如图 9-13 中(a)所示。气流加速的同时,压强则持续减小,如图 9-13(b)所示。

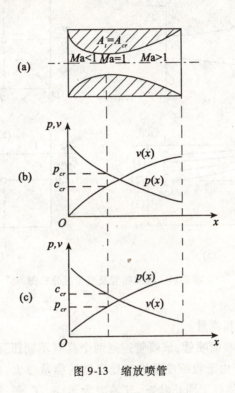

图 9-13 缩放喷管

2. 扩压器

扩压器的作用是通过减速增压使高速气流的动能转换为气体的压强势能和内能。

对于亚音速气流,扩压器的形状为截面面积逐渐扩大,即 $\dfrac{\mathrm{d}A}{A} > 0$,也就是扩大管;

对于超音速气流,扩压器的形状为截面面积逐渐收缩,即 $\dfrac{\mathrm{d}A}{A} < 0$,也就是收缩管;

对于缩放管,当超音速气流通过时,气流减速,压强增加,在最窄处(喉道),减为音速流动;之后继续减速,成为亚音速流动,压强继续增加。如图 9-13 中(a)、(c)所示。

9.5.2 喷管的工况分析

实际工程中使用的喷管有两种:一种是能获得亚音速流或音速流的收缩喷管;另一种是能获得超音速流的缩放喷管。下面将讨论这两种喷管在实际工程中应用时的特性和特点。

1. 收缩喷管

为获高速气流,当气流未达到当地音速时,为使气流速度增加,喷管截面逐渐收缩,一直达到当地音速时,截面收缩到最小,如图 9-14 所示,这种喷管称为收缩喷管或渐缩喷管。这种喷管广泛应用于蒸汽或燃气轮机、校正风洞（或叶栅风洞）、引射器以及涡轮喷气发动机等动力装置和实验装置中。

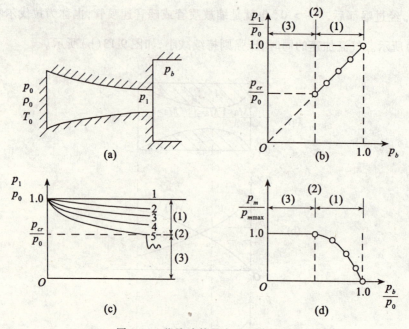

图 9-14 收缩喷管及变工况分析图

(1) 出口截面的流速和流量。

如图 9-14(a)所示为收缩喷管，该喷管连通两个具有不同压强的空间，气体是由左边的容器经过收缩喷管流出。由于收缩喷管进口处容器的容量很大，可以近似把容器中的速度看做为零，则容器中的气体处于滞止状态，其参数为 p_0、ρ_0、T_0 等；喷管出口截面上的气流参数为 v_1、p_1、ρ_1、T_1 等；喷管出口后的压强为 p_b，也称为环境背压。流动可以认为是一维定常等熵流动，不考虑流动中的损失。若已知喷管截面的变化规律以及滞止状态参数 p_0、ρ_0、T_0 和环境背压 p_b，则由前面给出的公式，可以确定整个喷管各截面上的各种物理量。图 9-14(b)和图 9-14(c)中的曲线，表示在不同的环境背压条件下，喷管内压强和马赫数的分布曲线。

从图 9-14(b)可见，如果 $p_b = p_0$，则喷管中压强均相等，即图中的曲线 1，此时喷管内无流体流动。如果环境背压下降，即 $p_b < p_0$，则喷管内有流体以一定的流量通过。由一维定常等熵流动的能量方程、等熵过程关系式和状态方程可得喷管出口截面的速度

$$v_1 = \sqrt{\frac{2\gamma}{\gamma-1} R T_0 \left[1 - \left(\frac{p_1}{p_0}\right)^{\frac{\gamma-1}{\gamma}}\right]} = \sqrt{\frac{2\gamma}{\gamma-1} \frac{p_0}{\rho_0} \left[1 - \left(\frac{p_1}{p_0}\right)^{\frac{\gamma-1}{\gamma}}\right]} \tag{9-75}$$

由喷管出口截面的速度式(9-75)可见，对于给定的气体，在收缩喷管出口气流未达到临界状态之前，进入通道的气流的总温 T_0 越高，或者出口气流的压强对滞止压强比越小，则出口气流的速度 v_1 越高。由前面气流速度与通道截面的分析可知，收缩喷管出口气流的最高速度为当地音速，即出口气流可以处于临界状态。

还可以求得通过喷管的质量流量

$$Q = A_1 \sqrt{\frac{2\gamma}{\gamma-1} \frac{p_0^2}{RT_0} \left[\left(\frac{p_1}{p_0}\right)^{\frac{2}{\gamma}} - \left(\frac{p_1}{p_0}\right)^{\frac{\gamma+1}{\gamma}}\right]} \tag{9-76}$$

可见，Q 是 p_1 的连续函数，并且当 $p_1 = 0$ 和 $p_1 = p_0$ 时，Q 都等于零。即在 $0 < p_1 < p_0$ 的范围内 Q 必有极值，即有最大值 $Q_{\max}$。通过对式(9-76)求导，求其极值，即流量的最大值 $Q_{\max}$ 为

$$Q_{\max} = Q_{cr} = A_1 \left(\frac{2}{\gamma+1}\right)^{\frac{\gamma+1}{2(\gamma-1)}} (\gamma p_0 \rho_0)^{\frac{1}{2}} \tag{9-77}$$

从上述推导可见，对于给定的气体，当流量取得最大值时，也是气体处于临界状态。收缩喷管出口的临界速度决定于进口气流的滞止参数，经过喷管的最大流量决定于进口气流的滞止参数和出口截面积。

(2) 变工况下的流动分析。

喷管能在设计工况下工作是最理想的状况，然而并不是总能实现的。因为，喷管进口的总压或喷管出口的环境背压是会不断发生变化的，这时喷管将在变动的工况下工作。下面将讨论常见的环境背压变化引起的喷管变工况流动。

首先讨论喷管出口气流压强 p_1 与环境背压 p_b 的关系。由本章§9.2 可知，压强的变化所产生的微弱扰动是以当地音速传播的，如果气流速度小于音速，这个微弱扰动可以逆流向上游传播。当喷管出口的气流速度为亚音速时，由环境背压变化所产生扰动的传播速度将大于气流速度，背压所引起的扰动可以逆流向上游传播。也就是使得喷管出口的气流压强随环境背压的变化而变化，始终与环境背压保持相等 $p_1 = p_b$，并影响管内压强等参数的分布，如图 9-14(b) 所示的曲线 2、3、4。这种情况一直保持到临界状态。当喷管出口气流处于临界状态时(曲线 5)，有 $p_1 = p_b = p_{cr}$，$v_{1cr} = c_{cr}$。如果 p_b 再降低(如图 7-14 中的(3))，由于环境背压变化所产生扰动的传播速度还是等于出口气流的临界速度，环境背压的扰动已不能逆流上传，喷管出口气流压强保持 $p_1 = p_{cr}$，而不受环境背压 p_b 的影响。

由扰动传播的分析，可以根据临界压强比 $\dfrac{p_{cr}}{p_0}$ 将收缩喷管的变工况流动分为以下三种流动状态：

① $\dfrac{p_b}{p_0} > \dfrac{p_{cr}}{p_0}$，为亚临界流动。这时喷管内的流动都是亚音速，即

$$\text{Ma}(M_*) < 1, \quad p_1 = p_b$$

随着 p_b 的降低，p_1 也降低，由式(9-75)和式(9-76)，$v_1(\text{Ma}_1)$ 和 Q 将增加和增大，气体在喷管内得到完全膨胀。其参数状态如图 9-14(b)、图 9-14(c)、图 9-14(d) 中(1)所示。

② $\dfrac{p_b}{p_0} = \dfrac{p_{cr}}{p_0}$，为临界流动。这时喷管内为亚音速流，但出口截面的气流达到临界状态。即

$$\text{Ma}_1(M_{*1}) = 1, \quad p_1 = p_{cr} = p_b, \quad \frac{Q}{Q_{\max}} = 1$$

环境背压与出口压强相等并等于临界压强，出口气流的速度和喷管的流量达到最大，气体在喷管内仍可得到完全膨胀。其参数状态如图 9-14(b)、(c)、(d) 中(2)所示。

③ $\dfrac{p_b}{p_0} < \dfrac{p_{cr}}{p_0}$，为超临界流动。这时整个喷管的气体流动与临界流动完全一样，即

$$\mathrm{Ma}_1(M_{*1}) = 1, \quad p_1 = p_{cr} > p_b, \quad \dfrac{Q}{Q_{\max}} = 1$$

其参数状态如图 9-14(b)、(c)、(d) 中 (3) 所示。由于出口的气流压强高于环境背压，气体在喷管内没有完全膨胀，故称为膨胀不足，气体流出喷管后将继续膨胀。这时尽管环境背压 p_b 低于临界压强 p_{cr} 并继续降低，但喷管的出口气流速度和喷管的流量没有增加，还是保持临界流动时的大小。这就是说，流动已经壅塞了。产生的壅塞现象就是由于管道内出现了限制流量的音速截面，该截面流量已达到最大值，更大的流量无论如何也通不过，流动便壅塞了。

2. 缩放喷管

缩放喷管可以使气流从亚音速流加速到超音速流。这种超音速喷管广泛应用于高参数蒸汽机或燃气涡轮机、超音速风洞、引射器以及喷气式飞机和火箭等动力装置和试验装置中。

缩放喷管收缩部分的作用与收缩喷管完全一样，即在喷管的收缩部分，气流膨胀到最小截面处达到临界音速。然后气流在扩大部分继续膨胀，加速到超音速。如图 9-15(a) 所示，为一缩放喷管，该喷管连通两个具有不同压强的空间，假定喷管左边进口处气体的速度为零、状态为滞止，其参数为 p_0、ρ_0、T_0 等；喷管出口截面上的气流参数为 v_e、p_e、ρ_e、T_e 等；喷管右边出口外部的环境背压为 p_b，并且 $p_0 > p_b$。在两端的压差作用下，气体在通道内流动。由于环境背压的变化，缩放喷管的出口将呈现不同的流动状态，图 9-15 中的各种参数曲线，表示在不同的环境背压条件下缩放喷管内外的流动状况。

3. 变工况流动分析

一般来说缩放喷管的尺寸是根据气流在某种压强比下可以正常膨胀的设计工况下确定的。但在实际工程中，喷管并不都是在设计工况下工作的，因为喷管出口的环境背压是在不断变化的，出口的压强比也随之变化，喷管内气流的流动情况也将随之改变。按照收缩喷管的讨论方式，下面将讨论由常见的环境背压变化引起的缩放喷管变工况流动。

根据缩放喷管的变工况流动状况，共有七种流动工况。其中三种为典型流动工况，理论上可以得到计算这时的出口处环境背压应具有的压强比；另外四种流动工况为介入这三种典型工况之间的工况，其环境背压是在这三种压强比之间。

(1) 气流在喷管中作正常完全膨胀（见图 9-15 中工况 (2)）。

这是一种最理想的流动工况，即为设计工况。在这种设计工况中，喷管出口外的环境背压正好等于出口截面处的气流压强，即 $p_b = p_1$。这时出口截面的压强比 $\dfrac{p_1}{p_0}$ 可以由式 (9-37) 得到，这是第一种划界的压强比。由图 9-15(b)、(c) 中的 abc 至 (2) 所示的喷管沿程的气流压强比 $\dfrac{p}{p_0}$ 和马赫数 Ma 的变化曲线，可见喷管沿程气流作正常膨胀流动状态。喷管出口截面和喉部的压强比以及流量比由图 9-15(d)、(e)、(f) 中的点 2 所示。

(2) 气流在喷管中作正常膨胀、但在出口截面产生正激波（见图 9-15 中工况 (4)）。

这是一种喷管出口外环境背压大于气流在喷管中作正常膨胀所产生的出口截面处压强

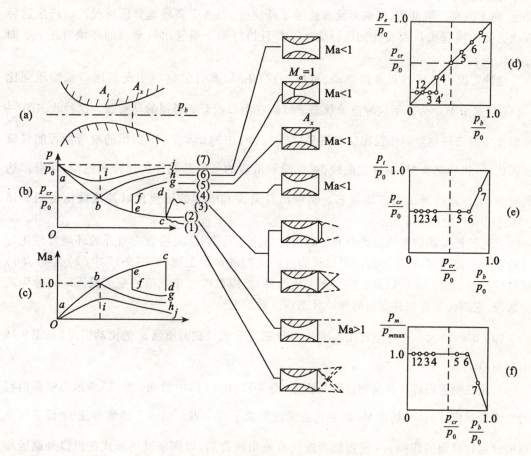

图 9-15 缩放喷管及变工况分析图

p_1 的典型工况。从前面的变截面通道和激波的讨论中已知,在喷管中作正常膨胀加速的气流,在到达出口截面时,就已经成为压强为 p_1 的超音速气流。然而,因为喷管出口外环境背压较高,将迫使气流在出口截面处产生正激波,压强由波前的 p_1 跃升为波后的 p_2,以适应高背压的环境条件。这时,喷管内的气流通过出口截面处的激波,由波前超音速流变为波后亚音速流顺利地流出。这时可以由式(9-37)、式(9-60)求得激波后应具有的压强 p_2 和滞止压强 p_0 的压强比。这是一种可能遇到的非设计工况中的流动状态,这时喷管出口外的环境背压恰好等于 p_2,即 $p_b = p_2$,这种状态的 $\dfrac{p_2}{p_0}$ 可以作为第二种划界的压强比。由图 9-15(b)、(c)中的 $abcd$ 至(4)所示的喷管沿程的气流压强比 $\dfrac{p}{p_0}$ 和马赫数 Ma 的变化曲线,可见喷管沿程气流作正常膨胀流动状态,但出口截面处出现激波。

(3)喷管中的气流恰在喉部达到音速、除喉部以外全为亚音速流动(见图9-15中工况(6))。

这是一种喷管出口外环境背压大于气流在喷管出口截面处所产生的激波后压强 p_2 的典型工况。这时由于环境背压较高,将原在喷管出口截面处所产生的激波上压,一直压到喉部,产生一种退化的激波——音速波,即气流在喷管前半部分为亚音速加速流,在喉部达到音速,向下游离开喉部后,气流为亚音速增压减速流,以适应高环境背压情况。设产生这种流动工况的喷管出口截面处的压强为 p_3,并且恰好等于喷管出口截面的环境背压 p_n,即 $p_b = p_3 > p_2$。

这种工况为正常的亚音速流动,可以用式(9-37)来计算这种工况的出口截面压强比 $\dfrac{p_3}{p_0}$,不过式中 Ma_1 为表示这种流动状态下气流在出口截面亚音速的马赫数。这种状态的 $\dfrac{p_3}{p_0}$ 可以作为第三种划界的压强比。由图 9-15(b)、(c)中的 abh 至(6)所示的喷管沿程的气流压强比 $\dfrac{p}{p_0}$ 和马赫数 Ma 的变化曲线,可见喷管沿程的气流开始作加速降压流动、在喉部达到音速、后作减速增压的流动状态。喷管出口截面和喉部的压强比以及流量比由图 9-15(d)、(e)、(f)中的点 6 所示。

上述三种流动的压强比代表着三种可能的流动状态,这时喷管出口外的环境背压正好与这三个压强相等,这三种流动可以作为三种典型的流动工况,即图 9-15 中(2)、(4)、(6)所示的三种工况。还可以以这三个压强比为界,把缩放喷管中气流的变工况流动划分为四个区段,它们代表着四种类型的流动状态或流动工况。

(1) $0 < \dfrac{p_b}{p_0} < \dfrac{p_1}{p_0}$,环境背压 p_b 低于设计工况下出口截面压强 p_1 的流动工况(见图 9-15 中工况(1))。

气流在喷管内作正常的加速降压膨胀,图 9-15(b)、(c)中的 abc 至(1)所示的喷管沿程的气流压强比 $\dfrac{p}{p_0}$ 和马赫数 Ma 的变化曲线就反映了这一点。但由于环境背压 p_b 低于气流在喷管出口截面的压强 p_1,使得超音速气流流出喷管后,以膨胀波的形式在出口外继续膨胀,图 9-15(b)中 c 至(1)的波折线和喷管出口外的交叉虚线表示了这一点。这种现象称为膨胀不足。由于微弱扰动不能在超音速流中逆流向上游传播,那么低环境背压使气流膨胀的这种连续微弱扰动不会影响喷管内的气体流动,由图 9-15(d)、(e)、(f)中的点 1 所示的喷管出口截面和喉部的压强比以及流量比的关系可见。

(2) $\dfrac{p_1}{p_0} < \dfrac{p_b}{p_0} < \dfrac{p_2}{p_0}$,环境背压 p_b 高于设计工况下出口截面压强 p_1、低于在出口截面上产生正激波时压强 p_2 的流动工况(见图 9-15 中工况(3))。

气流在喷管内仍作正常的加速降压膨胀,从图 9-15(b)、(c)中的 abc 至(3)所示的喷管沿程的气流压强比 $\dfrac{p}{p_0}$ 和马赫数 Ma 的变化曲线可见。由于气流在喷管出口截面的压强 p_1 低于环境背压 p_b,当超音速气流流出喷管后,将受到较高环境背压的压缩,在喷管出口外形成系列激波。激波的强度和形式由压强比 $\dfrac{p_b}{p_1}$ 来决定,当环境背压 p_b 比 p_1 大得不多时,在喷管出口外只产生弱的斜激波;当环境背压 p_b 逐渐增大时,压强比 $\dfrac{p_b}{p_1}$ 也加大,所产生的激波也不断加强,逐渐由弱的斜激波发展为近似正激波,激波发生的位置也逐渐向出口截面靠拢;当环境背压 p_b 等于第二划界压强 p_2 时,激波则发展成喷管出口截面处的正激波。如图

9-15(b)中(3)所示。对于从喷管流出的气流经过激波,使压强跃升,并适应高背压的环境条件的现象称为膨胀过度。这种在喷管出口外产生系列激波的情况,并不影响在管内的气流流动,由图 9-15(d)、(e)、(f)中的点 3 所示的喷管出口截面和喉部的压强比以及流量比的关系可见。

(3) $\dfrac{p_2}{p_0} < \dfrac{p_b}{p_0} < \dfrac{p_3}{p_0}$,环境背压 p_b 高于在出口截面上产生正激波时压强 p_2、低于在喉部形成音速(或在喉部产生退化的激波)时压强 p_3 的流动工况(见图 9-15 中工况(5))。

从正激波产生过程的讨论可知,激波发生的位置恰好是激波波前气流速度 v_1 等于激波传播速度 v_s 的位置。对于第二划界压强流动工况,环境背压 p_b 等于第二划界压强 p_2 时,喷管出口截面处将产生激波,这时激波传播速度 v_s 等于喷管出口截面上的气流速度 v_1,即 $v_s = v_1$。

当环境背压 p_b 大于在喷管出口截面处产生激波的压强 p_2 时,由激波传播速度公式可见,激波传播速度 v_s 将大于喷管出口截面上的气流速度 v_1,激波将在喷管内向上游移动。这是因为,激波前后压强比 $\dfrac{p_2'}{p_1'}$ 由波前马赫数确定,随着激波在管内向上游移动,波前马赫数将减小,$\dfrac{p_2'}{p_1'}$ 也将减小,激波传播速度 v_s 也随之减少。这样当激波移动到某一截面 A_x,激波传播速度 v_s 与该截面上的气流速度 v 相等时,激波则稳定在该截面 A_x 上。这时,气流经过激波由超音速流降为亚音速流,压强得到跃升,以及激波后的亚音速流在扩大段继续减速增压以达到与喷管出口截面的环境背压相匹配。可见,环境背压越高,激波后的亚音速流在扩大段减速增压的距离越长,$\dfrac{p_2'}{p_1'}$ 将越小,激波将越靠近喉部,激波也越弱。当环境背压提高到第三划界压强 p_3 时,喷管内激波恰好移动到喉部,$\dfrac{p_2'}{p_1'}$ 等于 1,激波退化为音速流,音速流前为亚音速增速减压,音速流后为亚音速减速增压。

这是一种在喷管的扩张段出现正激波的流动工况。图 9-15(b)、(c)中的 abefg 至(5)的变化曲线给出了这种工况时,喷管中沿程的气流压强比和马赫数的变化规律。从该图(b)中可见,气流在收缩段按曲线 abe 增速减压,过喉部后在扩大段某截面,经激波由 e 跃变至 f,再按曲线 fg 减速增压直至喷管出口。由于喷管出口为亚音速流,根据亚音速微弱传播原理,喷管出口截面压强就等于环境背压。这种工况的喷管出口截面和喉部的压强比以及流量比如图 9-15(d)、(e)、(f)中的点 5 所示。

(4) $\dfrac{p_3}{p_0} < \dfrac{p_b}{p_0} < \dfrac{p_0}{p_0} = 1$,环境背压 p_b 高于在喉部形成音速(或在喉部产生退化的激波)时压强 p_3、低于滞止压强 p_0 的流动工况(见图 9-15 中工况(7))。

这时气流在喉部也达不到音速,喷管内全部都是亚音速流,可以产生超音速流的缩放喷管完全退变为文丘里管。这时气流在出口截面处的压强完全等于环境背压,出口截面的气流速度不再与面积比相关,而与压强比 $\dfrac{p_b}{p_0}$ 相关。即环境背压 p_b 的升高和降低,速度将减小或增加。若环境背压 p_b 进一步增大,达到 $p_b = p_0$,则喷管内气体便不再流动了。这种流动工况中喷管沿程的压强比、马赫数如图 9-15(b)、(c)中的 aij 至(7)所示,喷管出口截面和喉部的压强比以及流量比如图 9-15(d)、(e)、(f)中的点 7 所示。

习题与思考题 9

一、思考题

9-1 试述音速、当地音速和临界音速的定义和它们的区别？

9-2 什么是马赫数、速度系数？引入速度系数有什么好处？

9-3 亚音速流动和超音速流动的主要区别是什么？

9-4 试述可压缩流体一维定常等熵流动的基本方程中各项的物理意义及其表达形式。

9-5 为什么要讨论滞止状态、极限状态和临界状态？这三种状态各有什么特点？

9-6 什么是激波？激波与声波有什么区别？试述激波的形成过程？

9-7 激波通过后，气流的速度、压强、温度和密度等参数各有什么变化？气流中存在激波时，流体的连续介质的假设是否成立？

9-8 试述一维定常等熵气流在 $Ma<1$、$Ma=1$、$Ma>1$ 时，通道截面面积与速度、压强等参数的变化关系。

9-9 什么是喷管、扩压管？亚音速流和超音速流时，喷管和扩压管各是什么形状？欲将气流从亚音速流加速到超音速流应使用什么样的喷管？

9-10 渐缩喷管所能达到的最大速度是多少？为什么？

9-11 什么是临界压强比？使用临界压强比有什么意义？

9-12 讨论缩放喷管时，为什么首先讨论三种划界压强比？划界压强比在变工况分析中有什么作用？

9-13 试对缩放喷管的各个变工况流动进行分析。

9-14 什么是壅塞现象？什么是膨胀不足和膨胀过度？这些现象在哪些情况下发生？

二、习题

9-1 试求下列气体在 20℃ 时的音速：(1)氢气、(2)氮气、(3)二氧化碳、(4)水蒸汽。

9-2 飞机在 82kPa 和 0℃ 的空气中，以 960km/h 的速度飞行，试求飞机飞行的马赫数。

9-3 25℃ 的空气以马赫数 1.9 流动。试求空气的速度和马赫角。

9-4 有一超音速飞机在距离地面 17km 的空中以马赫数 $Ma=2.2$ 的速度水平飞行，设飞机处空气为标准状态，试问飞机越过地面观察者多长时间，才能听到其声音？

9-5 有一扰动源在 30℃ 空气中运动，该扰动源所形成的马赫角为 35°，试求扰动源的速度为多少？

9-6 用热电偶温度计测量速度为 225m/s 的过热蒸汽流的温度，温度计上的读数等于 314℃，试求过热蒸汽流的真实温度。已知过热蒸汽的绝热指数 $\gamma=1.33$，气体常数 $R=462J/(kg \cdot K)$。

9-7 已知标准状况下的空气以 600m/s 的速度流动，试求该气流的滞止温度、滞止压力。

9-8 试求速度为 85m/s 空气流中的滞止压力、滞止密度和滞止温度，设在未受扰动流场中的压力和温度各为 101.3kPa(abs)和 22℃。

9-9 已知过热蒸汽进入汽轮机动叶片时，温度为 430℃、压力为 5 000kPa(abs)和速度为 525m/s,试求蒸汽在动叶片前的滞止压力和滞止温度。

9-10 已知进入动叶片的过热蒸汽的温度为 430℃、压强为 5 000kPa、速度为 525m/s,试求过热蒸汽在动叶片前的滞止压强和滞止温度。

9-11 二氧化碳气体作等熵流动,在流场中第一点上的温度为 60℃,速度为 14.8m/s,在同一流线上第二点上的温度为 30℃,试求第二点上的速度。若第一点上的压强为 101.5kPa,其他条件保持不变,试求在同一流线第二点上的压强。

9-12 在均熵空气流场中,某一点的速度和温度分别为 90m/s 和 55℃,试求在速度为 180m/s 这点上的温度。

9-13 已知正激波前的空气流的参数为 $p_1=90$kPa(abs.),$V_1=680$m/s 和 $t_1=0$℃。试求正激波后空气流的相应参数值。

9-14 试问超音速过热蒸汽通过正激波时,密度最大能增加多少倍?

9-15 已知正激波后空气流的参数为 $p_2=360$kPa、$v_2=210$m/s、$t_2=50$℃,试求正激波前的马赫数。

9-16 空气流在管道中发生正激波,已知正激波前的马赫数为 2.5、压强为 30kPa、温度为 25℃,试求正激波后的马赫数、压强、温度和速度。

9-17 空气从大容器经过渐缩喷管排到大气中,已知大容器中空气的压力为 71kPa,温度为 30℃,试求在等熵条件下喷管出口截面处的速度(大气压力为 101.3kPa(abs.))。

9-18 大容器中空气的压力为 965kPa(abs.)、温度为 22℃,该空气经过最小直径为 25mm 的渐缩喷管流向大气,试求其流量。若在渐缩喷管后接上一个出口直径为 36mm 的渐扩管,试求这时的流量。设是等熵流动。空气等熵地流经某一渐缩喷管,在面积为 12cm² 的截面上,其压力为 415kPa、温度为 10℃、马赫数为 0.52,若背压为 207kPa,试确定喷管喉部的马赫数、喉部面积和通过喷管的质量流量。

9-19 在空气流场中,已知一点的压力、温度和速度为 37kPa、100℃ 和 45m/s,以及在同一流线上另一点的速度为 135m/s,若流动为等熵流动,试求另一点上的压力和温度。

9-20 某喷管安装在一大储气罐上,罐中空气经由喷管流向大气,若储气罐中的压力和温度为 550kPa 和 45℃,试问应采用什么形式的喷管?若流动为等熵流动,试求喷管出口截面处的速度(大气压力为 101.3kPa)。

9-21 空气罐中的绝对压力 $p_0=700$kPa,$t_0=40$℃,通过一个喉部直径 $d=25$mm 的拉伐尔喷管向大气中喷射,大气压力 $p_b=98.1$kPa,试求:(1)质量流量;(2)喷管出口截面直径 d_2;(3)喷管出口的马赫数 Ma_2。

参 考 文 献

[1] 齐鄂荣，曾玉红编著. 工程流体力学. 武汉：武汉大学出版社，2005.
[2] 徐正凡主编. 水力学(上册). 北京：高等教育出版社，1986.
[3] 徐正凡主编. 水力学(下册). 北京：高等教育出版社，1987.
[4] 李炜主编. 水力学. 武汉：武汉水利电力大学出版社，2000.
[5] 丁祖荣编著. 流体力学. 北京：高等教育出版社，2003.
[6] 吴持恭主编. 水力学. 北京：高等教育出版社，1982.
[7] 郭春光主编. 工程流体力学. 北京：水利电力出版社，1990.
[8] 许承宣主编. 工程流体力学. 北京：中国电力出版社，1998.
[9] 吴望一编著. 流体力学(上册). 北京：北京大学出版社，1982.
[10] L. 普朗特 等著. 流体力学概论. 北京：科学出版社，1981.
[11] 张兆顺，崔桂香编著. 流体力学. 北京：清华大学出版社，1999.
[12] 刘忠潮，刘润生等合编. 水力学. 北京：高等教育出版社，1979.
[13] 郑洽馀，鲁钟琪主编. 流体力学. 北京：机械工业出版社，1980.
[14] 禹华谦主编. 工程流体力学(水力学). 成都：西南交通大学出版社，1999.
[15] 薛祖绳主编. 工程流体力学. 北京：水利电力出版社，1985.
[16] 张也影编著. 流体力学. 北京：高等教育出版社，1999.
[17] 李诗久主编. 工程流体力学. 北京：机械工业出版社，1980.